高等职业教育系列教材

Android 应用开发教程

第 2 版

主编 罗 文

参编 朱崇来 刘 涛 胡云冰 胡永书

机械工业出版社

本书全面细致地讲解了 Android 应用开发的各种技术,是学习 Android 应用编程的必备教材。全书在原第 1 版的基础上使用 Android Studio 作为开发工具,面向 Android 9.0 修正新的实现方法和技术。本书全面讲解了开发环境的搭建、Android 资源的使用、Android 界面设计技术(Android 组件)、Activity 的使用、信使、广播和消息处理、Service 应用、Android 数据存储处理、多媒体组件的使用、图形特效与动画技术、网络编程等方面的知识。

本书在讲解基础知识的同时,注重动手能力的提升,每个技术模块都精心设计了一个实践项目,在项目解决过程中,力争使读者对基本开发技术的使用有更深入的认识,达到灵活使用的目的;同时每章后配备了练习题供读者练习使用。

本书内容详尽,实例丰富,非常适合高职院校相关专业学生、零基础学习人员、有志于从事移动 App 开发的初学者作为教材使用;也适合作为相关培训机构的师生和软件开发人员的参考用书。

本书配有微课视频、电子课件、源代码、习题答案,其中微课视频扫描书中二维码即可观看,其他配套资源,需要的教师可登录 www.cmpedu.com 免费注册、审核通过后下载,或联系编辑索取(微信:15910938545;电话:010-88379739)。

图书在版编目(CIP)数据

Android 应用开发教程/罗文主编. —2 版. —北京:机械工业出版社,2020.9 (2023.2 重印)
高等职业教育系列教材
ISBN 978-7-111-66071-2

Ⅰ. ①A… Ⅱ. ①罗… Ⅲ. ①移动终端-游戏程序-程序设计-高等职业教育-教材 Ⅳ. ①TN929.53

中国版本图书馆 CIP 数据核字(2020)第 122697 号

机械工业出版社(北京市百万庄大街 22 号 邮政编码 100037)
策划编辑:王海霞　　责任编辑:王海霞
责任校对:张艳霞　　责任印制:单爱军

北京虎彩文化传播有限公司印刷

2023 年 2 月·第 2 版·第 3 次印刷
184mm×260mm·16 印张·396 千字
标准书号:ISBN 978-7-111-66071-2
定价:55.00 元

电话服务　　　　　　　　　　　网络服务
客服电话:010-88361066　　　　机　工　官　网:www.cmpbook.com
　　　　　010-88379833　　　　机　工　官　博:weibo.com/cmp1952
　　　　　010-68326294　　　　金　书　网:www.golden-book.com
封底无防伪标均为盗版　　　　　机工教育服务网:www.cmpedu.com

前　言

移动通信业务和互联网业务是当今世界发展最快、市场潜力最大、前景最诱人的两大业务，移动通信与互联网技术的结合形成了移动互联网。移动互联网已成为当下经济的主流支撑技术。移动互联网的移动性优势决定了其用户数量的庞大，这些用户通过智能手机、PDA、上网本、嵌入式设备等实现互联网的移动应用。

Android 是谷歌公司推出的新一代移动设备平台系统，从其诞生以来就受到广大程序开发人员的追捧。尽管市面上 Android 开发技术的书籍浩如烟海，但真正能让学习者零基础入门，并能够灵活应用的书籍不多。特别是随着高校移动互联专业的蓬勃开展，急需一本紧跟技术发展同时又适合高校学生学习使用的基础教材，为此编者组织了多位在本行业有深厚开发基础和经验的专家、教师编制了本教材。

本书讲解了 Android 编程从零基础入门到实践项目开发必备的知识，都是编者结合自己多年的开发经验，同时走访多所大学、研究机构、培训机构，参考多本相关书籍，听取老师、学生和读者的建议精心提炼出来的。全书共分 10 章内容，第 1 章主要介绍基本开发环境的搭建方法，介绍了 JDK、SDK、Android Studio 帮助读者的获取和安装，以及 AVD 的管理；第 2 章介绍基本 Android 资源的使用，帮助读者理解 Android 资源与代码分离技术的思想和各种资源的使用方法；第 3 章介绍 Android 基本组件和布局的使用，帮助读者掌握应用程序界面的设计技术；第 4 章介绍 Android 基本程序单元 Activity 的处理技术；第 5 章介绍 Android 特有的处理内容，即信使、广播与消息处理；第 6 章介绍 Service 服务的实现，帮助读者理解 Android 服务的运行机制；第 7 章介绍 Android 中的数据存储处理技术，即 SharedPreferences、文件存储、SQLite 数据库等；第 8 章介绍了多媒体处理技术，主要是音、视频的播放和录制技术；第 9 章介绍图形处理与动画处理技术，实现程序的多姿多彩；第 10 章介绍网络编程的知识，包括 Socket 编程、WebView 编程、GPS 定位等内容。通过这些内容的学习，读者能够熟练掌握使用 Android 编程的理论知识，并能具备开发各种应用程序的理论基础和初步的动手实践能力。

本书由重庆电子工程职业学院教师罗文、朱崇来、刘涛、胡云冰，重庆市宏业科技有限公司高级工程师胡永书及其开发团队共同编写完成。其中，罗文完成了第 1～6 章的编写及全书的 PPT 制作；朱崇来完成了第 9 章的编写以及全书教学视频的制作；刘涛完成了第 7 章的编写工作；胡云冰完成了第 8 章的编写工作；胡永书完成了第 10 章的编写工作。学校教师团队与企业开发人员通力合作，理论部分根据工程实践需要，取常用知识点编排而成；项目案例部分则以企业实际生产项目为背景按需编写而成。本书在编写过程中得到了学院领导的大力支持，同时还参考了互联网上的大量资料，也采纳了很多朋友和同仁的宝贵建议，在此向对本书编写过程中提供过帮助的朋友和同行们表示真诚和衷心的感谢。

虽然 Android 开发技术属于一门新兴的专业，本书在行文中还是力求保证移动互联网中涉及的名词术语、信息材料、数字佐证材料的准确性和实用性，因此在本书编写过程中编者花了大量时间查询和考证。但鉴于编者水平有限，书中难免会有疏漏和不妥之处，恳请各位专家、同仁以及读者批评指正。

编　者

目　　录

前言

第1章　Android 开发环境 ……1
1.1　Android 简介 ……1
1.1.1　Linux 操作系统 ……1
1.1.2　智能手机 ……1
1.1.3　智能手机操作系统 ……2
1.1.4　Android 平台架构 ……3
1.1.5　Android 市场 ……4
1.2　搭建 Android 应用程序开发环境 ……4
1.2.1　安装 Android Studio ……4
1.2.2　启动 Android Studio 并安装 Android SDK ……5
1.2.3　模拟器管理 ……7
1.2.4　SDK Tools 常用命令 ……9
1.3　开发 Android 应用程序 ……11
1.3.1　新建 Android 应用程序 ……11
1.3.2　使用模拟器查看结果 ……13
1.3.3　Android 项目结构 ……13
1.3.4　Android 应用程序的调试 ……14
本章小结 ……15
练习题 ……15

第2章　Android 资源 ……16
2.1　基本资源 ……16
2.1.1　资源概述 ……16
2.1.2　布局资源 ……17
2.1.3　字符串资源 ……19
2.1.4　颜色资源 ……19
2.1.5　尺寸资源 ……20
2.1.6　样式和主题资源 ……21
2.1.7　实例1：个性化显示 ……22
2.2　其他资源 ……26
2.2.1　Drawable 资源 ……26
2.2.2　数组资源 ……28
2.2.3　菜单资源 ……29
2.2.4　资源自适应 ……32
2.2.5　实例2：定制菜单 ……33
本章小结 ……36
练习题 ……36

第3章　界面设计 ……37
3.1　布局管理器 ……37
3.1.1　线性布局 ……37
3.1.2　帧布局 ……38
3.1.3　表格布局 ……39
3.1.4　相对布局 ……40
3.1.5　约束布局 ……42
3.1.6　实例1：计算输入界面 ……46
3.2　Android 基本组件 ……48
3.2.1　文本显示组件 ……48
3.2.2　编辑框组件 ……49
3.2.3　按钮组件 ……51
3.2.4　单选按钮/单选按钮组组件 ……52
3.2.5　复选框组件 ……53
3.2.6　图像视图组件 ……53
3.2.7　滚动视图组件 ……54
3.2.8　日期/时间选择器组件 ……55
3.2.9　列表选择框组件 ……55
3.2.10　列表视图组件 ……55
3.2.11　实例2：简易计算器 ……56
3.3　事件处理 ……59
3.3.1　事件监听处理机制 ……59
3.3.2　键盘事件 ……62
3.3.3　触摸事件 ……62
3.3.4　重力感应事件 ……63
3.3.5　实例3：调查问答 ……64
3.4　对话框与消息 ……68
3.4.1　AlertDialog 对话框 ……68
3.4.2　Toast 消息提示框 ……69
3.4.3　Notification 消息通知 ……70
3.4.4　AlarmManager 警告 ……71
3.4.5　实例4：退出确认 ……72
本章小结 ……74

练习题 ·· 74

第 4 章　基本程序单元 Activity ················ 76
4.1　使用 Activity ······································ 76
4.1.1　创建 Activity ································ 76
4.1.2　配置 Activity ································ 77
4.1.3　Intent Filter ································ 79
4.1.4　关闭 Activity ································ 81
4.1.5　Activity 的状态及生命周期············ 81
4.1.6　实例 1：登录页面·························· 83
4.2　使用多个 Activity ······························ 87
4.2.1　启动其他 Activity ························ 87
4.2.2　启动 Activity 并返回结果·············· 88
4.2.3　实例 2：注册页面·························· 89
4.3　Fragment ·· 95
4.3.1　Fragment 概述······························ 95
4.3.2　Fragment 设计理念······················ 96
4.3.3　创建 Fragment······························ 97
4.3.4　Fragment 的生命周期·················· 99
4.3.5　Fragment 的管理······················· 100
4.3.6　Fragment 和宿主 Activity 之间的
　　　　调用··· 102
4.3.7　实例 3：新闻阅读······················· 103
本章小结 ··· 107
练习题 ·· 108

第 5 章　信使、广播与消息处理················ 109
5.1　Intent 信使服务································ 109
5.1.1　Intent 概述································ 109
5.1.2　Intent 对象的组成······················ 111
5.1.3　Intent 配置································ 118
5.1.4　PendingIntent··························· 120
5.1.5　实例 1：用户注册与展示············· 121
5.2　Android 广播····································· 128
5.2.1　Android 广播机制简介··············· 128
5.2.2　广播接收器································ 128
5.2.3　发送广播···································· 129
5.2.4　接收广播···································· 130
5.2.5　注册广播接收器························· 130
5.2.6　注销广播接收器························· 130
5.2.7　广播的生命周期························· 131
5.2.8　实例 2：广播消息······················· 131

5.3　Handler 消息处理······························ 134
5.3.1　Looper 对象······························· 134
5.3.2　Handler 对象····························· 135
5.3.3　Message 对象···························· 137
5.3.4　实例 3：打地鼠··························· 137
本章小结 ··· 139
练习题 ·· 139

第 6 章　Service 应用··································· 140
6.1　直接启动服务····································· 140
6.1.1　服务概述···································· 140
6.1.2　创建启动服务····························· 141
6.1.3　使用启动服务····························· 143
6.1.4　实例 1：后台播放······················· 144
6.2　绑定服务·· 147
6.2.1　使用绑定服务····························· 147
6.2.2　继承 Binder 类接口的实现·········· 148
6.2.3　使用 Messenger 类的实现·········· 149
6.2.4　实例 2：后台绑定播放················ 151
本章小结 ··· 155
练习题 ·· 155

第 7 章　Android 数据存储························· 156
7.1　SharedPreferences···························· 156
7.1.1　获取 SharedPreferences 对象······ 156
7.1.2　操作 SharedPreferences 数据······ 157
7.1.3　实例 1：读写 SharedPreferences
　　　　数据··· 157
7.2　文件存储·· 159
7.2.1　内部存储···································· 159
7.2.2　外部存储···································· 160
7.2.3　实例 2：文件存取······················· 161
7.3　SQLite 数据库存储··························· 165
7.3.1　SQLite 数据库介绍····················· 165
7.3.2　手动建库···································· 166
7.3.3　代码建库···································· 167
7.3.4　数据操作···································· 168
7.3.5　实例 3：SQLite 存取·················· 172
7.4　数据提供者·· 177
7.4.1　ContentProvider························· 177
7.4.2　ContentResolver························ 178
7.4.3　ContentObserver······················· 179

V

7.4.4 Content URI ················180
7.4.5 UriMatcher ·················181
7.4.6 预定义的 ContentProvider ········181
7.4.7 自定义 ContentProvider ·········183
7.4.8 实例 4：ContentProvider 操作 ·····186
本章小结 ························191
练习题 ·························192

第 8 章 多媒体开发 ···············193
8.1 音频播放 ····················193
8.1.1 MediaPlayer 类介绍 ············193
8.1.2 播放资源文件中的文件 ·········194
8.1.3 播放文件系统中的文件 ·········195
8.1.4 播放网络上的文件 ············195
8.1.5 实例 1：音频播放 ·············196
8.2 视频播放 ····················198
8.2.1 使用 VideoView 组件播放视频 ····198
8.2.2 使用 MediaPlayer 类播放视频 ····199
8.2.3 实例 2：播放视频 ·············200
本章小结 ·······················202
练习题 ·························202

第 9 章 图形与动画 ···············203
9.1 绘图技术 ····················203
9.1.1 常用的绘图工具类介绍 ·········203
9.1.2 绘制几何图形 ················204
9.1.3 动态绘制图形 ················205
9.1.4 实例 1：动态弹球 ·············206
9.2 图形特效制作 ················208
9.2.1 图形特效基础 ················208
9.2.2 使用 Shader 类渲染图形 ········210

9.2.3 实例 2：图形伸缩倒影 ·········212
9.3 动画技术 ····················215
9.3.1 逐帧动画 ····················215
9.3.2 补间动画 ····················217
9.3.3 属性动画 ····················220
9.3.4 实例 3：野猪奔跑 ·············221
本章小结 ·······················224
练习题 ·························224

第 10 章 网络编程 ···············225
10.1 Socket 编程 ·················225
10.1.1 Socket 介绍 ·················225
10.1.2 Socket 通信模型 ·············226
10.1.3 实例 1：Socket 通信 ·········228
10.2 WebView 编程 ···············232
10.2.1 WebView 组件 ···············232
10.2.2 WebView 与 JavaScript ········234
10.2.3 实例 2：网页浏览 ············236
10.3 GPS 定位 ···················239
10.3.1 手机定位的方式 ·············239
10.3.2 GPS 开发常用工具类 ·········240
10.3.3 GPS 事件监听 ···············242
10.3.4 区域临近警告 ···············243
10.3.5 Android 中的 GPS 开发过程 ····244
10.3.6 Geocoder 解码 ···············245
10.3.7 实例 3：GPS 信息 ············246
本章小结 ·······················248
练习题 ·························249

参考文献 ······················250

第1章　Android 开发环境

知识提要：

Android 自诞生之日起就进入了跨越式发展模式，目前已经成为智能终端（特别是智能手机）的首选操作系统，本章首先从 Android 简介入手，然后对 Windows 操作系统下开发 Android 应用程序的环境搭建进行说明，最后简单说明如何配置模拟器，为程序开发做好准备。

教学目标：

◆ 了解 Android
◆ 掌握如何在 Windows 操作系统下搭建 Android 应用程序开发环境
◆ 掌握模拟器的配置方法

1.1 Android 简介

01　Android 简介

说到 Android，不得不首先提一下 Linux 操作系统和智能手机。例如，某用户想购买一台智能手机，但是对于不同版本的 Android 手机有何区别还不甚清楚，下面将针对一些基本概念进行说明。

1.1.1 Linux 操作系统

操作系统除了常见的 Windows 之外，值得一提的还有 Linux。

芬兰人 Linus Torvalds 在学生时代出于自己的兴趣爱好设计了一个可以在低档机上使用的系统核心 Linux 0.01，以替换在教学过程中使用得不尽如人意的 MINIX 操作系统。后来借助 Internet 让使用者参与修改。随着参与修改的爱好者越来越多，以至于 Linux 周边的程序越来越多，Linux 本身也就逐渐发展壮大起来。

运行 Linux 并不需要很高的配置，其也支持众多的 PC 周边设备。Linux 的显著特点是完全免费，其源代码完全公开，任何人都能拿来使用。基于 Linux 开放源码的特性，越来越多大中型企业及政府投入更多的资源来开发 Linux。Linux 的广泛使用不仅节省了大量成本，也降低了对封闭源码软件潜在的安全性的忧虑。

一个典型的 Linux 发行版包括 Linux 内核（Linux kernel）、一些 GNU 程序库和工具、命令行 shell、图形界面 X Window 系统和相应的桌面环境（如 KDE 或 GNOME），并包含从办公套件、编译器、文本编辑器到科学工具的数千种应用软件。

比较著名的发行版本有：Debian、红帽（Redhat）、Ubuntu、SUSE、Open SUSE、Mandriva（原 Mandrake）、CentOS、Fedora、红旗 Linux 等。

1.1.2 智能手机

"智能手机"的说法主要是针对"功能手机（Feature phone）"而言的。所谓的智能手机就是一台可以随意安装和卸载应用程序的手机（就像计算机那样），然而功能手机是不能随意安装和卸载应用程序的。Java 的出现使后来的功能手机具备了安装 Java 应用程序的功能，但是 Java 程序的操作友好性、运行效率及对系统资源的操作都比智能手机差很多。

智能手机的诞生是掌上电脑（Pocket PC）演变而来的。最早的掌上电脑不具备手机的通话功能，但是随着用户对掌上电脑的个人信息处理功能依赖的提升，同时用户也不习惯于随身携带手机和掌上电脑两个设备，所以厂商将掌上电脑的系统移植到了手机中，于是才出现了智能手机。智能手机同传统手机的外观和操作方式类似，可以包含触摸屏，也可包含非触摸屏下的数字键盘或全尺寸键盘。传统手机使用的是生产厂商自行开发的封闭式操作系统，所能实现的功能非常有限，所以不具备智能手机的扩展性。

目前最热门的智能手机是 5G 智能手机，其基本要求是：

- 高速度处理芯片。智能手机不仅要支持打电话、发短信，还要支持处理音频、视频，甚至要支持多任务处理，这需要一颗功能强大、低功耗、具有多媒体处理能力的芯片。
- 大容量存储芯片和存储扩展能力。GPS 导航图、大量的音视频和多种应用都需要存储空间，足够的内存存储空间或扩展存储空间，才能真正满足越来越多样化的应用。5G 智能手机要求 8GB 以上的 RAM 及 256GB 以上的 ROM。
- 面积大、标准化、可触摸的显示屏。智能手机可以执行各种应用，为改善用户体验，屏幕分辨率一般要达到 4K～8K，屏幕尺寸 27in（折叠）以上。
- 支持播放式的手机电视。以现在的技术，如果手机电视完全采用电信网的点播模式，网络很难承受，而且为了保证网络质量，运营商一般对于点播视频的流量都有所控制，因此，广播式的手机电视是手机娱乐的一个重要组成部分。
- 支持 GPS 导航。GPS 导航不但可以帮助用户很容易找到想找的地方，而且还可以帮助用户找到周围的兴趣点；未来的很多网络服务，也会和位置结合起来。
- 操作系统必须支持新应用的安装。
- 配备大容量电池，并支持电池更换。电池容量为 7000～10000mA。
- 良好的人机交互界面。

1.1.3 智能手机操作系统

智能手机的一个典型标志就是其拥有独立的操作系统，NOKIA 的 Symbian（塞班）操作系统开创了智能手机操作系统的先河，并一度使 NOKIA 成为智能手机的代名词。随后众多的智能手机操作系统如雨后春笋般发展起来。曾经出现的比较有名的全球五大智能手机操作系统有谷歌 Android、苹果 iOS、微软 Windows Phone、Blackberry（黑莓）和 Symbian（塞班）。随着市场的发展，由于没有持续的创新，不能满足市场新的需求，部分智能手机操作系统逐渐退出市场，甚至被市场所淘汰。目前主流的智能手机操作系统仅有 Android 和 iOS。

- Android（安卓）：以开源为特征，截至 2019 年 3 月数据统计，Android 占据全球智能手机操作系统市场份额的 75.3%，成为全球第一大智能操作系统。
- iOS（iPhone OS）：以闭源为特征，只有苹果相应产品才能使用 iOS 操作系统。截止至 2019 年 3 月，iOS 已经占据了全球智能手机操作系统市场份额的 22.4%，为全球第二大智能操作系统。

Android 是基于 Linux 内核的软件平台和操作系统。

2005 年，Google 公司并购了成立仅 22 个月的高科技企业 Android，展开了短信、手机检索、定位等业务，同时基于 Linux 的通用平台也进入了开发阶段。

2007 年 11 月 5 日 Google 公司公布了一款手机操作系统，命名为 Android。其早期由 Google 开发，后由开放手机联盟（Open Handset Alliance）继续开发。其底层以 Linux 内核为基础，以 Java 作为编写程序的主要语言，只提供基本功能，其他的应用软件则由各公司自行开发。

2008 年，Google 公司的 Android 工程合作伙伴总监（Director of Android Partner Engineering）Patrick Brady 做题为"Anatomy & Physiology of an Android"的演讲时提出 Android HAL 架构图。HAL 以.so 文件的形式存在，可以把 Android framework 与 Linux 内核区分开。

2010 年 1 月，Google 公司推出了 Nexus One，这是 Google 公司自行推出的第一款 Android 手机。

Android 最早的一个版本发布于 2007 年 11 月，版本代号为 Android 1.0 beta，其后发布了多个更新版本。这些更新版本都在前一个版本的基础上修复了漏洞，并且添加了前一个版本所没有的新功能。2009 年 4 月起，Android 操作系统改用甜点名作为版本别名。这些版本按照大写字母的顺序来进行命名：纸杯蛋糕（Cupcake）、甜甜圈（Donut）、闪电泡芙（Éclair）、冻酸奶（Froyo）、姜饼（Gingerbread）、蜂巢（Honeycomb）、冰激凌三明治（Ice Cream Sandwich）、雷根糖（Jelly Bean）、奇巧（KitKat）、棒棒糖（Lollipop）、棉花糖（Marshmallow）、牛轧糖（Nougat）、奥利奥（Oreo）、馅饼（Pie）等。此外，Android 操作系统还有两个预发布的内部版本，分别是铁臂阿童木（Astro）和发条机器人（Bender）。

Android 和传统 PC 操作系统相比有以下明显的差异。

> 系统内核：Android 系统基于 Linux 内核，与 PC 操作系统的架构完全不同。
> 代码开源程度：Android 完全开源，使用免费，PC 操作系统需要授权。因此 Android 更受程序员和手机厂商欢迎，同时可以有效降低手机成本。
> 组件和功能不同：PC 操作系统的扩展能力强，Android 则是更注重于手机功能。目前在应用程序数量上 Android 弱于 PC 操作系统，但差距在逐渐缩小。由于 Android 开源的特点，其应用程序数量呈几何级数增长，不久的将来，势必成为操作系统的主流。

1.1.4 Android 平台架构

Android 应用程序以 Java 为编程语言，使 Android 从接口到功能都有层出不穷的变化，Android 的体系结构如图 1-1 所示。

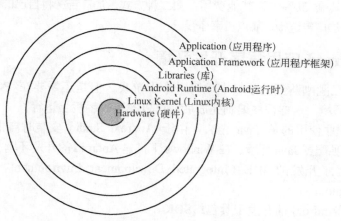

图 1-1　Android 体系结构示意图

1．Linux Kernel（Linux 内核）

Android 是在 Linux 2.6 的内核基础之上运行的，提供的核心系统服务有安全、内存管理、进程管理、网络组、驱动模型。

2．Android Runtime（Android 运行时）

内核之上是核心库和一个叫作 Dalvik 的 Java 虚拟机。核心库提供了 Java 语言核心库中包含的大部分功能，虚拟机负责运行程序。

3．Libraries（库）

Android 提供了一组 C/C++库，它们为平台的不同组件所使用。开发人员通过 Application Framework 使用这些库所提供的不同功能。

4．Application Framework（应用程序框架）

无论是 Android 提供的应用程序还是开发人员自己编写的应用程序，都需要使用到 Application Framework。Application Framework 不仅可以大幅度简化代码的编写，而且提高了程序的复用性。

5．Application（应用程序）

Android 提供了一组应用程序，包括 Email 客户端、SMS 程序、日历、地图、浏览器、通信录等。这部分程序均使用 Java 语言编写。本书所述的开发技术即指此层的应用程序。

在 Android 体系结构中，每个 Android 应用程序都运行在自己的进程上，享有 Dalvik 虚拟机为它分配的专有实例。Dalvik 虚拟机执行的是 Dalvik 格式的可执行文件（.dex：该格式经过优化，将内存消耗降到最低）。Java 编译器将 Java 源文件转为 class 文件，class 文件又被内置的 dx 工具转化为 dex 格式文件，dex 文件在 Dalvik 虚拟机上注册并运行。

Android 应用程序都是运行在 Dalvik 虚拟机之上的 Java 软件，而 Dalvik 虚拟机是运行在 Linux 上的，在一些底层功能如线程和低内存管理方面，Dalvik 虚拟机是依赖 Linux 内核的。因此可以说 Android 是运行在 Linux 之上的操作系统，但其本身不能算是 Linux 的某个版本。

1.1.5　Android 市场

Android 市场是 Google 公司为 Android 平台提供的在线应用商店，Android 用户可以在该市场中浏览、下载和购买第三方人员开发的应用程序。

对于开发人员，有两种盈利方式：第一种方式是出售应用程序，开发人员可以获得该应用程序售价的 70%，其余 30%作为其他费用；第二种方式是加广告：将自己的应用程序定位为免费的，在应用程序中增加广告链接，靠点击率挣钱。

1.2　搭建 Android 应用程序开发环境

某用户想在自己刚刚购买的手机上编写一个小游戏，但是还需要在 PC 上配置相应的开发环境，这样程序编制完成后，可以安装到手机上运行。

Android 开发程序使用的是 Java 语言，由于 Android Studio 安装时自带 JRE，因此不需要单独配置 Java 环境。在 Windows 下搭建 Android 的开发环境主要完成以下工作。

02　Android 开发环境搭建

➢ 安装用于程序开发的 IDE（Integrated Development Environment，集成开发环境）：Android Studio。
➢ 安装并升级 Android 的开发工具包：SDK。
➢ 创建 Android 虚拟设备：AVD。

1.2.1　安装 Android Studio

Android Studio 是 Google 推出的一个 Android 集成开发工具。Android Studio 基于 IntelliJ

IDEA，类似于 Eclipse ADT，Android Studio 提供了集成的 Android 开发工具用于开发和调试 Android 应用程序。

通过官网 https://developer.android.com/sdk/index.html 或中文社区下载最新版本的 Android Studio，双击下载的文件，启动安装程序，如图 1-2 所示。

图 1-2 启动安装程序

整个安装过程与普通程序类似，如果没有特殊要求，一直单击"Next"按钮即可完成安装。

1.2.2 启动 Android Studio 并安装 Android SDK

Android Studio 推出以后，无须单独下载 Android SDK，直接使用 Android Studio 的集成工具完成 Android SDK 的管理。

1）完成 Android Studio 的安装后，第一次启动时，由于没有完成 Android SDK 的下载管理，Android Studio 会显示图 1-3 所示的界面，提示 SDK 的处理要求。

2）根据自己的网络情况，若要配置特殊的网络链接方式，则单击"Setup Proxy"按钮进行详细配置。否则单击"Cancel"按钮即可。完成后进入图 1-4 所示的"Welcome"界面。

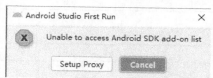

图 1-3 Android SDK 下载管理

3）依次单击"Next"按钮，设置 Android Studio 的配置参数、主题风格，一般保留默认值即可，直到出现如图 1-5 所示的界面。这是首次启动 Android Studio 开发工具而没有默认应用项目时显示的处理界面。

图 1-4 Welcome 界面

图 1-5 Android Studio 首次启动界面

4）单击右下角"Configure"按钮，在下拉列表中选择"SDK Manager"，进入图 1-6 所示的 SDK 管理界面。

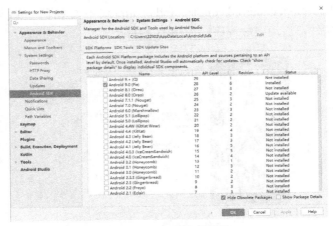

图 1-6　SDK 管理界面

自 Android 发布以来，差不多每半年就会有一次重要更新。每个版本的 Android 都以甜点名命名，如表 1-1 所示。

表 1-1　Android 的版本代号和别名

版本代号	别名
1.5	Cupcake（纸杯蛋糕）
1.6	Donut（甜甜圈）
2.0/2.1	Éclair（闪电泡芙）
3.0	Honeycomb（蜂巢）
4.0	Ice Create Sandwich（冰激凌三明治）
5.0/5.1	Lollipop（棒棒糖）
6.0	Marshmallow（棉花糖）
7.0	Nougat（牛轧糖）
8.0	Oreo（奥利奥）
9.0	Pie（馅饼）

5）根据开发需要，选择适用的 Android 版本，单击"OK"按钮完成所选版本的下载和安装，如图 1-7 所示。

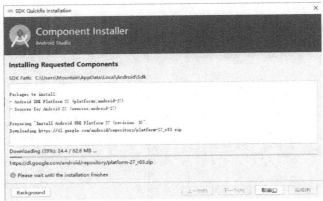

图 1-7　下载 Android

1.2.3 模拟器管理

1）执行"Configure"→"AVD Manager"菜单命令启动 AVD 管理器，如图 1-8 所示。

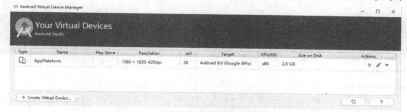

图 1-8　AVD 管理器界面

2）单击"Create Virtual Device"按钮，新建一个 AVD，选择机型如图 1-9 所示，可以创建多个不同的虚拟设备以供测试。

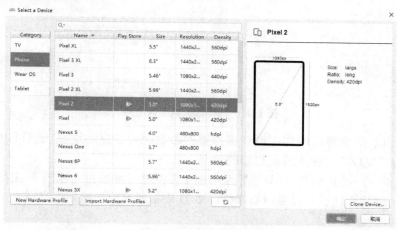

图 1-9　AVD 机型设置

3）单击"New Hardware Profile"按钮，可对模拟器的硬件进行详细的配置，如图 1-10 所示。

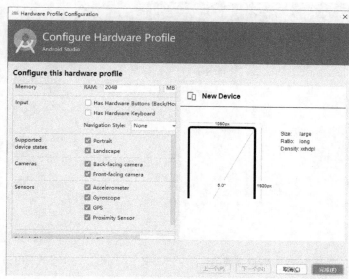

图 1-10　配置模拟器硬件参数

4）在图 1-9 中单击"确定"按钮，选择模拟器运行所需的 Android 版本映像文件。如果没有对应的映像文件，需要先单击"Download"超链接下载，如图 1-11 所示。

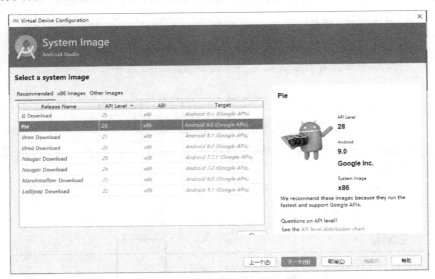

图 1-11 选择模拟器映像文件

5）在图 1-12 所示界面中再次确认模拟器的参数配置信息，这里仍然可以对各参数做修改，完成后单击"完成"按钮完成模拟器的创建。

6）在图 1-8 所示的 AVD 管理器界面中选中模拟器，并单击右侧的 ▶ 图标启动模拟器。AVD 的初始启动时间比较长，需要耐心等待，AVD 模拟器界面如图 1-13 所示。

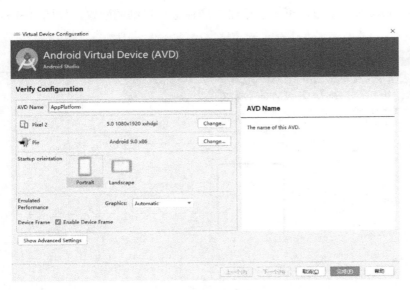

图 1-12 AVD 参数确认

图 1-13 AVD 模拟器界面

1.2.4 SDK Tools 常用命令

在 SDK 安装路径下的 platform-tools 和 tools 目录下提供了一些 SDK 工具命令，可以在 Windows 的命令窗口或 Android Studio 底部的 Terminal 窗口中使用，为了方便，可将这两个目录添加到 Windows 的 path 环境变量中。这里重点讲述常用命令 adb 和 mksdcard 的使用，其他的命令请查阅参考资料。

1．adb 命令

Android 调试桥（Android Debug Bridge）adb.exe 是一个多用途命令行工具。它允许开发人员与模拟器实例或连接的 Android 设备进行通信，是一个由三部分组成的客户端-服务器程序。

- 运行于本地计算机的客户端。开发人员通过 adb 命令来调用客户端。
- 运行于计算机后台进程的服务器。服务器管理客户端与运行 adb 守护进程的模拟器或设备之间的通信。
- 守护进程，作为后台进程运行于每个模拟器或设备中。

（1）启动和关闭 adb 服务

模拟器在运行一段时间后，adb 服务可能（在 Windows 进程中可找到这个服务，该服务用来为模拟器或通过 USB 数据线连接的真机服务）会出现异常。这时需要重新对 adb 服务关闭和重启。

  adb kill-server：关闭 adb 服务
  adb start-server：启动 adb 服务

（2）查询连接的模拟器/设备

有时需要启动多个模拟器，或启动模拟器的同时通过 USB 数据线连接了真机。此时可以使用如下的命令查询当前连接了多少个模拟器或真机。

  adb devices

执行上面的命令后，会输出如图 1-14 所示的信息。

其中第 1 列的信息表示模拟器或真机的标识。emulator-5554 表示模拟器，其中 5554 表示 adb 服务为该模拟器服务的端口号。每启动一个新的模拟器，该端口号都不同。HT9BYL904399 表示通过 USB 数据线连接的真机。输出信息的第 2 列都是 device，表示当前设备都在线。如果该列的值是 offline，表示该模拟器没有被连接到 adb 上，或模拟器没有响应。

图 1-14　查询连接的模拟器与设备

（3）安装、卸载和运行程序

在 Android Studio 中运行 Android 应用程序必须有 Android 源码，如果只有 apk 文件（Android 应用程序的发行包，相当于 Windows 中的 exe 文件）需要安装和运行，就需要使用 adb 命令。假设要安装一个 androidtest.apk 文件，可以使用如下的命令。

  adb install androidtest.apk

如果在运行 Android 程序时有多个模拟器或真机在线，那么会出现一个选择对话框。如果选择在真机运行，会直接将程序安装在手机上。

如果在安装程序之前，该程序已经在模拟器或真机上存在，则需要先卸载这个应用程序，然后再安装。或使用下面的命令直接重新安装。

```
adb install -r androidtest.apk
```

假设 androidtest.apk 中的 package 是 com.sample.androidtest，可以使用如下的命令卸载这个应用程序。

```
adb uninstall com.sample.androidtest
```

在卸载应用程序时可以加上-k 命令行参数保留数据和缓存目录，只卸载应用程序。命令如下所示。

```
adb uninstall -k com.sample.androidtest
```

如果机器上有多个模拟器或真机实例，也可以使用-s 参数指定具体的模拟器或真机。例如下面的命令在指定的 emulator-5554 模拟器上安装应用程序。

```
adb -s emulator-5554 install androidtest.apk
```

如果想在模拟器或真机上运行已安装的应用程序，除了直接在模拟器或真机上操作外，还可以使用如下的命令直接运行程序。

```
adb -s emulator-5554 shell am start -n com.sample.androidtest / com.sample.androidtest.Main
```

其中 Main 是 androidtest.apk 的主 Activity，相当于 Windows 应用程序的主窗体或 Web 应用程序的主页面。am 是 shell 命令。

（4）文件复制

可使用 adb 命令完成模拟器/设备与本地计算机之间的文件复制。与文件安装不同，文件复制可以用于任意类型的文件。将当前目录下的文件 localfile.txt 从本地计算机复制到模拟器/设备实例的 sdcard\test 目录下的命令如下。

```
adb push localfile.txt sdcard/test/
```

将文件从模拟器/设备实例复制到本地计算机的命令如下。

```
adb pull sdcard/test/androidtest.apk    d:/file/androidtest.apk
```

（5）进入 shell

Android 平台底层使用 Linux 内核，因此可以使用 shell 进行操作。进入 shell 的命令如下。

```
adb shell
```

2．mksdcard 命令

mksdcard 命令可以快速创建 FAT32 磁盘镜像，启动模拟器时加载该磁盘镜像可以模拟真实设备的 SD 卡。使用此命令的好处是可以在多个模拟器间共享 SD 卡。

例如，在当前目录下创建一张卷标为 f、容量为 2GB 的 SD 卡，映像文件名为 sdcard.img，命令行如下。

```
mksdcard -l f 2G sdcard.img
```

创建好 sdcard.img 映像文件后，就可以在 AVD 的设备配置界面的"SD card"信息功能选择使用此外部文件，这样 AVD 在启动时就可以加载此 SD 卡，如图 1-15 所示。

如果需要在模拟的 SD 卡上管理文件夹，可以使用 adb 命令进入 shell，使用 Linux 的 Shell 命令进行文件夹管理。

Android Studio 提供了 Device File Explorer 视图管理各个连接设备内的文件信息。在 Android Studio 中执行"View"→"Tool Windows"→"Device File Explorer"菜单命令，打开如图 1-16 所示的视图窗口，在其中选中目标并右击，在快捷菜单中选择所需命令，完成所连接设备的文件管理以及与本地计算机之间的文件导入、导出处理。

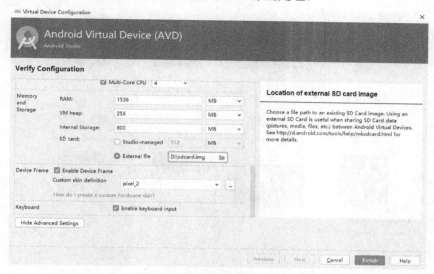

图 1-15　配置模拟器的 SD 卡

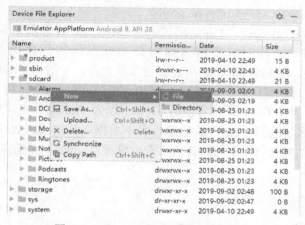

图 1-16　Device File Explorer 视图窗口

03　开发 Android 应用程序

1.3　开发 Android 应用程序

在前文第 1.2 节中配置好了 Android Studio 开发环境后，本节在手机上实现一个应用程序，程序运行时可在手机顶端位置显示"Hello，Android！"字符串。

1.3.1　新建 Android 应用程序

通过上述的一系列软件的安装配置，Android Studio 已经成为 Android 开发包和模拟器的集成环境，Android 应用程序开发的主要过程在 Android Studio 中就可以完成。

1）启动 Android Studio 后，执行"File"→"New"→"New Project"菜单命令新建一个 Android 项目，在创建新项目向导中选择"Phone and Table"下的"Empty Activity"，单击"Next"按钮，如图 1-17 所示。

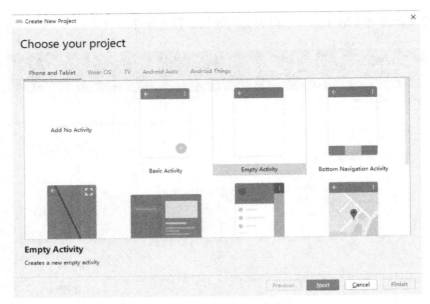

图 1-17 创建新项目向导

2）在图 1-18 所示的"Configure your project"界面中输入"Name"（应用名称）、"Package name"（包名称）、"Save location"（存储路径）、"Language"（开发语言）和"Minimum API level"（最低运行版本）。其中，应用名称将显示在系统的程序组界面中，此处命名为"ch01_01"；包名称可以采用默认值，也可以自己重新命令，一般为 com.****.**** 的格式；存储路径为项目文件的存储位置；开发语言默认为 Kotlin（Kotlin 是简化的 Java 表达形式），在新版本的 Android Studio 中，Google 推荐使用 Kotlin 作为 Android 的开发语言，新手建议选择 Java 作为开发语言，这里选择 Java；最低运行版本根据需要选择，表明当前应用运行的最低 Android 版本要求；其他参数可以采用默认值。最后单击"Finish"按钮完成应用项目的创建。

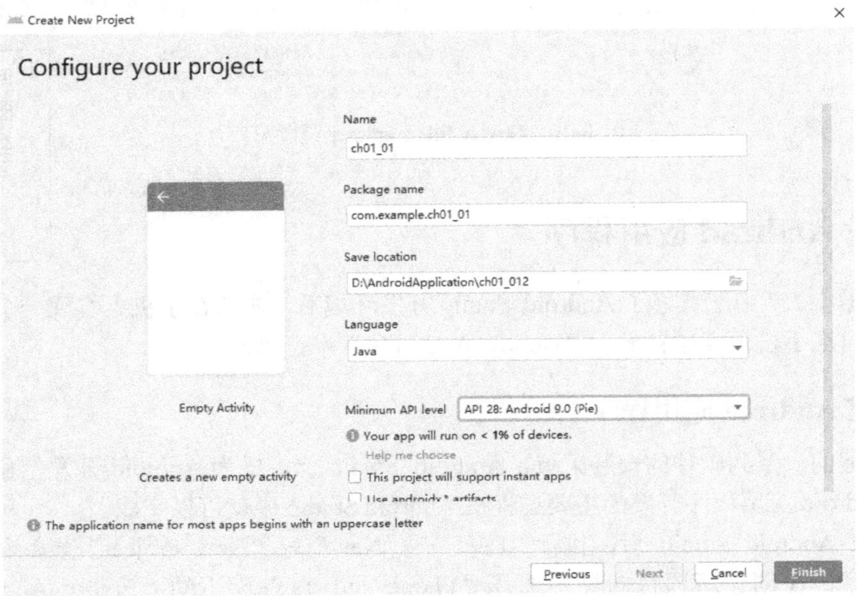

图 1-18 项目信息设置

1.3.2 使用模拟器查看结果

在创建项目过程中，除了输入必要的名字外，并没有写一行代码，因为 Android 已经帮开发人员做好了一切，此时就可以用模拟器查看一下程序的执行效果。

执行"Run"→"Run 'app'"菜单命令，或单击工具栏中的"Run"按钮，当然也可以使用 Run 命令的快捷键〈Shift+F10〉就可以在模拟器中看到运行结果，图 1-19 所示为默认效果。

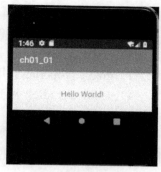

图 1-19　默认效果

1.3.3 Android 项目结构

项目创建成功后，在 Android Studio 窗口左边的 Project 视图中展开文件夹，文件夹结构如图 1-20 所示。创建 Android 工程时，Android Studio 已经建立了一系列管理文件夹，负责分门别类地管理各种文件。这与工程真正的物理文件夹基本是保持一致的。当然，不同版本的 Android Studio 产生的文件夹会有一些差异。

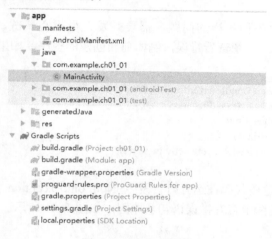

图 1-20　文件夹结构

Android Studio 的工程创建分两个层级，第一个层级通过菜单命令"File"→"New"→"New Project"创建，实际是指创建了新的工作空间。第二个层级是通过菜单命令"File"→"New"→"New Module"创建，此时创建的新模块实际是指一个单独的 App 工程。在一个工作空间里面可以有多个模块，每个模块都可以单独编译运行，也可以选择其中的部分模块一起编译运行。

在项目中，主要有两个文件夹：一个是 app，另一个是 Gradle Scripts。

app 文件夹下有三个子文件夹，其功能说明如下。

1) manifests 配置文件夹：其下只有一个 AndroidManifes.xml 文件，此文件包含了 App 运行前系统必须掌握的相关信息，如应用程序名称、图标、应用程序的包名、组件注册信息和权限配置等，每个 Android 项目都有一个这样的配置文件。

2) Java 源码文件夹：其下有三个包，第一个为 App 工程的源代码，另外两个为测试用的源代码。Android 以 Java 作为编程语言，因此其程序文件以.java 作为扩展名。

3) res 资源程序文件夹：其下又有四个子目录用于放置各类资源，主要有三种类型：XML 文件、位图（图像）文件和 raw（声音）文件。

Gradle Scripts 文件夹中主要是项目的编译配置脚本文件，主要包含以下文件。

1）build.gradle：该文件分为项目级和模块级两种，用于描述工程的编译规则。

2）proguard-rules.pro：用于描述 java 文件的代码混淆规则。

3）gradle.properties：用于配置编译工程的命令行参数，一般无须改动。

4）settings.gradle：配置哪些模块在一起编译。初始内容为 include ':app'，表示只编译 app 模块。

5）local.properties：项目的本地配置，一般无须改动。该文件是在工程编译时自动生成的，用于描述开发者本机的环境配置，如 SDK 的本地路径、NDK 的本地路径等。

1.3.4　Android 应用程序的调试

Android Studio 窗口包含了 Terminal、Build、Logcat 等视图，在窗口底部可以进行视图切换。其中，Terminal 视图用于在命令行方式下执行 Android 平台提供的一些命令；Build 视图用于查看项目的编译和构建信息；Logcat 视图用于查看 Android 设备运行的日志信息。

（1）Logcat 视图

在开发过程中会遇到各种各样的问题，需要开发人员耐心调试。一般程序错误可以使用 Android Studio 中的 Logcat 视图查看错误，例如前面创建的程序，如果将 onCreate()方法修改成如下代码。

```
protected void onCreate(Bundle savedInstanceState) {
    super.onCreate(savedInstanceState);
    Object object=null;
    object.toString();
    setContentView(R.layout.activity_main);
}
```

同 Java 语言一样，这段代码在运行时会发生 NullPointException 异常。启动程序在模拟器中运行时，可在 Logcat 视图中查看错误语句及原因，如图 1-21 所示。

图 1-21　Logcat 视图

（2）使用 Log 日志信息

Android SDK 提供了 Log 类来获取程序运行时的日志信息，该类位于 android.util 命名空间中。Log 类提供了一些方法，用来输出日志信息，如表 1-2 所示。开发人员可以使用这些方法输出程序的中间结果，输出的信息可在 Logcat 视图中查看。

表 1-2　Log 类的常用方法

方法	说明
Log.d(string tag,string msg)	输出 DEBUG 故障日志信息
Log.e(string tag,string msg)	输出 ERROR 错误日志信息

(续)

方法	说明
Log.i(string tag,string msg)	输出 INFO 程序日志信息
Log.v(string tag,string msg)	输出 VERBOSE 冗余日志信息
Log.w(string tag,string msg)	输出 WARN 警告日志信息

例如在程序代码中有如下语句：Log.d("调试", "Debug 调试信息");，此语句执行后，在 Logcat 视图中可见对应的输出信息，如图 1-22 所示。

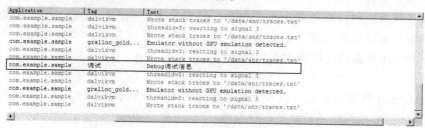

图 1-22　Log 类的输出信息

（3）使用断点调试

使用 Logcat 视图输出信息的方式调试程序是非常古老的程序调试方法，而且经常导致程序代码混乱，所以建议使用 Android Studio 内置的 Java 调试器调试 Android 程序。使用 Java 调试器可以设置程序断点，实现程序单步执行，在调试过程中执行查看变量和表达式的值等调试操作。Android 程序与一般的 Java 程序的调试方法基本相同，这里不再赘述。

特别说明：为方便描述及节约篇幅，在本书后续章节中 Android Studio 一律简称 AS，模拟器的运行图示只截取内容部分。

本章小结

本章从 Android 简介入手，重点介绍了在 Windows 平台下搭建 Android 应用程序开发环境。使用 Android Studio 新建了第一个 Android 项目，认识 Android 项目结构，学会使用 AVD 查看运行结果，最后简要介绍 Android 程序的调试方法。Android 应用的开发流程有以下几个步骤：1）创建 Android 虚拟设备或者硬件设备；2）创建 Android 项目；3）构建并运行应用程序；4）使用 SDK 调试和日志工具调试应用；5）使用测试框架测试应用程序。

练习题

1．主流的 Android 版本有哪些？它们各有何特点？
2．Android 的体系结构是怎样的？
3．Android 主要用于什么设备？是否可用于 PC？
4．在 Windows 下搭建 Android 应用程序开发环境需要什么软件？如何安装及配置？请简要说明过程。
5．模拟器的功能是什么？需要设置什么参数？
6．开发一个 Android 应用程序，显示效果为黑底白字，界面正中显示"Android is very easy！"。
7．修改模拟器的输入法为搜狗输入法。

第 2 章 Android 资源

知识提要：

Android 应用程序与其他传统的 PC 程序类似，除了代码外也要使用图形、声音、动画等资源，特别在手机等智能终端环境中，更加强调各种资源的综合使用，以便在有限的空间上取得赏心悦目的显示效果。所以在智能手机平台上，将字符串、颜色、尺寸、布局等要素都作为统一资源进行管理，实现资源、数据的分离，加强了程序部署、升级、改版的灵活性，这与软件构建中形式与内容相分离的设计理念是相吻合的。

教学目标：

◆ 了解 Android 资源的特点，以及存放各资源项文件夹的位置
◆ 掌握如何利用可视化界面配置各种资源
◆ 了解各种资源对应的 XML 文件的书写格式，能够编制资源文件内容
◆ 重点掌握布局、字符串、颜色、尺寸、样式和主题等资源的应用
◆ 了解资源自适应的原理和实现方法

04　基本资源

2.1　基本资源

Android 中的资源指非 Java 代码部分，只要是不与业务流程相关的、用于界面部分的都可以用资源表示。与传统的程序相比，Android 资源的概念非常宽泛：布局、样式、主题、颜色、字符串、图形……无不涵括在其中。这样做的好处就是将程序设计的代码与外观设计进行了分离，使得程序的升级、维护、改版等工作变得更加容易，甚至可以交给不同的工作人员来完成。

按照第 1 章讲到的方法配置了 Android 的开发环境后，通过简单的项目向导就可以得到一个默认的 App。现在想添加一个新信息："张岸佐"（用户的名字），将名字显示为红色，原有的"Hello，World！"改为"张岸佐，你好！"，位置调整到名字的右侧。

2.1.1　资源概述

Android 资源是一种 XML 标记语言。通过采用此种语言的文件，计算机之间可以处理包含各种信息的文章等。采用资源文件的定义形式，有如下好处。

1）简化操作。Android 采用 XML 文件定义控件，将控件中的各种属性集成，在程序开发中简化了源代码的编写。

2）实现数据分离。使用代码实现数据显示是一件十分麻烦的事，每次数据改变都需要花费大量时间修改代码。XML 的独立式数据文件存储的出现，给开发工作省下不少工夫，让运用重点偏向于布局和显示。

在 AS 中开发的每一个 Android 项目都会有一个 res 目录，还可以创建一个 assets 目录，这些目录中的文件用于存储 Android 资源。

res 目录下可新建一些固定名字的子文件夹，用于保存各类 XML 资源。Android 提供了一个资源编译工具，它会按照事先约定的目录结构，把 res 目录下的文件自动编译，并生成 R.java 文件，应用程序可以通过 R.java 对资源文件采用"R.type.name"的方式进行引用，R 常用的资

源引用类别有 R.drawable、R.id、R.layout、R.string、R.attr、R.plural、R.array 等。Android 支持的资源如表 2-1 所示。

表 2-1 Android 支持的资源

目录	资源类型	描述
res\values	XML	保存字符串、颜色、尺寸、类型、主题等资源，可以是任意文件名，对于字符串、颜色、尺寸等信息采用 key-value 形式表示，对于类型、主题等资源，采用其他形式表示
res\layout	XML	保存布局信息，一个资源文件表示一个 View 或 ViewGroup 的布局
res\menu	XML	保存菜单资源。一个资源文件表示一个菜单（包括子菜单）
res\anim	XML	保存动画相关信息。可以定义帧动画和补间动画
res\xml	XML	在该目录中可以是任意类型的 XML 文件，这些文件可以在运行时被读取
res\raw	任意类型	该目录中的文件虽然也会被封装在 apk 文件中，但不会被编译。该目录可以保存各种类型的文档、音频、视频文件
res\drawable	图像	该目录中的文件可以是多种格式的图像文件，例如 bmp、png、gif、jpg 等。该目录中的图像对分辨率要求不是很高。Aapt 工具会自动优化
asets	任意文件	跟 res\raw 中的资源一样，该目录中的文件也不会被编译，不同的是，该目录中的资源文件没有生成资源 ID，可以自由操作

assets 目录比较少用，主要用于保存一些数据文件。与 res 目录下的 XML 文件不同，assets 文件保存的是一些二进制文件，这些文件并没有经过编译，需要通过字节流的方式进行访问。但是在实际开发软件的时候，难免会引入一些较大的应用资源，如果图方便全放到 res 或 assets 目录中，这会导致程序运行缓慢，所以经常也将大文件放到 SD 卡上进行处理。

除用 XML 定义资源外，也可以用程序创建资源对象。为了代码的易组织性和可维护性，仅在特殊时候采用这种方法，否则将使得程序更加难以维护和重用。

2.1.2 布局资源

设计程序界面较方便且可维护的方式是创建 XML 布局资源。这种方法极大地简化了 UI 设计过程，将许多用户界面组件的布局以及属性定义都保存在 XML 中，以代替程序代码，适应了 UI 设计师（更关心布局）和开发者（了解 Java 和实现应用程序功能）潜在的分离工作的需要。同时，开发者依然可以在必要的时候动态地改变屏幕内容。

布局资源定义了在屏幕上显示的内容。布局资源一般存储在应用程序的\res\layout 资源目录下的 XML 文件中。布局资源简单地说就是一个用于用户界面屏幕或屏幕一部分以及内容的模板。对每一屏（与某个活动紧密关联）都创建一个 XML 布局资源是一种通用的做法，但这并不是必需的。理论上来说，可以创建一个 XML 布局资源并在不同的活动中使用它，为屏幕提供不同的数据。如果需要，也可以分散定义布局资源，并用另外一个文件包含它们。

下面是一个简单的 XML 布局资源，一个 LinearLayout 中包含一个 TextView 和一个 ImageView，代码如下。

```
<?xml version="1.0" encoding="utf-8"?>
<LinearLayout xmlns:android="http://schemas.android.com/apk/res/android"
    android:orientation="vertical"
    android:layout_width="fill_parent"
    android:layout_height="fill_parent"
    android:gravity="center">
    <TextView
        android:layout_width="fill_parent"
        android:id="@+id/showstring"
```

```
            android:layout_height="wrap_content"
            android:text="@string/my_text_label"
            android:gravity="center_horizontal"
            android:textSize="20dp" />
    <ImageView
            android:layout_width="wrap_content"
            android:layout_height="wrap_content"
            android:src="@drawable/mountain"
            android:adjustViewBounds="true"
            android:scaleType="fitXY"
            android:maxHeight="250dp"
            android:maxWidth="250dp"
            android:id="@+id/showPhoto" />
</LinearLayout>
```

这个布局资源表示屏幕上包含两个组件：一个组件显示一些文字，另一个组件显示一张图片。这两个组件都包含在一个垂直方向的 LinearLayout 布局中。在模拟器中的显示效果如图 2-1 所示。

要在代码中使用布局资源，只需要在 onCreate()方法中调用 setContentView（int resid）方法即可。例如布局资源存放在 \res\layout\activit_main.xml 文件中，程序代码中使用此布局资源的语句就可以是：setContentView(R.layout. activit_main)；如果需要引用其中的 TextView 对象（ID 名为 showstring），可以使用 R.id.showstring。

图 2-1　布局显示示例

AS 集成了一个用于设计和预览布局资源的布局资源设计器。这个工具包括两个标签视图："Design" 视图为开发者提供预览在不同的屏幕下以及每一种显示方式时的界面控件展现模式；"Text" 视图展示资源的 XML 定义。布局资源设计器如图 2-2 所示。

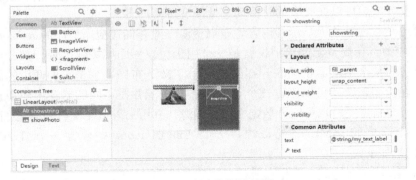

图 2-2　布局资源设计器

在 AS 中使用布局资源设计器时常用以下操作。
➤ 在 Palette 视图中选择组件添加到界面中。
➤ 直接在预览视图中增、减组件。
➤ 在预览视图和 Component Tree 视图中选择特定的控件并使用属性窗格来调整控件的属性。
➤ 使用 text 视图来直接编辑 XML 定义。

需要注意的是，布局资源设计器不能完全精确地模拟出布局在最终设备上的展现情况，而且一些特殊的控件（例如标签或视频查看器）也不能在此预览，所以开发者必须在适当配置的模拟器中测试，更重要的是在目标设备上测试。

2.1.3 字符串资源

布局中引入的 TextView 组件和 Button 组件上往往需要显示相应的文字，实现方式有以下两种。第一种方式是直接修改这些组件的 Text 属性为某字符串，第二种方式就是建立字符串资源，然后在 Text 属性中关联这些资源。

初学者更喜欢第一种方式，简单而且直接，但是当程序比较复杂，面临维护、升级、改版、修改时，就会出现较大困难。举一个例子：在开发的应用程序中需要在两个地方显示用户的名字，如果在两个地方都直接设定控件的 Text 为"张岸佐"，当需要将此处修改成"张工程师"时，就要在两处分别修改，而大型程序往往是多人协同开发的，就会出现漏改的风险。更好的方案则是第二种方式，建立一个字符串资源，定义其值为"张岸佐"，需要显示的两处地方与此字符串资源的 ID 相关联，当需要修改时，只要修改该字符串资源即可，相关引用处会自动更新。

Android 允许在一个或多个 XML 文件中定义一个或多个字符串，这些 XML 文件位于 \res\values 目录下，根元素是<resources></resources>，文件名也可以任意指定，例如如下的 strings.xml 定义。

```
<?xml version="1.0" encoding="utf-8"?>
< resources>
<string name="hello">Hello World, HandlerDemo!</string>
<string name="app_name">HandlerDemo</string>
< /resources>
```

文件定义好之后，其中每个字符串的 name 属性将由 ADT 自动在 R.java 中维护一个 ID 索引，开发人员可以在 Java 代码和 XML 文件中使用定义的字符串。如果在 Java 代码中使用字符串"hello"时，采用 getResources().getString(R.string.hello)形式调用；如果需要在其他 XML 文件中引用这个字符串，使用<TextView android:text=" @string/hello">形式调用。

2.1.4 颜色资源

提到颜色，必须弄清楚颜色的编码，现在比较流行的颜色编码有 RGB、CMYK 等，一般前者用于显示器，后者用于印刷。在 Android 中，使用 RGB 颜色编码。具体来说，RGB 颜色编码有#AARRGGBB、#ARGB、#RRGGBB、#RGB 等形式，R、G、B 为三原色红、绿、蓝，A 表示透明度，即 alpha。A、R、G、B 的取范围都是 0～255 之间的一个十六进制数。R、G、B 值越大，颜色越深，如果 R、G、B 值都为 0，表示颜色为黑色，R、G、B 值都为 255，表示白色。#RGB、#ARGB 的区别与#RRGGBB、#AARRGGBB 的区别在于前两者 R、G、B 的取值范围是 0～F，颜色值跟透明度的 8 位字节的高 4 位和低 4 位相同，想表示更多颜色值，则需要使用后两者。常见颜色编码如表 2-2 所示。

表 2-2 常见颜色编码表

颜色编码	颜色
#000000	黑
#666666	深灰
#CCCCCC	浅灰
#FFFFFF	白

(续)

颜色编码	颜色
#FF0000	红
#00FF00	绿
#0000FF	蓝
#FFFF00	黄
#00FFFF	水青
#FF00FF	紫

在不考虑透明度的前提下，用#RRGGBB 编码就可以了，关于调试颜色的更多理论在此不再赘述，请读者参考其他资料。

颜色资源的 XML 文件定义在项目的 res\values 目录下，根元素是<resources></resources>。如下代码定义了一个颜色资源文件，分别采用了#AARRGGBB、#ARGB、#RRGGBB、#RGB 形式。

```xml
<?xml version="1.0" encoding="utf-8"?>
<resources>
  <color name="red_rectangle">#66ff0000</color>
  <color name="blue_rectangle">#600f</color>
  <color name="green_rectangle">#f0f000</color>
  <color name="red_rectangle2">#f00</color>
</resources>
```

在 Java 代码中使用这个颜色资源的代码如下所示。

```java
public class Resource_ColorDrawable extends Activity {
    private TextView text1;
    /** Called when the activity is first created. */
    @Override
    public void onCreate(Bundle savedInstanceState) {
        super.onCreate(savedInstanceState);
        setContentView(R.layout.main);
        text1 = (TextView)findViewById(R.id.text1);
        int color=getResources().getColor(R.color.red_rectangle);
        text1. setTextColor (cd);
    }
}
```

在其他 XML 文件中使用颜色资源如下代码所示。

```xml
< TextView
    android:id="@+id/text2"
    android:layout_width="fill_parent"
    android:layout_height="wrap_content"
    android:text="@string/hello"
    android:background="@color/blue_rectangle"
/>
```

2.1.5 尺寸资源

Android 支持的尺寸资源比较丰富，以适应不同智能手机分辨率的需求，在不同的应用场合下需要选择不同的尺寸单位，现在将几种常见尺寸单位的表示方法总结如表 2-3 所示。

表 2-3 常见尺寸单位表示方法表

单位	名称	说明
px	像素	屏幕上的真实像素表示
in	英寸	基于屏幕的物理尺寸，每英寸等于 25.4mm
mm	毫米	基于屏幕的物理尺寸
pt	磅	1/72in
dp 或 dip	独立像素	基于屏幕密度的抽象单位。在每英寸 160 的显示屏上，1dp=1px。但屏幕密度不同，dp 和 px 的换算也不同。
sp	比例像素	主要处理字体的大小，可以根据用户字体大小首选项进行缩放。

当屏幕密度（density）为 160dpi（点/英寸）时，1dp=1sp=1px，但是如果屏幕大小不变而密度提高，比如提高到 320dpi 时，原来用 px 作为单位的元素大小将缩小一半，而如果用 dp 或 sp 作为单位，则显示效果保持不变。

尺寸资源文件位于 res\values 目录下，根元素是<resources></resources>标记。在该元素中使用<dimen></dimen>标记定义各尺寸资源，其中，通过为<dimen></dimen>标记设置 name 属性来指定尺寸资源的名称，在起始标记<dimen>和结束标记</dimen>中间定义一个尺寸常量，如下面的代码定义所示。

```
<rescources>
<dimen name="dimen_name">string_values</dimen >
</rescources>
```

在 Java 代码中采用 Resources.getDimen(R.dimen.dimen_name)的形式调用，在 XML 文件中采用<TextView android:textSize="@dimen/dimen_name">的形式调用。

2.1.6 样式和主题资源

样式资源主要用于对组件的显示样式进行控制，XML 文件位于 res\values 目录下，根元素是<resources></resources>标记。在该元素中使用<style></style>标记定义样式，其中，通过为<style></style>标记设置 name 属性来指定样式资源的名称。在起始标记<style>和结束标记</style>中间添加<item></item>标记定义格式项。在一个<style></style>中可以定义多个<item></item>标记。<style></style>还支持样式继承，使用 parent 属性进行设置即可，如下代码所示。

```
<?Xml version="1.0" encoding="utf-8">
<rescources>
    <--定义一个样式-->
<style name="parentText" >
<item name="android:textSize">20sp</item>
<item name="android:textColor">#008</item>
</style>
<--再定义一个样式，parent 属性指定其父样式，父样式只能有一个-->
<style name="langText" parent="parentText">
    <item name="android:padding">20px</item>
    <item name="android:textColor">#0FF</item>
</style>
</rescources>
```

当一个样式继承另一个样式后，在子样式中出现了与父样式相同的属性，将使用子样式中定义的属性值。Java 代码中不直接使用样式，样式仅在 XML 文件中组件的 style 属性上添加引用，XML 文件中的引用形式是@[package]style/style_name。同一个项目中，可以省略 package，如果要引用 Android 内部定义的样式，需要加上命名空间，如@android:style/android_style_name。如下面的代码定义了一个组件使用样式。

```
<TextView
    android:id="@+id/button1"
    style="@style/langText"
    android:layout_width="wrap_content"
    android:layout_height="wrap_content"
    android:text="@string/label" />
```

主题与样式定义相似，不同的是，主题包含的显示属性不能作用于单个 View 组件，而是对所有（或单个）Activity 起作用。通常情况下，主题中的格式都是为改变窗口外观而设置的。如下的代码定义了一个主题资源。

```
<?Xml version="1.0" encoding="utf-8">
<rescources>
<style name="Theme_name">
<item name="android:windowNoTile">true</item>
<item name="windowFrame">@drawable/screen_frame</item>
<item name="windowBackground">@drawable/screen_background_white</item>
<item name="panelForegroundColor">#FF000000</item>
<item name="panelTextColor">?panelForegroundColor</item>
</style>
</rescources>
```

此定义中，@符号和问号都代表引用，前者引用的是其他地方定义的资源对象，而问号引用的是"运行时资源对象"。

主题资源定义完成后，就可以使用主题资源了。使用主题资源有以下两种方式。

1）在 Java 代码中引用，常在 Activity 的 onCreate()方法中采用如下的语句形式。

```
setTheme(android:R.style. Theme_name);
setContentView(R.layout.layout_name)
```

2）在 XML 文件中引用，需要在 AndroidManifest.xml 中通过 android:theme 属性引用，如果是作用在所有的 Activity 上，则在<application>的属性上添加，如果是作用在单个 Activity 上，在相应<activity>的属性上添加，下面的代码为对某个 Activity 应用主题的语句。

```
<activity android:theme="@android:style/Theme_name">
```

2.1.7 实例1：个性化显示

1. 新建项目，增添组件

在 AS 中新建项目，应用程序取名"个性化显示"，项目名称命名为"ch02_01"，其他取默认值。本项目中将要建立字符串、尺寸和颜色三种资源。这些资源的添加可以使用可视化界面进行操作，也可以使用代码模式录入。

（1）建立字符串资源

Android 字符串资源被放在 res\values 下的 strings.xml 中，双击打开，系统已经默认建立了一个字符串资源，app_name 用于本应用程序的名字的显示，其将在模拟器中显示于图标的下方。仿照 app_name 字符串资源，添加其他的字符串，每个字符串用一对<string>标记对表示，字符串的

"名字"用 name 属性说明，而字符串的"值"则放在标记对之间。最后的代码如下。

```xml
<?xml version="1.0" encoding="utf-8"?>
<resources>
    <string name="app_name">个性化显示</string>
    <string name="menu_settings">Settings</string>
    <string name="hello_world">,你好！</string>
    <string name="zhang_name">张岸佐</string>
</resources>
```

（2）建立颜色资源

颜色资源默认保存在 res/values/colors.xml 中，如果新建的 Android 项目中并没有包含此资源，右击 values，在快捷菜单中选择"New"→"XML"→"Values XML File"命令，在接下来的向导中输入文件名"colors.xml"。单击"Finish"按钮，可以看到在 values 下新建了一个 colors.xml，目录结构如图 2-3 所示。

建立颜色资源的操作与建立字符串类似，新建一个颜色资源，名字和值分别为 "name_color"和"#FF0000"，代码如下。

```xml
<?xml version="1.0" encoding="utf-8"?>
<resources>
    <color name="name_color">#FF0000</color>
</resources>
```

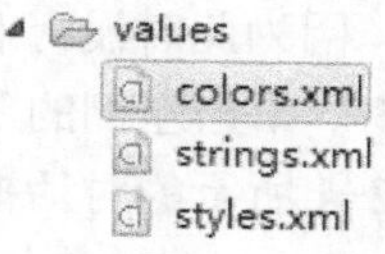

图 2-3 新增的 colors.xml

（3）建立尺寸资源

可以在 res\values 下建立 demins.xml，将用户名字的字体大小设置为 30sp，代码如下。

```xml
<?xml version="1.0" encoding="utf-8"?>
<resources>
    <dimen name="name_size">30sp</dimen>
</resources>
```

2．布局设置

按照要求，需要显示两个左右并排的字符串，用方向设定为"水平"的线性布局非常方便。

Android 布局位于 res\layout 目录下，默认的布局配置文件为 activity_main.xml，双击此文件，默认以"Graphical Layout"方式打开该文件，通过单击下端的"activity_main.xml"标签，切换到代码模式查看代码，代码如下。

```xml
<android.support.constraint.ConstraintLayout xmlns:android="http://schemas.android.com/apk/res/android"
    xmlns:app="http://schemas.android.com/apk/res-auto"
    xmlns:tools="http://schemas.android.com/tools"
    android:layout_width="match_parent"
    android:layout_height="match_parent"
    tools:context=".MainActivity">
    <TextView
        android:layout_width="wrap_content"
        android:layout_height="wrap_content"
        android:text="Hello World!"
        app:layout_constraintBottom_toBottomOf="parent"
        app:layout_constraintLeft_toLeftOf="parent"
        app:layout_constraintRight_toRightOf="parent"
        app:layout_constraintTop_toTopOf="parent" />
</android.support.constraint.ConstraintLayout>
```

默认的布局为"*ConstraintLayout*",可以修改为线性布局:

```
<LinearLayout xmlns:android="http://schemas.android.com/apk/res/android"
    xmlns:tools="http://schemas.android.com/tools"
    android:layout_width="match_parent"
    android:layout_height="match_parent"
    android:orientation="horizontal"
    tools:context=".MainActivity" >
    <TextView
        android:layout_width="wrap_content"
        android:layout_height="wrap_content"
        android:layout_centerHorizontal="true"
        android:layout_centerVertical="true"
        android:text="@string/hello_world" />
</LinearLayout>
```

删除默认生成的 TextView 组件,从"Palette"视图中重新拖入两个 TextView 组件,因为布局方式已经设定为水平的线性布局,两个组件会自动呈现左右排列。

因为此时没有对 TextView 的显示内容进行设定,所以该组件默认显示的是"TextView"字符串。单击左侧的 TextView 组件,在右侧属性列表中找到 text 项,单击右侧的空框按钮,在如图 2-4 所示的对话框中的资源选择器中选择"zhang_name"并确定。

图 2-4 选择一个字符串资源

然后将 Text Color 属性值设定为"name_color"颜色资源,这样"张岸佐"将显示为红色,调整它的 Text Size 属性为 name_size,文本将以 30sp 的大小显示。

将右侧"textView"下的"text"属性调整为"hello_world"字符串,颜色与大小同上。最终在模拟器中显示的界面如图 2-5 所示。

图 2-5 模拟器显示界面

生成的布局文件代码如下。

```
<LinearLayout xmlns:android="http://schemas.android.com/apk/res/android"
    xmlns:tools="http://schemas.android.com/tools"
    android:layout_width="match_parent"
```

```
            android:layout_height="match_parent"
            android:orientation="horizontal"
            tools:context=".MainActivity" >
            <TextView
                android:id="@+id/textView1"
                android:layout_width="wrap_content"
                android:layout_height="wrap_content"
                android:text="@string/zhang_name"
                android:textColor="@color/name_color"
                android:textSize="@dimen/name_size" />
            <TextView
                android:id="@+id/textView2"
                android:layout_width="wrap_content"
                android:layout_height="wrap_content"
                android:text="@string/hello_world"
                android:textColor="@color/name_color"
                android:textSize="@dimen/name_size" />
        </LinearLayout>
```

3．样式与主题

如果当前应用中有很多个 TextView，需要用统一的方式进行显示，逐一单独设置过于烦琐，而且改版起来也不方便。为了解决类似的问题，Android 允许使用样式和主题对界面中的元素显示风格进行统一的设置，其区别在于样式针对某一元素，而主题针对当前的应用程序。

建立一个样式资源 text_view_style，可以控制显示效果为红色、30sp，操作方法如下。

双击 res\values\styles.xml，在原 AppTheme 样式后添加自定义样式，添加两个 Item 项，分别控制 android:textColor 和 android:textSize，代码如下。

```
        <resources>
            <!-- Base application theme. -->
            <style name="AppTheme" parent="Theme.AppCompat.Light.DarkActionBar">
                <!-- Customize your theme here. -->
                <item name="colorPrimary">@color/colorPrimary</item>
                <item name="colorPrimaryDark">@color/colorPrimaryDark</item>
                <item name="colorAccent">@color/colorAccent</item>
                <item name="android:textSize">@dimen/name_size</item>
                <item name="android:textColor">@color/name_color</item>
            </style>
            <style name="text_view_style">
                <item name="android:textSize">@dimen/name_size</item>
                <item name="android:textColor">@color/name_color</item>
            </style>
        </resources>
```

上面代码中 AppTheme 为创建项目时默认的主题，加粗部分的 text_view_style 为自定义样式。最后回到 active_main.xml，删除两个组件的 color、size 属性，将 Style 属性调整为"@style/text_view_sytle"，可以看到其显示效果并未发生改变。

如果将颜色资源 name_color 设定为#0000FF（蓝色），将尺寸资源 name_size 设定为 20sp，运行项目之后，两个 TextView 的显示都按照样式的要求进行了自动调整，如图 2-6 所示。

图 2-6　利用样式统一调整界面风格

布局文件调整如下。

```xml
<LinearLayout xmlns:android="http://schemas.android.com/apk/res/android"
    xmlns:tools="http://schemas.android.com/tools"
    android:layout_width="match_parent"
    android:layout_height="match_parent"
    android:orientation="horizontal"
    tools:context=".MainActivity" >
    <TextView
        android:id="@+id/textView1"
        style="@style/text_view_style"
        android:layout_width="wrap_content"
        android:layout_height="wrap_content"
        android:text="@string/zhang_name" />
    <TextView
        android:id="@+id/textView2"
        style="@style/text_view_style"
        android:layout_width="wrap_content"
        android:layout_height="wrap_content"
        android:text="@string/hello_world" />
</LinearLayout>
```

2.2 其他资源

05　其他资源

本节在程序界面的下端设计两个菜单，一个为"文件"菜单，包含"新建"和"存盘"两个命令，另外一个为"编辑"菜单，包含"复制""剪切""粘贴"命令。希望程序可以自适应手机的语言设置，当将手机的语言环境设置为英文时，显示英文界面，设置为中文时显示中文界面。

2.2.1 Drawable 资源

Drawable 资源是 Android 中使用最多的资源，不仅可以直接使用图片作为资源，而且可以使用多种 XML 文件作为资源。只要这个 XML 文件可以被系统编译成 Drawable 子类的对象，那么这个 XML 文件就可以作为 Drawable 资源。本书只涉及两个子类：图片资源和 StateListDrawable 资源，其他的子类资源请参考 Android API。

（1）图片资源

Android 中不仅可以将扩展名为.png、.jpg、.gif 的普通图片作为图片资源，而且可以将扩展名为.9.png 的 9-Pach 图片作为图片资源。9-Pach 图片是使用 Android SDK 中提供的编辑工具生成的。9-Pach 图片其实就是一张基于自动适应内容大小而伸缩显示区域的 PNG 图片（.9.png），其原理是将图片的四个角独立出来，这样整个图片可以按照九宫格进行分解，使得缩放时效果较好。Android 会自动调整九宫格的大小来容纳显示的内容。

Android 中的图片资源被称为 Drawable 资源，可以依据图片的分辨率的不同，将图片放在项目 res 目录下的几个 drawable-xxx 文件夹中，如表 2-4 所示。

表 2-4 不同分辨率的图形资源

文件夹	含意	密度/dpi	适用屏幕/px×px
drawalbe-ldpi	低分辨率	120	240×320（WQVGA/QVGA）
drawalbe-mdpi	中分辨率	160	320×480（HVGA）
drawalbe-hdpi	高分辨率	240	480×800（WVGA）
drawalbe-xdpi	超高分辨率	320	720×1280（QVGA）
drawalbe-xxdpi	增强超高分辨率	480	1080×1920（QVGA）

与其他资源一样，图片放置成功后，Android 自动在 R.java 文件中维护其索引值。开发人员即可在 Java 代码和 XML 文件中访问该图片资源。在 Java 中访问图片资源的语法形式是：[<package>.]R.drawable.<文件名>，如下面的代码所示。

    ImageView iv=(ImageView)findvViewById(R.id.imageview1);
    iv.setImageResource(R.drawable.head);

在 XML 文件中访问图片资源的语法形式是：@[<package>:]drawable/文件名，如下面的代码所示。

    <ImageView
        android:id="@+id/imageView1"
        android:layout_width="wrap_content"
        android:layout_height="wrap_content"
        android:src="@drawable/head" />

（2）StateListDrawable 资源

StateListDrawable 资源是定义在 XML 文件中的 Drawable 对象，能根据组件的状态来呈现不同的图像。例如一个 Button 按钮存在多种不同的状态（pressed、enabled、focused 等），使用 StateListDrawable 资源可以为按钮的每个状态提供不同的按钮图片。

StateListDrawable 资源同图片资源一样，也是放在项目的 res\drawable-xxx 目录中，StateListDrawable 资源文件的根元素是<selector></selector>，在该元素中可以包含多个<item></item>元素。每个 item 元素可以设置以下两个属性。

➢ android:color 或 android:drawable：用于指定颜色或 Drawable 资源。
➢ android:state_xxx：用于指定一个特定的状态。

StateListDrawable 资源常用的状态属性如表 2-5 所示。

表 2-5 StateListDrawable 资源常用的状态属性

状态属性	描述
android:state_active	是否处于激活状态，属性值：true 或 false
android:state_checked	是否处于勾选状态，属性值：true 或 false
android:state_enabled	是否处于可用状态，属性值：true 或 false
android:state_first	是否处于开始状态，属性值：true 或 false
android:state_focused	是否处于获得焦点状态，属性值：true 或 false
android:state_last	是否处于结束状态，属性值：true 或 false
android:state_middle	是否处于中间状态，属性值：true 或 false
android:state_pressed	是否处于被按下状态，属性值：true 或 false
android:state_selected	是否处于被选择状态，属性值：true 或 false
android:state_window_focused	窗口是否已经获得焦点状态，属性值：true 或 false

例如创建一个 StateListDrawable 资源（就是普通的 Android XML 文件），根元素使用

selector，文件名为 edittext_focused.xml，创建完以后把文件保存到 res\drawable-mdpi 文件夹下，代码如下。

```xml
<?xml version="1.0" encoding="utf-8"?>
<selector xmlns:android="http://schemas.android.com/apk/res/android">
  <item android:state_focused = "true" android:color = "#f44" />
  <item android:state_focused = "false" android:color = "#111" />
</selector>
```

接着在布局文件中引用上面定义的样式。

```xml
<?xml version="1.0" encoding="utf-8"?>
<LinearLayout xmlns:android="http://schemas.android.com/apk/res/android"
  android:layout_width="fill_parent"
  android:layout_height="fill_parent"
  android:orientation="vertical" >

  <EditText
    android:id="@+id/editText1"
    android:layout_width="fill_parent"
    android:layout_height="wrap_content"
    android:textColor="@drawable/edittext_focused"
    android:ems="10" />

  <EditText
    android:id="@+id/editText2"
    android:layout_width="fill_parent"
    android:layout_height="wrap_content"
    android:textColor="@drawable/edittext_focused"
    android:ems="10" />
</LinearLayout>
```

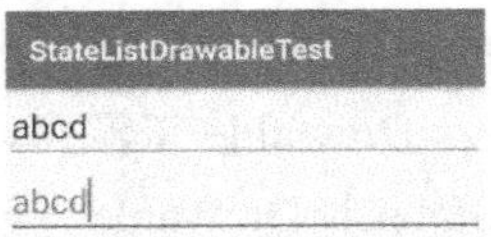

运行效果如图 2-7 所示，当文本框获得焦点时，文字变为高亮显示。

图 2-7　StateListDrawable 资源效果

2.2.2 数组资源

如果想在 Android 中管理大量类型相同的有关联的数据，可以采用数组。Android 不推荐在 Java 代码中定义数组，而是推荐使用数组资源文件的方式来定义数组。

数组资源文件位于项目的 res\values 目录下，根元素是<resources></resources>标记，在该元素中可以包含以下 3 类子元素。

➢ <array />：用于定义普通类型的数组。
➢ <integer-array />：用于定义整数数组。
➢ <string-array />：用于定义字符串数组。

每一种子元素都可以使用 name 属性定义数组名称，并且在起始标记和结束标记中间使用<item></item>标记定义数组中的元素。例如定义一个包含两个数组的文件代码如下。

```xml
<?xml version="1.0" encoding="utf-8"?>
<resources>
  <string-array name="countries">
    <item >中国</item>
```

```
            <item >美国</item>
            <item >法国</item>
            <item >英国</item>
            <item >俄罗斯</item>
        </string-array>
        <integer-array name="numbs">
            <item >1</item>
            <item >2</item>
            <item >14</item>
            <item >23</item>
            <item >86</item>
            <item >47</item>
        </integer-array>
    </resources>
```

数组元素定义完成后，就可以在 Java 代码或 XML 中使用数组资源了。在 Java 代码中使用数组资源的语法形式是：[<package>.]R.array.数组名，例如以下代码使用前面创建的字符串数组 city：

```
Resources res = getResources();
String[] arrCity= res.getStringArray(R.array.countries);
```

在 XML 文件中使用数组资源的语法形式是：@[<package>:]array/数组名，例如在 XML 布局文件中为 ListView 指定列表项的代码示例：

```
<ListView
    android:id="@+id/listView1"
    android:entries="@array/numbs"
    android:layout_width="match_parent"
    android:layout_height="wrap_content" >
</ListView>
```

2.2.3 菜单资源

Android 推荐在一个 XML 菜单资源文件中定义菜单而不是在代码中定义，然后在代码中使用这个菜单资源。使用菜单资源来定义菜单是一个很实用的做法，因为这样可以使界面与代码分离，并且在 XML 中更容易设计菜单。

菜单资源文件通常放置在项目的 res\menu 目录下，在创建项目时，默认没有创建 menu 目录，开发人员需要创建这个目录。菜单资源的根元素是<menu></menu>，在该标记中可以包含一个或多个以下的两种元素之一。

<item></item>：用于定义一个菜单项。菜单项中可以嵌套<menu>元素，此时它就拥有子菜单了。<item>元素常用属性如表 2-6 所示。

表 2-6 <item>元素常用属性

属性	描述
android:id	为菜单项设置 ID，即唯一标识
android:title	为菜单项设置标题
android:alphabeticShortcut	为菜单项指定字符快捷键
android:numericShortcut	为菜单项指定数字快捷键
android:icon	为菜单项设置图标
android:enabled	菜单项是否可用
android:checkable	菜单项是否可选

(续)

属性	描述
android:checked	菜单项是否已被选中
android:visible	菜单项是否可见

<group></group>：一个可选的、不可见的、容纳<item>元素的容器。<group>元素能够对菜单项进行分组，从而使同组的菜单项共享一些属性，比如活动状态、可见状态等。<group>元素常用属性如表 2-7 所示。

表 2-7　<group>元素常用属性

属性	描述
android:id	为菜单组设计 ID，即唯一标识
android:heckableBehavior	指定菜单组内各项菜单的选择行为，可选值有 none（不可选）、all（多选）、single（单选）
android:menuCategory	对菜单进行分类，指定菜单的优先级，可选值有 container、system、secondary、alternative
android:enabled	指定菜单组中的全部菜单项是否可用
android:visible	指定菜单组中的全部菜单项是否可见

如下代码定义了一个菜单资源文件 test_menu.xml，其中定义了一个包含两个子菜单的项和一个包含三个菜单项的菜单组。

```
<menu xmlns:android="http://schemas.android.com/apk/res/android" >
    <item android:id="@+id/item1" android:title="File" android:alphabeticShortcut="F">
        <menu>
            <item android:id="@+id/item2" android:title="NewFile"/>
            <item android:id="@+id/item3" android:title="FileSave"/>
        </menu>
    </item>
    <group android:id="@+id/operatie">
        <item android:id="@+id/item5" android:title="Copy"/>
        <item android:id="@+id/item6" android:title="Cut"/>
        <item android:id="@+id/item7" android:title="Paste"/>
    </group>
</menu>
```

定义菜单资源文件后，即可在 Java 代码中使用这个菜单资源，这里以选项菜单和上下文菜单的创建方法为例说明菜单的使用。

（1）选项菜单（Option Menu）

选项菜单是最常见的菜单。当用户单击设备上的菜单（Menu）按键时，弹出的就是选项菜单。定义好菜单资源文件后，重写 Acitivty 的 onCreateOptionsMenu()方法。具体的重写步骤是首先创建一个解析菜单资源文件的 MenuInflater 对象，然后调用该对象的 inflate()方法解析一个菜单资源文件，并把解析后的菜单保存在 menu 中，如下代码所示。

```
@Override
public boolean onCreateOptionsMenu(Menu menu) {
    MenuInflater inflater = getMenuInflater();
    inflater.inflate(R.menu.test_menu, menu);
    return super.onCreateOptionsMenu(menu);
}
```

接着重写 onOptionItemSelected()方法，用于当菜单项被选择时做出相应的处理，如以下代码所示。

```
@Override
public boolean onOptionsItemSelected(MenuItem item) {
    // Handle item selection
    switch (item.getItemId()) {
    case R.id.item2:
        doSelectItem2();
        return true;
    ase R.id.item3:
        doSelectItem3();
        return true;
    ase R.id.item5:
        doSelectItem5();
        return true;
    ase R.id.item6:
        doSelectItem6();
        return true;
    ase R.id.item7:
        doSelectItem7();
        return true;
    default:
        return super.onOptionsItemSelected(item);
    }
}
```

（2）上下文菜单（Context Menu）

Android 中长按视图中的某个组件后弹出的就是上下文菜单。定义好菜单文件后，首先在 Activity 的 onCreate()方法中注册上下文菜单。例如，为文本框组件注册上下文菜单，也就是在长按文本框组件时显示的菜单，代码如下。

```
TextView tv=(TextView)findViewById(R.id.show);
registerForContextMenu(tv);
```

重写项目中 Activity 的上下文菜单回调方法：onCreateContextMenu()。首先创建一个用于解析菜单资源文件的 MenuInflater 对象，然后 MenuInflater 调用 inflate()方法解析一个菜单资源（也可以使用 add()来添加菜单项），并将解析结果保存在 menu 中，可以为菜单设置图标和标题等信息，如下代码所示。

```
@Override
public void onCreateContextMenu(ContextMenu menu, View v, ContextMenuInfo menuInfo) {
    super.onCreateContextMenu(menu, v, menuInfo);
    MenuInflater inflater = getMenuInflater();
    inflater.inflate(R.menu.test_menu, menu);
    menu.setHeaderIcon(R.drawable.ic_launcher);
    menu.setHeaderTitle("请选择");
}
```

当用户从上下文菜单中选择一个菜单项时，系统会调用方法 onContextItemSelected()，所以需要重写此回调方法，如下代码所示。

```
@Override
public boolean onOptionsItemSelected(MenuItem item) {
    // Handle item selection
```

```
switch (item.getItemId()) {
case R.id.item2:
    doSelectItem2();
    return true;
ase R.id.item3:
    doSelectItem3();
    return true;
    …
default:
    return super.onOptionsItemSelected(item);
}
}
```

这些代码与前面选项菜单的示例代码基本相同。getItemId()从所选的菜单项获取菜单 ID，并且使用 switch 语句匹配菜单 ID 与对应的处理，default 语句调用父类的同一方法处理未被代码处理的菜单项。

2.2.4 资源自适应

为了让应用程序自适应手机上不同的语言环境，比如在英文环境中显示英文菜单，在中文环境中显示中文菜单，需要对于界面的字符串进行处理，实际就是为应用程序提供不同语言的相应字符串信息。开发人员需要做的是为各种语言的字符串资源建立文件，然后将相应的同名资源放到这些文件中。程序在使用时，系统会根据环境的语言设置自动选择对应语言的字符串定义作为对应的显示内容。

例如先在项目的 values 目录下建立一个名为 string.xml 的资源文件，定义一个字符串资源，代码如下。

```
<?xml version="1.0" encoding="utf-8"?>
<resources>
    <string name="word">Nothing is impossible to a willing heart</string>
</resources>
```

右击 values 目录，在弹出的快捷菜单中选择"New"→"Values resource file"命令，在随后弹出的"New Resource File"对话框中输入文件名，建议对同类资源使用同一名称，在"Available qualifiers"列表框中选择"Locale"（本地化），单击中间的 [　] 按钮。然后在出现的"Language"列表框和"Specific Region Only"列表框中选择所需的信息，如图 2-8 所示。

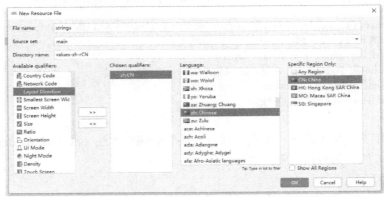

图 2-8 本地化资源设置

这样系统就会根据所选的语言和区域建立资源文件。将之前资源文件中的字符串资源复制到当前文件中，文件中对于同名字符串赋予所需语言的字符串内容，这里以中文为例，代码如下。

```xml
<?xml version="1.0" encoding="utf-8"?>
<resources>
    <string name="word">精诚所至，金石为开</string>
</resources>
```

项目在 Android 浏览模式下的 values 目录变成如图 2-9 所示的形式，在项目的 project 浏览模式下可见对应的文件夹结构如图 2-10 所示。系统添加了 values-zh-rCN 文件夹，该资源的命名规则是：资源目录+配置选项。其中，资源目录是指项目的 res 目录中的子目录，例如 values、layout 等；配置选项包含很多部分，中间用 "-" 分隔。例如，不同语言和地区对应的配置选项包括语言代号和地区代号。

图 2-9　Android 浏览模式下的资源目录　　　图 2-10　Project 浏览模式下的资源目录

例如，表示中文和中国的配置选项是 zh-rCN，表示英文和美国的配置选项是 en-rUS。其中 zh 和 en 分别表示中文和英文，CN 和 US 表示中国和美国，前面的 r 字符是必需的。

这样程序在运行时，如果设置的是英文环境，系统就会输出英文的字符串内容，如果设置的是中文环境，系统就会输出中文的字符串内容。

其他的资源目录也可以采用同样的方式处理类似的问题。

2.2.5　实例2：定制菜单

1．新建项目，设置资源

在 AS 中新建项目，应用程序取名"定制菜单"，项目名称命名为"ch02_02"，首先配置字符串资源，新建菜单资源。

（1）设置字符串资源

打开 strings.xml，增加菜单所需的字符串，并修改内容如下。

```xml
<?xml version="1.0" encoding="utf-8"?>
<resources>
    <string name="app_name">My Menu</string>
    <string name="menu_settings">Settings</string>
    <string name="hello_world">Anzuo Zhang</string>

    <string name="menu_file">File</string>
    <string name="menu_new">New</string>
    <string name="menu_save">Save</string>
    <string name="menu_edit">Edit</string>
    <string name="menu_copy">Copy</string>
    <string name="menu_cut">Cut</string>
    <string name="menu_paste">Paste</string>
</resources>
```

要实现根据手机的语言设置自动调整语言，需要建立所需语言的资源文件，下面以菜单的中英文切换为例进行演示。

在 value 文件夹上右击，新建一个资源文件，同样命名为 strings.xml，在向导中选择语言为 chinese，区域选择为 CN，单击"OK"按钮，可以看到在 values 下创建了一个新文件，双击新建的 strings.xml，调整内容如下。

```
<?xml version="1.0" encoding="utf-8"?>
<resources>
    <string name="app_name">定制菜单</string>
    <string name="menu_settings">Settings</string>
    <string name="hello_world">张岸佐</string>
    <string name="menu_file">文件</string>
    <string name="menu_new">新建</string>
    <string name="menu_save">保存</string>
    <string name="menu_edit">编辑</string>
    <string name="menu_copy">拷贝</string>
    <string name="menu_cut">剪切</string>
    <string name="menu_paste">粘贴</string>
</resources>
```

这两个字符串资源文件中的字符串的名字相同，但是值却是对应的英文和中文的不同版本。

（2）新建菜单资源

默认情况下，res 目录下没有 menu 文件夹，右击 res 文件夹，在弹出的快捷菜单中选择"New"→"Android Resource Directory"命令，在向导中的"Resource Type"下拉列表中选择"menu"选项，单击"OK"按钮，系统自动在 res 目录下建立一个 menu 文件夹。在刚建立的 menu 文件夹上右击，选择"New"→"Menu rescource file"命令，在弹出窗口中输入文件名"filemenu"，单击"OK"按钮，可以看到 res 目录的情况如图 2-11 所示。

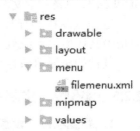

图 2-11 新增菜单资源文件

双击打开 filemenu 文件，在 Design 视图模式下，可以在 Palette 中选择所需菜单项，添加到 Compoment Tree 中，新的菜单层次结构如图 2-12 所示。

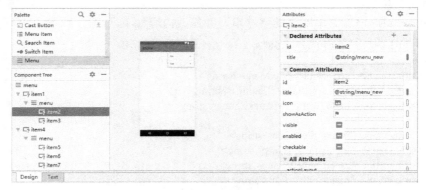

图 2-12 新的菜单层次结构

选中"Item"菜单项，在右侧的属性部分修改"title"，选择之前建立的字符串资源作为显示的标题文字。也可以在 Text 模式下，直接编辑菜单的 XML 文件。最终生成的菜单源代码如下。

```xml
<?xml version="1.0" encoding="utf-8"?>
<menu xmlns:android="http://schemas.android.com/apk/res/android" >
    <item android:id="@+id/item1" android:title="@string/menu_file">
      <menu>
        <item android:id="@+id/item2" android:title="@string/menu_new"/>
        <item android:id="@+id/item3" android:title="@string/menu_save"/>

      </menu>
    </item>
    <item android:id="@+id/item4" android:title="@string/menu_edit">
      <menu>
        <item android:id="@+id/item5" android:title="@string/menu_copy"/>
        <item android:id="@+id/item6" android:title="@string/menu_cut"/>
        <item android:id="@+id/item7" android:title="@string/menu_paste"/>
      </menu>
    </item>
</menu>
```

2．代码实现

最后就是调整源代码，显示新的菜单。双击 java\com.example.ch02_02 下的 MainActivity.java 文件，在文件的 onCreate 方法后中增加如下方法代码。

```java
@Override
public boolean onCreateOptionsMenu(Menu menu) {
    // Inflate the menu; this adds items to the action bar if it is present.
    getMenuInflater().inflate(R.menu.filemenu, menu);
    return true;

}
```

在模拟器中运行时，调整模拟器当前语言设置为英文，单击本应用右上角的菜单按钮，即可看到如图 2-13 所示的菜单，选择"File"菜单项可以看到如图 2-14 所示的英文子菜单。

图 2-13　英文菜单的显示

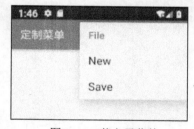

图 2-14　英文子菜单

调整模拟器当前语言设置为中文，运行程序，单击本应用右上角的菜单按钮，即可看到如图 2-15 所示的菜单，选择"文件"菜单项可以看到如图 2-16 所示的中文子菜单。

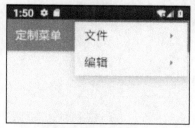

图 2-15　中文菜单的显示

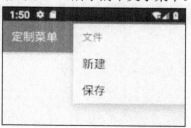

图 2-16　中文子菜单的显示

本章小结

本章对 Android 下可以使用的资源进行了综述,涉及的内容比较丰富,有布局、字符串、颜色、尺寸、样式和主题等资源,这些资源对于构建丰富的用户界面都起着重要的作用。Android 资源之间彼此独立而又相互关联,需要仔细体会,通过反复练习才能融会贯通。

练习题

1. 横向和纵向分别显示"赤橙黄绿青蓝紫"七个字,每个字显示为本身所表示的颜色。
2. 开发一个程序,实现一个漂亮的登录界面,需要应用字符串资源、颜色资源、尺寸资源进行界面管理。
3. 将第 1 题中的文字显示为两个字一行,最后一行一个字。
4. 让第 1 题中的文字由大到小显示。
5. 让第 1 题中显示的文字可以自适应语言设置,显示中文、英文、繁体中文。
6. 在第 1 题的基础上增加菜单,其中有两个菜单项,分别是"反向显示"和"正常显示"。
7. 自己设计一张 9-Patch 图片,并应用图片为窗体添加一个不失真背景。
8. 开发一个程序,其中某个按钮能根据状态的不同选择不同的图片背景显示。

第 3 章　界 面 设 计

知识提要：

本章主要介绍布局管理器、Android 基础组件、事件处理、对话框与消息的基本使用，这是开发应用程序最基础的部分。利用本章所讲内容可以实现人机交互，为更高级的应用设计打好基础。最后总结了 Android 的事件响应机制，对完整使用各种组件进行了总结。

教学目标：

◆ 掌握常见的 Android 组件的属性、方法及事件响应程序的设计
◆ 掌握常用的几种布局方式
◆ 掌握菜单的制作及响应处理方法
◆ 了解其他组件、对话框的使用
◆ 对事件机制有清晰的认识

06　布局管理器

3.1　布局管理器

在 Android 中使用 Android 布局管理器，可以很方便和精准地控制各组件的位置和大小。Android 提供了线性布局（LinearLayout）、帧布局（FrameLayout）、表格布局（TableLayout）、相对布局（RelativeLayout）、约束布局（ConstraintLayout）、网格布局（GridLayout）、绝对布局（AbsoluteLayout）等管理器。其中，绝对布局管理器已被淘汰，不再使用；相对布局管理器和网格布局管理器也将逐渐淘汰。Google 推荐使用约束布局管理器，本节为方便理解约束布局的使用，对相对布局管理器也做了介绍。在 Android 中，可以在 XML 布局文件中定义布局管理器，也可以使用 Java 代码创建，Android 推荐使用 XML 布局文件来定义布局管理器。

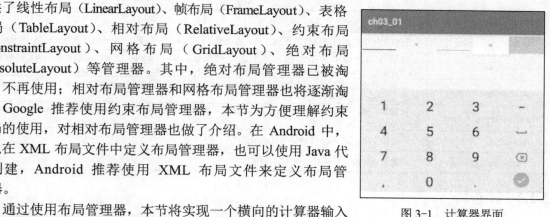

图 3-1　计算器界面

通过使用布局管理器，本节将实现一个横向的计算器输入界面，如图 3-1 所示，即 A+B=C 的样式，其中 A、B 为编辑框，+、C 为文本，=为按钮，各组件平均分布。

3.1.1　线性布局

线性布局（LinearLayout）是最常见的一种布局形式。利用线性布局的 orientation 属性可以设定界面元素呈现垂直（Vertical）或水平（Horizontal）排列，每一个子元素都位于前一个元素之后。如果是垂直排列，那么将是一个 N 行单列的结构，每一行只会有一个元素，不论这个元素的宽度为多少，如图 3-2 所示；如果是水平排列，那么将是一个单行 N 列的结构，并且 Android 的线性布局不会换行，当组件一个接着一个排列到窗体的边缘后，剩下的组件将

不会显示出来，如图 3-3 所示。

图 3-2　垂直线性布局　　　　　　　　　图 3-3　水平线性布局

在 XML 中定义线性布局管理器的方法与同其他资源一样，AS 支持图形模式和代码模式混合编辑，在 XML 代码中使用<LinearLayout>标记，默认添加的线性布局代码如下。

  <LinearLayout xmlns:android="http://schemas.android.com/apk/res/android"
   android:orientation="vertical"
   android:layout_width="fill_parent"
   android:layout_height="fill_parent"
   android:gravity="center">
  </LinearLayout>

在线性布局管理器中，常用的属性如表 3-1 所示。

表 3-1　线性布局常用属性

属性	说明
android:orientation	设定布局管理器内部组件的排列方式，可选值：horizontal（水平）、vertical（垂直），默认为 vertical
android:gravity	设置布局管理器内组件的对齐方式，可选值：top、bottom、left、right、center_vertical、fill_vertical、center_horizontal、fill_horizontal、center、fill、clip_vertical、clip_horizontal
android:layout_width	设置组件的基本宽度，可选值：fill_parent（与父容器宽度相同）、math_parent（同 fill_parent）、wrap_content（由内容决定）
android:layout_height	设置组件的基本高度，可选值：fill_parent（与父容器高度相同）、math_parent（同 fill_parent）、wrap_content（由内容决定）
android:id	唯一识别码，在 Java 代码中可以引用
android:background	设置背景，可以是图片，也可以是颜色

3.1.2　帧布局

帧布局（FrameLayout）是所有布局中最简单的一个布局。在这个布局中，整个界面被当成一块空白备用区域，所有的子元素都不能指定位置属性，它们统统放于这块区域的左上角，依据帧布局的 gravity 属性执行自动对齐，并且后面的子元素直接覆盖在前面的子元素之上，将前面的子元素部分或全部遮挡。帧布局常用属性如表 3-2 所示。

表 3-2　帧布局常用属性

属性	描述
android:foreground	设置布局容器的前景图像
android:foregroundGravity	定义绘制前景图像的 gravity 属性，即前景图像显示的位置
android:layout_gravity	布局内组件的对齐方式

如下的示例在帧布局中添加三个 TextView 组件，第一个 TextView 被第二个 TextView 遮挡，第三个 TextView 遮挡了第二个 TextView，代码如下。

```xml
<FrameLayout xmlns:android="http://schemas.android.com/apk/res/android"
    xmlns:tools="http://schemas.android.com/tools"
    android:layout_width="match_parent"
    android:layout_height="match_parent"
    tools:context=".MainActivity" >
    <TextView android:id="@+id/textView_01"
        android:layout_width="wrap_content"
        android:layout_height="wrap_content"
        android:textSize="80sp"
        android:textColor="#336699"
        android:text="A" />
    <TextView android:id="@+id/textView_02"
        android:layout_width="wrap_content"
        android:layout_height="wrap_content"
        android:textSize="120sp"
        android:textColor="#6699CC"
        android:text="B" />
    <TextView android:id="@+id/text_03"
        android:layout_width="wrap_content"
        android:layout_height="wrap_content"
        android:textSize="160sp"
        android:textColor="#99CCFF"
        android:text="C" />
</FrameLayout>
```

显示效果如图 3-4 所示。

图 3-4　帧布局示例

3.1.3　表格布局

表格布局（TableLayout）适用于 N 行 N 列的布局格式。一个 TableLayout 中可以添加多个 <TableRow>标记，一个 TableRow 就代表 TableLayout 中的一行。TableRow 也是容器，所以可以在该标记中添加其他组件，每添加一个组件，表格就会增加一列。在表格布局中，通过设置可以对列进行隐藏和伸展操作，从而填充可利用的屏幕空间，也可以设置为强制收缩，直到表格匹配屏幕大小。在 TableRow 中，单元格可以为空，但是不能跨列。如果直接在 TableLayout 中添加组件，则这个组件将独占一行。

TableRow 是 LinearLayout 的子类，它的 android:orientation 属性值恒为 horizontal，并且它的 android:layout_width 和 android:layout_height 属性值恒为 MATCH_PARENT 和 WRAP_CONTENT，所以它的子元素都是横向排列并且宽高一致的。这样的设计使得每个 TableRow 里的子元素都相当于表格中的单元格一样。

TableLayout 也继承自 LinearLayout，因此它支持 LinearLayout 的全部属性。此外，TableLayout 还支持表 3-3 所示的 XML 属性。

表 3-3　TableLayout 支持的 XML 属性

XML 属性	描述
android:collapseColumns	设置需要被隐藏的列的列序号（从 0 开始），多个列序号之间用逗号隔开

(续)

XML 属性	描述
android:shrinkColumns	设置允许被收缩的列的列序号（从0开始），多个列序号之间用逗号隔开
android:stretchColumns	设置允许被拉伸的列的列序号（从0开始），多个列序号之间用逗号隔开

如下的示例使用了表格布局，在其中添加了几个 TableRow 组件，代码如下。

```
<TableLayout xmlns:android="http://schemas.android.com/apk/res/android"
    android:layout_width="fill_parent"
    android:layout_height="fill_parent"
    android:orientation="vertical" >
    <TableRow>
        <EditText  android:id="@+id/edit"  android:layout_width="wrap_content"
            android:layout_height="wrap_content" android:text="请输入内容" />
        <Button  android:id="@+id/btn"  android:layout_width="wrap_content"
            android:layout_height="wrap_content" android:text="搜索" />
    </TableRow>
    <View
    android:id="@+id/hr" android:layout_height="2dp" android:background="#FDF5E6" />
    <TableRow>
        <TextView  android:id="@+id/label" android:layout_width="wrap_content"
            android:layout_height="wrap_content" android:text="请选择您的性别" />
        <RadioGroup android:id="@+id/gender" android:layout_width="wrap_content"
            android:layout_height="wrap_content" android:checkedButton="@+id/male"
            android:orientation="vertical" >
            <RadioButton android:id="@+id/male" android:text="男" />
            <RadioButton   android:id="@+id/female" android:
text="女" />
        </RadioGroup>
    </TableRow>
</TableLayout>
```

显示效果如图 3-5 所示。

图 3-5　表格布局示例

3.1.4　相对布局

相对布局（RelativeLayout）按照各子元素之间的相对位置关系完成布局，如某个元素在另一个组件元素的左边、右边、上方或下方等。在此布局中的子元素所设置的与位置相关的属性将生效，例如 android：layout_below、android:layout_above 等，子元素通过这些属性和各自的 ID 配合指定位置关系。注意在指定位置关系时，引用的 ID 必须在引用之前先被定义，否则将出现异常。相对布局常用属性如表 3-4 所示。

表 3-4　相对布局常用属性

属性	描述
android:gravity	设置布局管理器内组件的对齐方式，可选值：top、bottom、left、right、center_vertical、fill_vertical、center_horizontal、fill_horizontal、center、fill、clip_vertical、clip_horizontal
android:ignoreGravity	设置某个组件不受 gravity 属性的影响

因为相对布局的最终结果还要依靠内部元素的位置属性控制，除了以上布局管理器自身的属性设置外，布局管理中的各组件元素还需要设置相应的 XML 属性才能完成布局。相对布局中组件元素常用位置属性如表 3-5 所示。

表 3-5 相对布局中组件元素常用位置属性

属性	描述	值说明
android:layout_toLeftOf	该组件位于引用组件的左方	值为其他相应组件的 ID
android:layout_toRightOf	该组件位于引用组件的右方	
android:layout_above	该组件位于引用组件的上方	
android:layout_below	该组件位于引用组件的下方	
android:layout_alignTop	该组件的上边缘和引用组件的上边缘对齐	
android:layout_alignLeft	该组件的左边缘和引用组件的左边缘对齐	
android:layout_alignBottom	该组件的下边缘和引用组件的下边缘对齐	
android:layout_alignRight	该组件的右边缘和引用组件的右边缘对齐	
android:layout_alignParentLeft	该组件是否和父组件的左端对齐	值为 true 或 false
android:layout_alignParentRight	该组件是否和父组件的右端对齐	
android:layout_alignParentTop	该组件是否和父组件的顶部对齐	
android:layout_alignParentBottom	该组件是否和父组件的底部对齐	
android:layout_centerInParent	该组件是否相对于父组件居中	
android:layout_centerHorizontal	该组件是否横向居中	
android:layout_centerVertical	该组件是否垂直居中	
android:layout_marginBottom	离引用组件底边缘的距离	值为像素值
android:layout_marginLeft	离引用组件左边缘的距离	
android:layout_marginRight	离引用组件右边缘的距离	
android:layout_marginTop	离引用组件上边缘的距离	
android:layout_marginStart	离开始位置的距离	
android:layout_marginEnd	离结束位置的距离	

例如以下的布局代码定义。

```xml
<RelativeLayout xmlns:android="http://schemas.android.com/apk/res/android"
    xmlns:tools="http://schemas.android.com/tools"
    android:layout_width="match_parent"
    android:layout_height="match_parent"
    tools:context=".MainActivity" >
    <TextView android:id="@+id/textView_01"
        android:layout_width="50dp"
        android:layout_height="50dp"
        android:background="#CCCCCC"
        android:gravity="center"
        android:layout_alignParentBottom="true"
        android:text="A" />
    <TextView android:id="@+id/textView_02"
        android:layout_width="50dp"
        android:layout_height="50dp"
        android:background="#996633"
        android:gravity="center"
        android:layout_above="@id/textView_01"
        android:layout_centerHorizontal="true"
        android:text="B" />
    <TextView android:id="@+id/text_03"
        android:layout_width="50dp"
        android:layout_height="50dp"
```

```
            android:background="#336699"
            android:gravity="center"
            android:layout_toLeftOf="@id/textView_02"
            android:layout_above="@id/textView_01"
            android:text="C" />
    </RelativeLayout>
```

显示效果如图 3-6 所示。

3.1.5 约束布局

约束布局（ConstraintLayout）的出现是为了在 Android 应用布局中保持扁平的层次结构，减少布局的嵌套，为应用创建响应快速而灵敏的界面。按照 Google 公司官方的发展思路，约束布局将替代相对布局，并成为未来主要使用的布局方式。在相对布局中，组件的位置是按照相对位置来计算的，组件之间的位置具有相对对应的关系。而在约束布局中，组件之间、组件与父布局之间具有约束关系，组件的位置是按照约束来计算的；使用约束布局时，也可以添加引导线（Guideline）来辅助布局，所有的布局可以在布局管理器中通过拖动和调整来完成，相对于相对布局要灵活方便许多。

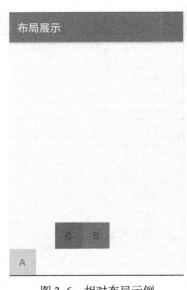

图 3-6　相对布局示例

在约束布局中，需要理解组件前、后、上、下、左、右关系。以两个文本框为例，其各定位关系如图 3-7 所示。

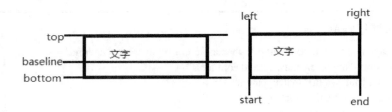

图 3-7　约束布局中各定位关系

在约束布局管理中，布局属性是放在布局所管理的控件上，一般是设置当前组件相对于其他组件或父组件的位置变化。约束布局中组件常用属性如表 3-6 所示。

表 3-6　约束布局中组件常用属性

属性	功能
app:layout_constraintLeft_toLeftOf	组件的左边框与某个组件的左边框对齐或者在其右边
app:layout_constraintLeft_toRightOf	组件的左边框与某个组件的右边框对齐或者在其右边
app:layout_constraintRight_toLeftOf	组件的右边框与某个组件的左边框对齐或在其左边
app:layout_constraintRight_toRightOf	组件的右边框与某个组件的右边框对齐或在其左边
app:layout_constraintTop_toTopOf	组件的顶部边框与某个组件的顶部边框水平对齐或在其下边
app:layout_constraintTop_toBottomOf	组件的顶部边框与某个组件的底部边框水平对齐或在其下边
app:layout_constraintBottom_toTopOf	组件的底部边框与某个组件的顶部边框水平对齐或其上边
app:layout_constraintBottom_toBottomOf	组件的底部边框与某个组件的底部边框水平对齐或其上边
app:layout_constraintBaseline_toBaselineOf	组件与某个组件水平对齐
app:layout_editor_absoluteX	组件在布局中 X 轴的绝对坐标点

（续）

属性	功能
app:layout_editor_absoluteY	组件在布局中Y轴的绝对坐标点
app:layout_constraintGuide_begin	布局中引导线距顶部或左边框的距离
app:layout_constraintGuide_end	布局中引导线距底部的距离
app:layout_constraintGuide_percent	引导线距左边框的距离占整个布局宽度的百分比
app:layout_constraintStart_toEndOf	组件的左边界在某个组件右边界的右边，即表示此组件在某个组件的右边
app:layout_constraintStart_toStartOf	组件的左边界与某个组件的左边界在同一垂直线上
app:layout_constraintEnd_toStartOf	组件的右边界与某个组件的左边界在同一垂直线上
app:layout_constraintEnd_toEndOf	组件的右边界与某个组件的右边界对齐
app:layout_constraintHorizontal_bias	组件在布局中的水平方向上的偏移百分百
app:layout_constraintVertical_bias	组件在布局中的垂直方向上的偏移百分百
app:layout_constraintDimensionRatio	两个组件的纵横比，使用前需要把宽（layout_width）或者高（layout_height）设置为0dp，根据另一个属性和比例来计算当前属性
app:layout_constraintCircle	设置与某个组件进行角度定位
app:layout_constraintCircleAngle	定位角度
app:layout_constraintCircleRadius	角度定位半径

约束布局的部分属性与相对布局中属性的意义相同，如表 3-7 所示。不过，组件在约束布局里面要实现 margin，必须先约束该组件在约束布局中的位置，也就是需要先定义与其他组件的约束定位关系。

表 3-7　相对距离属性

属性	功能
android:layout_marginBottom	离某组件底边缘的距离
android:layout_marginLeft	离某组件左边缘的距离
android:layout_marginRight	离某组件右边缘的距离
android:layout_marginTop	离某组件上边缘的距离
android:layout_marginStart	离开始位置的距离
android:layout_marginEnd	离结束位置的距离

只有当约束定位所引用组件的 visible 属性设置了"Gone"后，表 3-8 中的其他相对距离属性才生效。

表 3-8　其他相对距离属性

属性	功能
app:layout_goneMarginLeft	离某组件底边缘的距离
app:layout_goneMarginTop	离某组件左边缘的距离
app:layout_goneMarginRight	离某组件右边缘的距离
app:layout_goneMarginBottom	离某组件上边缘的距离
app:layout_goneMarginStart	离开始位置的距离
app:layout_goneMarginEnd	离结束位置的距离

如下采用相对布局实现的示例，同其他布局一样，在约束布局中可嵌套其他布局方式，代码如下。

```
<?xml version="1.0" encoding="utf-8"?>
<android.support.constraint.ConstraintLayout xmlns:android="http://schemas.android.com/apk/res/android"
```

```xml
    android:layout_width="match_parent"
    android:layout_height="match_parent"
    xmlns:app="http://schemas.android.com/apk/res-auto">

    <android.support.constraint.ConstraintLayout
        android:id="@+id/cl_titleBar"
        android:layout_width="match_parent"
        android:layout_height="44dp"
        android:background="@android:color/holo_blue_bright"
        app:layout_constraintLeft_toLeftOf="parent"
        app:layout_constraintRight_toRightOf="parent"
        app:layout_constraintTop_toTopOf="parent">

        <ImageView
            android:layout_width="45dp"
            android:layout_height="25dp"
            android:layout_marginLeft="15dp"
            android:src="@android:color/white"
            app:layout_constraintBottom_toBottomOf="parent"
            app:layout_constraintLeft_toLeftOf="parent"
            app:layout_constraintTop_toTopOf="parent" />

        <TextView
            android:layout_width="wrap_content"
            android:layout_height="wrap_content"
            android:text="这个是标题"
            app:layout_constraintBottom_toBottomOf="parent"
            app:layout_constraintLeft_toLeftOf="parent"
            app:layout_constraintRight_toRightOf="parent"
            app:layout_constraintTop_toTopOf="parent" />
    </android.support.constraint.ConstraintLayout>

    <android.support.constraint.ConstraintLayout
        android:id="@+id/dl_view2"
        android:layout_width="match_parent"
        android:layout_height="114dp"
        android:background="@android:color/holo_blue_light"
        app:layout_constraintTop_toBottomOf="@+id/cl_titleBar">

        <ImageView
            android:layout_width="72dp"
            android:layout_height="72dp"
            android:layout_marginLeft="30dp"
            android:src="@mipmap/ic_launcher_round"
            app:layout_constraintBottom_toBottomOf="parent"
            app:layout_constraintLeft_toLeftOf="parent"
            app:layout_constraintTop_toTopOf="parent" />
    </android.support.constraint.ConstraintLayout>

    <android.support.constraint.ConstraintLayout
        android:layout_width="match_parent"
```

```
        android:layout_height="80dp"
        app:layout_constraintTop_toBottomOf="@+id/dl_view2">

    <TextView
        android:id="@+id/tv_divider"
        android:layout_width="1dp"
        android:layout_height="match_parent"
        android:layout_marginTop="15dp"
        android:layout_marginBottom="15dp"
        app:layout_constraintLeft_toLeftOf="parent"
        app:layout_constraintRight_toRightOf="parent" />

    <ImageView
        android:id="@+id/iv1"
        android:layout_width="32dp"
        android:layout_height="32dp"
        android:src="@mipmap/ic_launcher_round"
        app:layout_constraintBottom_toBottomOf="parent"
        app:layout_constraintHorizontal_chainStyle="packed"
        app:layout_constraintLeft_toLeftOf="parent"
        app:layout_constraintRight_toLeftOf="@+id/tv1"
        app:layout_constraintTop_toTopOf="parent" />

    <TextView
        android:id="@+id/tv1"
        android:layout_width="wrap_content"
        android:layout_height="wrap_content"
        android:layout_marginLeft="10dp"
        android:text="我的消息"
        app:layout_constraintBottom_toBottomOf="parent"
        app:layout_constraintHorizontal_chainStyle="packed"
        app:layout_constraintLeft_toRightOf="@+id/iv1"
        app:layout_constraintRight_toLeftOf="@+id/tv_divider"
        app:layout_constraintTop_toTopOf="parent" />
    </android.support.constraint.ConstraintLayout>
</android.support.constraint.ConstraintLayout>
```

显示效果如图 3-8 所示。

图 3-8 约束布局示例

如果通过如图 3-9 所示的方式将两个或以上组件约束在一起，就可以认为它们是一条链（图示为横向的约束链，纵向约束链同理）。

图 3-9 约束链

代码如下。

```
<TextView android:id="@+id/TextView1"
android:layout_width="wrap_content"
android:layout_height="wrap_content"
```

```
    app:layout_constraintLeft_toLeftOf="parent"
    app:layout_constraintRight_toLeftOf="@+id/TextView2" />
<TextView android:id="@+id/TextView2"
    android:layout_width="wrap_content"
    android:layout_height="wrap_content"
    app:layout_constraintLeft_toRightOf="@+id/TextView1"
    app:layout_constraintRight_toLeftOf="@+id/TextView3"
    app:layout_constraintRight_toRightOf="parent" />
<TextView android:id="@+id/TextView3"
    android:layout_width="wrap_content"
    android:layout_height="wrap_content"
    app:layout_constraintLeft_toRightOf="@+id/TextView2"
    app:layout_constraintRight_toRightOf="parent" />
```

一条链的第一个组件是这条链的链头，可以在链头中设置 layout_constraintHorizontal_chainStyle 属性来改变整条链的样式。链提供了 3 种样式，分别是：

- CHAIN_SPREAD：展开元素（默认）。
- CHAIN_SPREAD_INSIDE：展开元素，但链的两端贴近 parent。
- CHAIN_PACKED：链的元素将被打包在一起。

三种样式的显示效果如图 3-10 所示。

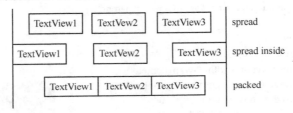

图 3-10　链样式属性设置效果

约束布局还在不断发展更新中，一些辅助工具和新功能在不断产生，如 Optimizer、Barrier、Group、Placeholder、Guideline 等，其更新的特性可参考 Google 官网的介绍。

3.1.6　实例 1：计算输入界面

横向排列的效果可以使用多种布局以不同的组合方式实现，本节直接使用默认的约束布局实现。

1. 新建项目，设置基本信息

在 AS 中新建项目，应用程序命名为"计算输入界面"，项目命名为"ch03_01"，其他项保留默认值。

2. 用线性布局实现

打开项目的 res\layout\activity_main.xml 布局文件，删除其中默认添加的组件，确认其布局为约束布局，然后在线性布局中添加所需的 TextView、EditText、Button 等组件并设置各自的相对约束关系，最后形成的布局文件代码如下。

```xml
<android.support.constraint.ConstraintLayout xmlns:android="http://schemas.android.com/apk/res/android"
    xmlns:tools="http://schemas.android.com/tools"
    xmlns:app="http://schemas.android.com/apk/res-auto"
    android:id="@+id/constraintLayout"
```

```xml
    android:layout_width="match_parent"
    android:layout_height="match_parent"
    tools:context=".MainActivity">
    <EditText
        android:id="@+id/editText1"
        android:layout_width="wrap_content"
        android:layout_height="wrap_content"
        android:width="100dp"
        android:inputType="number"
        app:layout_constraintLeft_toLeftOf="parent"
        app:layout_constraintTop_toTopOf="parent" />
    <TextView
        android:id="@+id/textView1"
        android:layout_width="wrap_content"
        android:layout_height="wrap_content"
        android:layout_marginTop="4dp"
        android:width="50dp"
        android:gravity="center"
        android:text="+"
        app:layout_constraintLeft_toRightOf="@id/editText1"
        app:layout_constraintTop_toTopOf="parent" />
    <EditText
        android:id="@+id/editText2"
        android:layout_width="wrap_content"
        android:layout_height="wrap_content"
        android:width="100dp"
        android:inputType="number"
        app:layout_constraintLeft_toRightOf="@id/textView1"
        app:layout_constraintTop_toTopOf="parent">
        <requestFocus
            android:layout_width="wrap_content"
            android:layout_height="wrap_content" />
    </EditText>
    <Button
        android:id="@+id/button1"
        android:layout_width="wrap_content"
        android:layout_height="wrap_content"
        android:width="30dp"
        android:background="#FFFFFF"
        android:text="="
        app:layout_constraintLeft_toRightOf="@id/editText2"
        app:layout_constraintTop_toTopOf="parent"
        />
    <TextView
        android:id="@+id/textView2"
        android:layout_width="wrap_content"
        android:layout_height="wrap_content"
        android:width="100dp"
        android:background="#CCCCCC"
```

```
            android:padding="10dp"
            android:text=""
            app:layout_constraintLeft_toRightOf="@id/button1"
            app:layout_constraintTop_toTopOf="parent"
            android:layout_marginTop="5dp"/>
</android.support.constraint.ConstraintLayout>
```

07　界面设计

3.2　Android 基本组件

Android 应用程序的人机交互界面由很多的 Android 组件组成，如之前多次使用的 TextView、Button 等都是 Android 提供的组件。

本节准备开发一个小型的计算器，用于计算输入的两个数的和差积商，第一行用于输入第一个数，第二行用于选择四种运算之一，第三行用于输入第二个数，第四行是一个按钮，当单击该按钮后，将运算结果显示到第五行。

3.2.1　文本显示组件

文本显示（TextView）组件主要用于显示静态文本，类似于 Java 中的 Label 标签控件，所不同的是，Android 中的 TextView 组件可以显示单行文本，也可以显示多行文本，还可以显示带图像的文本。

AS 支持可视化和 XML 编辑方式添加 TextView 组件，在布局中添加一个 TextView 组件，其常见属性可以在右侧的属性栏中设定，如图 3-11 所示。

除了以可视化方法修改属性之外，还可以直接切换到 XML 源代码查看。TextView 的配置代码如下所示。

```
<TextView
    android:id="@+id/textView1"
    style="@style/text_view_style"
    android:layout_width="wrap_content"
    android:layout_height="wrap_content"
    android:text="@string/zhang_name" />
```

图 3-11　TextView 组件属性

TextView 常用属性如表 3-9 所示。

表 3-9　TextView 常用属性

属性名称	功能
android:id	组件的 ID，程序通过这个 ID 访问该组件
android:text	显示的文本
android:hint	当文本框内文本为空时，默认显示的提示文本
android:inputType	显示内容的文本类型，取值 textPassword、textEmailAddress、phone、date 等
android:singleLine	是否单行显示
android:layout_width	宽度，取值 fill_parent、wrap_content、match_parent 或具体数值（单位：dp）
android:width	宽度，取值为数值（单位一般为 dp）
android:layout_height	高度，取值 fill_parent、wrap_content、match_parent 或具体数值（单位：dp）
android:height	高度，取值为数值（单位一般为 dp）

（续）

属性名称	功能
android:textColor	颜色
android:textSize	大小，单位一般为 sp
android:textStyle	显示效果，取值 normal（正常）、bold（粗体）或 italic（倾斜）
android:autoLink	敏感文字是否显示为链接形式，取值 none、web、email、phone、map 或 all
android:gravity	设置文本对齐方式
android:drawableBottom	在文本的下方输出一个 drawable，如图片。如果指定一个颜色，则把文本的背景设为该颜色，并且和 background 同时使用时会覆盖后者
android:drawableLeft	在文本的左边输出一个 drawable，如图片
android:drawableRight	在文本的右边输出一个 drawable，如图片
android:drawableTop	在文本的顶端输出一个 drawable，如图片

说明：layout_width 和 layout_height 是相对上级元素而确定的布局方式，所以可以设定三个特殊的值，其含义如下。

- fill_parent：强制性地使组件扩展，以填充布局单元内尽可能多的空间。设置一个顶部布局或组件为 fill_parent 将强制性地让它布满整个屏幕。
- wrap_content：设强制性地使视图扩展以显示全部内容，布局元素将根据内容更改大小。
- match_parent：Android 2.2 中 match_parent 和 fill_parent 两个参数的含义一样，match_parent 更贴切，于是从 Android 2.2 开始两者都可以用。如果考虑兼容低版本的使用情况就需要用 fill_parent。

大多数程序员更喜欢使用 layout_width 和 layout_height 来取代 width 和 height。

Android 除了通过 XML 文件静态增加 TextView 之外，还可以使用 Java 代码动态产生文本框组件。组件对象创建成功后，可以使用 set****()方法设置组件的各种属性，使用 setContentView()方法显示内容。以下代码演示了动态构建一个 TextView 对象并设置其中显示的文本，最后显示出来的处理过程，Java 代码如下。

```
Textview tv=new TextView(this);
tv.setText("本行文本将动态产生。");
setContentView(tv);
```

对于使用 XML 静态布局方式添加的 TextView 组件，如果需要动态更改显示内容，程序可以利用 findViewById(id)函数来访问该元素。findViewById(id)函数从 Android 1.0 就存在了，是个元老级别的函数，也是非常重要的函数，其功能就是根据提供的组件 id 获得组件对象。该函数的返回值是 View 类型的，所以一般情况下需要进行类型转换。

不仅对于 TextView 组件如此，其他的组件对象也基本是通过该方法来进行访问，如果布局文件中设置 TextView 的 id 为 textView1，那么可以通过下列代码将组件上的文字修改为"Hello"。

```
TextView tv=null;      //创建一个空的 TextView 组件
tv=(TextView) findViewById(R.id.textView1);   //通过 id 获取 textView1 组件
tv.setText("Hello");   //修改 textView1 组件上显示的信息
```

通常情况下，前两句可以合并为一行，如下所示。

```
TextView tv=(TextView) findViewById(R.id.textView1);
```

3.2.2 编辑框组件

AS 中的编辑框（EditText）组件用于输入信息，可以输入单行文本或多行文本，还可以输入指定格式的文本（如密码、电话号码、E-mail 地址等）。其继承自 TextView，所以其大部分属性与 TextView 类似。EditText 的特色属性如表 3-10 所示。

表 3-10　EditText 的特色属性

属性	描述
hint	编辑框中的提示信息，当输入信息后自动消失
numeric	只能输入数值类型的数据，可以取值 integer（整数）或 decimal（小数）
digits	设定可以输入的数字符号，可以取值"1234567890.+-*/%()"
ems	设置为一个整数 n，设置组件的宽度为 n 个字符的宽度

同 TextView 类似，AS 中可通过可视化界面迅速添加 EditText 组件。不过，Palette 视图中的 Text 类别中提供了不同输入功能要求的 EditText 组件，可以选择某种样式以满足当前的需要，如图 3-12 所示。

例如拖入一个标志着数字的组件，其自动生成的 XML 代码如下。

```xml
<EditText
    android:id="@+id/editText1"
    android:layout_width="wrap_content"
    android:layout_height="wrap_content"
    android:layout_weight="1"
    android:ems="10"
    android:inputType="number" >
    <requestFocus />
</EditText>
```

可以通过可视化界面或 XML 代码方式添加更多的属性，其中<requestFocus />表示该组件可以接受焦点。一般会增加 text 属性显示默认值（可以是空字符串），增加 hint 属性显示提示信息等，定义代码如下。

```xml
<EditText
    android:id="@+id/editText1"
    android:layout_width="wrap_content"
    android:layout_height="wrap_content"
    android:layout_weight="1"
    android:ems="10"
    android:text=""
    android:hint="请输入一个数字"
    android:inputType="number" />
```

hint 属性显示效果如图 3-13 所示。

对于添加的每一种 EditText 组件，都可以通过修改 android:inputType 属性将其转变为其他类型的输入框组件。

也可以使用 Java 代码动态处理 EditText 组件，可以创建、更改输入的文字等。这里需要特别说明的是，通过 getText()方法取得的编辑框中的值都是字符串类型的，即便其中输入的是形如"123"之类的数字，其返回的仍然是"123"字符串。所以如果需要输入数字，就需要做相应的类型转换。

字符串转换成数值有很多办法，现在可以先掌握一种：Integer.parseInt(str)，其中 str 为字符串。一般情况下，首先从组件中接收用户输入信息，然后利用这个方法进行转换，参考代码如下。

```
int i
EditText et=(EditText) findViewById(R.id.editText1);
i=Integer.parseInt(et.getText().toString());
```

图 3-12 Text 类别中的 EditText 组件　　　　　　　图 3-13 hint 属性显示效果

3.2.3 按钮组件

按钮（Button）组件是 Android 中应用最多的组件之一。与其他组件一样，Button 有两种添加方式，第一种是在 XML 中通过<button></button>标记添加，第二种是在程序中直接使用 Button 类创建对象并添加到视图中。推荐使用第一种。

在 XML 中配置 Button 时，AS 同样支持可视化和代码方式。在 AS 中进行可视化配置时，只须在组件视图的 Buttons 类中选择合适的 Button 拖动到布局中即可。选择添加的 Button，同样可以在属性视图中配置各种属性，也可在 XML 代码视图中直接修改各种属性。例如以下的 Button 示例：

```
<Button
        android:id="@+id/button1"
        android:layout_width="wrap_content"
        android:layout_height="wrap_content"
        android:text="Button" />
```

Button 组件一般用作发布命令，发布单击命令后执行对应的程序，这个程序一般被称之为"单击事件响应程序"。在 Android 中，一般首先为按钮注册单击监听事件，监视是否有单击事件发生于该按钮上，如果有，则去执行对应的单击事件响应程序。

为按钮绑定监听程序有两种方法，一种是在 Activity 的 onCreate()方法中完成，示例代码如下。

```
Button bt=(Button)findViewById(R.id.button1);
bt.setOnClickListener(new OnClickListener() {
        @Override
        public void onClick(View v) {
                //此处安排处理代码
        }
} );
```

另一种方法是在 Activity 中编写一个包含 View 类型参数并且将要触发的处理代码放在其

中，然后在布局文件中给 Button 添加 android:onClick 属性指定对应的方法名。例如在 Activity 中编写一个方法如下。

```
Public void myClick(View v){
    //这里安排处理代码
}
```

然后在布局文件中，给 Button 添加属性 android:onClick="myClick"实现给按钮添加监听器。

3.2.4 单选按钮/单选按钮组组件

默认情况下，单选按钮（RadioButton）组件一般呈现为一个圆形图标，旁边放置一些说明性文字。使用时，将多个单选按钮放在一组中，它们一起被称为单选按钮组（RadioGroup）组件。对于单选按钮，其状态可以是"选中"或"未选中"。初始时通过 checked 属性可以设置单选按钮的状态。同一组中的单选按钮具备排他性，组中某个单选按钮被选中，组中其他单选按钮就会被取消选择。

单选按钮继承自 Button 类，所以单选按钮可以支持 Button 的所有属性。同其他组件类似，在 Android 中有两种方式添加单选按钮组件，一种是在 XML 布局文件中通过<RadioButton>标记添加，另一种是在 Java 代码中通过创建 RadioButton 类对象添加。推荐使用 XML 布局文件配置方式。

在 AS 中，XML 布局文件配置方式依然支持可视化和代码操作方式，具体操作模式与其他组件类似，最后可得到如下所示的 XML 代码。

```
<RadioButton
    android:id="@+id/radioButton1"
    android:layout_width="wrap_content"
    android:layout_height="wrap_content"
    android:text="RadioButton" />
```

通常情况下，单选按钮一般放在 RadioGroup 组件中，在 XML 文件中添加 RadioGroup 的示例代码如下。

```
<RadioGroup
    android2:id="RadioGroup1"
    android2:layout_width="wrap_content"
    android2:layout_height="match_parent"
    android2:orientation="horizontal" >
    <!-- 这里放置多个 RadioButton -->
</RadioGroup>
```

RadioGroup 组件有一个特别的属性 orientation，通过将该属性设定为 horizental 或 vertical 可以确定该组中的各单选按钮的排列方式为水平还是垂直。

对于用户选中情况的判定，同按钮按下与否的判定类似，同样通过监听实现。对于单选按钮组而言，需要监听的是"选中的单选项目是否发生变化"这个事件，即 setOnCheckedChangeListener()。在 onCreate()方法中添加如下代码。

```
RadioGroup rg=(RadioGroup)findViewById(R.id.radioGroup1);
rg.setOnCheckedChangeListener(new OnCheckedChangeListener(){
    @Override
    public void onCheckedChanged(RadioGroup group,int checkedID){
```

52

```
            //此处安排具体事件处理代码
        }
    });
```

3.2.5 复选框组件

默认情况下，复选框（CheckBox）组件显示一个方块图标，在该图标旁边放置一些说明性文字。复选框的使用与单选按钮类似，所不同的是，单选按钮存在分组的情况，而复选框是独立操作的，可以多选。

在 AS 中，仍然提供两种方式添加复选框组件，一种是在 XML 布局文件中通过<CheckBox>标记添加，另一种是使用 Java 代码通过创建 CheckBox 类对象添加。推荐 XML 布局文件方式，在 XML 布局文件中添加 CheckBox 的示例代码如下。

```xml
<CheckBox
    android2:id="@+id/checkBox1"
    android2:layout_width="wrap_content"
    android2:layout_height="wrap_content"
    android2:text="CheckBox" />
```

复选框通过 Checked 属性确定是否被选中，该类有两个常用的方法。
➢ isChecked()：获知当前状态，该方法返回 true 表示当前复选框为选中状态，否则为未选中。
➢ setChecked()：通过参数 true 或 false 设置复选框为选中或未选中状态。

由于复选框可以多选，因此为了确定用户是否选择了某一项，需要为每个选项都添加事件监听器。例如为 checkBox1 添加如下事件监听器代码。

```java
Final CheckBox ck=(CheckBox)findViewById(R.id.checkBox1);
Ck.setOnCheckedChangedListener(new OnCheckedChangeListener() {
@Override
    public void onCheckedChanged(CompoundButton buttonView, boolean isChecked) {
        //这里安排事件处理代码
    }
}
```

3.2.6 图像视图组件

图像视图（ImageView）组件用于在界面中显示任何的 Drawable 对象，通常用来显示图片。在 Android 中，有两种方法添加图像视图，第一种是通过在 XML 布局文件中使用<ImageView>标记添加，第二种是在 Java 代码中通过创建 ImageView 类对象添加。推荐采用第一种方法添加。

使用 ImageView 组件显示图片时，通常可以将要显示的图片放置在 res\drawable 目录中，然后应用类似下面的代码将图像显示在布局管理器中（通过 android:src 属性设置图片）。

```xml
<ImageView
    android2:id="@+id/imageView1"
    android2:layout_width="wrap_content"
    android2:layout_height="wrap_content"
    android2:src="@drawable/myImage" />
```

ImageView 组件常用 XML 属性如表 3-11 所示。

表 3-11 ImageView 组件常用 XML 属性

XML 属性	描述
android:adjustViewBounds	是否保持宽高比。需要与 maxWidth、maxHeight 一起使用，否则无效果
android:cropToPadding	是否截取指定区域用空白代替。单独设置无效果，需要与 scrollY 一起使用
android:maxHeight	设置 View 的最大高度，单独使用无效，需要与 setAdjustViewBounds 一起使用。如果想设置图片固定大小，又想保持图片宽高比，需要如下设置。 1）设置 setAdjustViewBounds 为 true； 2）设置 maxWidth、maxHeight； 3）设置 layout_width 和 layout_height 为 wrap_content
android:maxWidth	设置 View 的最大宽度。同上
android:scaleType	设置图片的填充方式
android:src	设置 View 的 Drawable（如图片，也可以是颜色，但是需要指定 View 的大小）
android:tint	将图片渲染成指定的颜色

其中 android:scaleType 属性设置填充方式，其可选值说明如表 3-12 所示。

表 3-12 android:scaleType 属性的可选值

属性值	说明
matrix	用矩阵来绘图
fitXY	拉伸图片（不按比例）以填充 View 的宽高
fitStart	按比例拉伸图片，拉伸后图片的高度为 View 的高度，且显示在 View 的左边
fitCenter	按比例拉伸图片，拉伸后图片的高度为 View 的高度，且显示在 View 的中间
fitEnd	按比例拉伸图片，拉伸后图片的高度为 View 的高度，且显示在 View 的右边
center	按原图大小显示图片，但图片宽高大于 View 的宽高时，截图片中间部分显示
centerCrop	按比例放大原图直至等于某边 View 的宽高显示
centerInside	当原图宽高或等于 View 的宽高时，按原图大小居中显示；反之将原图缩放至 View 的宽高居中显示

3.2.7 滚动视图组件

滚动视图（ScrollView）组件用于为其他组件添加滚动条。在默认的情况下，由于 Android 的布局管理器没有提供滚动屏幕的功能，当窗体中的内容较多而一屏显示不下时，超出的部分用户将看不到，这时就需要使用 ScrollView 组件了。

在滚动视图中可以放入任何类型的组件，但是只能放一个，如果需要放置多个组件，可以先在滚动视图中放置一个布局管理器，再在布局管理器中放置其他的组件。ScrollView 组件只支持垂直滚动，如果要实现水平滚动，需要使用水平滚动视图（HorizontalScrollView）。

同其他组件类似，Android 中可以使用 XML 布局文件和 Java 代码创建对象两种方法添加滚动视图。推荐使用 XML 布局文件方法，示例 XML 代码如下。

```xml
<ScrollView
    android:id="@+id/scrollView1"
    android:layout_width="match_parent"
    android:layout_height="wrap_content" >
    <TextView
        android:id="@+id/textView1"
        android:layout_width="wrap_content"
        android:layout_height="wrap_content"
        android:text="TextView" />
</ScrollView>
```

3.2.8 日期/时间选择器组件

为了让用户获取日期和时间，Android 提供了日期/时间选择器（DatePicker/TimePicker）组件。用户可以在 XML 布局文件中直接添加这两个组件到界面中。AS 同样提供了 XML 布局文件和 Java 代码创建对象两种方法添加日期/时间选择器，XML 代码示例如下：

```
<DatePicker
    android:id="@+id/datePicker1"
    android:layout_width="wrap_content"
    android:layout_height="wrap_content" />
<TimePicker
    android:id="@+id/timePicker1"
    android:layout_width="wrap_content"
    android:layout_height="wrap_content" />
```

为了在程序中获取用户选择的日期和时间，还需要为组件添加事件监听器。其中 DataPicker 组件对应的事件监听器是 OnDateChangedListener，TimePicker 组件对应的事件监听器是 OnTimeChangedListener。具体使用与其他组件类似，这里不再赘述。

3.2.9 列表选择框组件

列表选择框（Spinner）组件相当于 Java 中的下拉列表框，用于提供一系列可选择的列表项供用户选择，从而方便用户。

Android 中依然可以采用 XML 布局文件和 Java 代码创建对象两种方法添加这个组件，推荐使用 XML 布局方式。Spinner 通过修改 spinnerMode 属性提供下拉或弹出对话框的选择形式，备选内容可以通过 entries 属性引用定义的数组资源，示例如下：

```
<Spinner
    android:id="@+id/spinner1"
    android:layout_width="match_parent"
    android:layout_height="wrap_content"
    android:spinnerMode="dialog"
    android:entries="@array/数组名称"
    android:prompt="@string/info" />
```

3.2.10 列表视图组件

列表视图（ListView）组件以垂直的形式列出需要显示的列表项，例如显示系统设置项或功能列表等。要在程序中使用列表视图组件除了上述采用 XML 布局文件和 Java 代码创建对象两种方法外，还可以通过继承 ListActivity 类来实现。列表视图支持的 XML 属性如表 3-13 所示。

表 3-13 列表视图支持的 XML 属性

XML 属性	描述
android:background	设置背景色
android:fadingEdge	设置上边和下边黑色的阴影
android:divider	设置列表项之间的分隔条
android:listSelector	设置列表项选中时的颜色。默认为橙黄底色
android:scrollbars	设置滚动条

(续)

XML 属性	描述
android:fadeScrollbars	滚动条是否自动隐藏或显示
android:entries	通过数组资源添加列表项

在 XML 布局中直接添加列表视图的示例代码如下。

```
<ListView
    android:id="@+id/listView1"
    android:entries="@array/数组名称"
    android:layout_width="match_parent"
    android:layout_height="wrap_content" >
</ListView>
```

3.2.11 实例2：简易计算器

1. 新建项目，增添组件

在 AS 中新建项目，应用程序命名为"简易计算器"，项目命名为"ch03_02"，其他项取默认值。

为了实现数据的输入，需要使用 EditText 组件用于输入信息；RadioGroup 和 RadioButton 组件用于 4 种运算方法的选择；Button 组件用于确定运算；TextView 组件用于显示结果。各组件及其功能见表 3-14。

表 3-14 各组件及其功能

组件名称	功能
editText1	编辑框：加数 1，无默认值
radioGroup1	单选按钮组：包含 4 种运算符，供选择运算符，默认选中"+"
editText2	编辑框：加数 2，无默认值
button1	按钮：显示等号（=），用于计算
textView1	文本显示：用于显示运算结果

为了取得用于选择的运算符，需要对单选按钮进行监听，即需要重写调用单选按钮的 setOnCheckedChangeListener 方法。

```
import android.widget.RadioGroup;
import android.widget.RadioGroup.OnCheckedChangeListener;
...
RadioGroup rg=(RadioGroup)findViewById(R.id.radioGroup1);
...
rg.setOnCheckedChangeListener(new OnCheckedChangeListener(){
    @Override
    public void onCheckedChanged(RadioGroup group, int checkedId) {
        // TODO Auto-generated method stub
    }
});
```

onCheckedChanged()方法有两个参数，第一个参数是对于单选按钮组的引用，第二个参数则是当前选中单选按钮的 id。在 onCheckedChanged()中获取用户当前所选运算符。一般可以在类 MainActivity 中增加一个记录当前运算符的字符串 opr，其值与单选按钮默认选中的"+"保持一致，以后只要单选按钮组发生变化，opr 同步进行变化。

然后为按钮增加单击响应事件。

```java
public class MainActivity extends Activity {
    @Override
    protected void onCreate(Bundle savedInstanceState) {
        super.onCreate(savedInstanceState);
        setContentView(R.layout.activity_main);
        Button bt=(Button)findViewById(R.id.button1);
        bt.setOnClickListener(new OnClickListener(){
            @Override
            public void onClick(View v){
                //取得两个数及运算符,并运算结果,最后显示出来
            }
        });
    }
    //......
}
```

2. 设计布局

考虑到上述组件由上到下依次排列,所以首选线性布局方式,在其中添加相应组件。为了不造成混淆,字符串没有专门定义字符串资源,在真正进行项目实施的时候,需要注意选择字符串等相关资源。

布局文件 activity.xml 的内容如下。

```xml
<LinearLayout xmlns:android="http://schemas.android.com/apk/res/android"
    xmlns:tools="http://schemas.android.com/tools"
    android:layout_width="match_parent"
    android:layout_height="match_parent"
    android:orientation="vertical"
    tools:context=".MainActivity" >
    <EditText
        android:id="@+id/editText1"
        android:layout_width="match_parent"
        android:layout_height="wrap_content"
        android:ems="10"
        android:hint="请输入加数 1"
        android:numeric="integer"
        android:text="" >
        <requestFocus />
    </EditText>
    <RadioGroup
        android:id="@+id/radioGroup1"
        android:layout_width="match_parent"
        android:layout_height="wrap_content"
        android:orientation="horizontal" >
        <RadioButton
            android:id="@+id/radio0"
            android:layout_width="wrap_content"
            android:layout_height="wrap_content"
            android:checked="true"
            android:text="+" />
        <RadioButton
            android:id="@+id/radio1"
```

```xml
                android:layout_width="wrap_content"
                android:layout_height="wrap_content"
                android:text="-" />
            <RadioButton
                android:id="@+id/radio2"
                android:layout_width="wrap_content"
                android:layout_height="wrap_content"
                android:text="*" />
            <RadioButton
                android:id="@+id/radio3"
                android:layout_width="wrap_content"
                android:layout_height="wrap_content"
                android:text="/" />
        </RadioGroup>
        <EditText
            android:id="@+id/editText2"
            android:layout_width="match_parent"
            android:layout_height="wrap_content"
            android:ems="10"
            android:hint="请输入加数 2"
            android:numeric="integer"
            android:text="" />
        <Button
            android:id="@+id/button1"
            android:layout_width="match_parent"
            android:layout_height="wrap_content"
            android:text="=" />
        <TextView
            android:id="@+id/textView1"
            android:layout_width="match_parent"
            android:layout_height="wrap_content"
            android:text="" />
    </LinearLayout>
```

3．参考代码

```java
public class MainActivity extends AppCompatActivity {
    private String opr="+";     //记录当前的运算符号，当单选按钮发生变化时，此处会对应修改，默认运算为"加法"运算
    @Override
    protected void onCreate(Bundle savedInstanceState) {
        super.onCreate(savedInstanceState);
        setContentView(R.layout.activity_main);
        RadioGroup rg=(RadioGroup)findViewById(R.id.radioGroup1);   //单选按钮组，用于监听选项变化
        final EditText et1=(EditText)findViewById(R.id.editText1);
        final EditText et2=(EditText)findViewById(R.id.editText2);
        final TextView tv=(TextView)findViewById(R.id.textView1);
        Button bt=(Button)findViewById(R.id.button1);   //取得按钮，用于监听单击事件
        bt.setOnClickListener(new View.OnClickListener(){   //监听按钮
            @Override
            public void onClick(View v){
                //取得两个数及运算符，并运算结果，最后显示出来
                int sum,num1,num2;
```

```
                num1=Integer.parseInt(et1.getText().toString());
                num2=Integer.parseInt(et2.getText().toString());
                if(opr.equals("+")){
                    sum=num1+num2;
                }else if(opr.equals("-")){
                    sum=num1-num2;
                }else if(opr.equals("*")){
                    sum=num1*num2;
                }else{
                    sum=num1/num2;
                }
                tv.setText(String.valueOf(sum));
            }
        });
        rg.setOnCheckedChangeListener(new RadioGroup.OnCheckedChangeListener(){
            //监听单击事件
            @Override
            public void onCheckedChanged(RadioGroup group, int checkedId) {
                RadioButton
                rb=(RadioButton)findViewById(checkedId);
                opr=rb.getText().toString();
            }
        });
    }
}
```

这里需要提醒的是,在比较字符串是否相同时,不能直接使用"==",而应该调用字符串对象的 equals()方法。运行程序,选择不同运算符,加法结果如图 3-14 所示。

注意:做除法运算时,如 25/3=8,会有些误差。这是程序中的商仅用整数来记录导致的。另外,程序并没有对除数为 0、缺失操作数等例外情况进行处理,读者可以自行修改、调整程序以完成这些功能,否则非法操作就可能导致程序崩溃。

图 3-14 加法结果

3.3 事件处理

现代的图形界面都是通过事件来实现人机交互的。事件就是用户对图形界面的操作。在 Android 手机和平板计算机上,事件主要包括键盘事件和触摸事件,键盘事件又包括按下、弹起等,触摸事件又包括按下、弹起、滑动等,另外还有重力感应事件等。

08 事件处理

本节准备实现一个调查程序,界面上提供几种开发语言的选择列表,如 Java、C#、Basic 等,使用时除了单击相应控件进行选取之外,还可以通过在键盘上滑动进行选项的"反选"操作。当用户最终单击"确定"按钮后,系统将进行一个简短的提示,告知用户所选择的项目数量。

3.3.1 事件监听处理机制

Android 中的事件处理分为基于监听接口的事件处理和基于回调机制的事件处理两种。

1．基于监听接口的事件处理

基于监听接口的事件处理涉及以下三个对象。
- EventSource（事件源）：事件发生的场所，通常为各个组件。
- Event（事件）：事件封装了界面组件上发生的特定事情，通常是用户的一次操作，可以通过 Event 对象取得具体信息。
- EventListener（事件监听器）：负责监听事件源发生的事情，并做出响应。事件监听器是用来处理事件的对象，实现了特定的接口，根据事件不同重写不同的事件处理方法来响应事件。

View 类中的 EventListener 是一个带有回调方法的接口，而所有的组件都继承自 View 类，所以不同的组件类实现该接口以完成不同的监听。常见的监听接口处理方法有以下几种。
- 单击事件：OnClickListener 接口的 public void onClick(View v)处理。
- 长按事件：OnLongClickListener 接口的 public boolean onLongClick(View v)处理。
- 控件焦点改变事件：OnFocusChangeListener 接口的 onFocusChange(View v, Boolean hasFocus)处理。
- 键盘事件：OnKeyListener 接口的 public boolean onKey(View v, int keyCode, KeyEvent event)处理。
- 触摸事件：OnTouchListener 接口的 public boolean onTouch(view v, MotionEvent event)处理。
- 上下文菜单显示事件：OnCreateContexMenuListener 接口的 public void onCreateContexMenu (ContexMenu menu, View v, ContexMenuInfo info)处理。

在 Android 中需要将事件源和事件监听器联系到一起，这就是事件源注册监听。一个典型的事件监听的操作过程如下。

1）在 MainActivity 类中定义一个成员变量用于引用需要监听的组件。

2）建立一个继承自类似 OnClickListener 接口的类，主要为了重写其中的事件响应方法。

3）在 MainActivity 类的 onCreate()方法中为按钮注册监听，这样当基于该组件的事件发生后，就会调用相应重写的方法进行处理了。

例如需要为按钮添加单击事件监听，处理过程如下。

1）通常在 Activity 的 onCreate()方法中取得按钮对象（假设按钮的 id 为 button1）。

  Button bt=(Button)findViewById(R.id.button1);

2）为 bt 按钮对象绑定单击事件监听对象，此时需要导入相应的程序包，即在代码文件头部添加 import android.view.View.OnClickListener 语句。

  bt.setOnClickListener();

3）设置 setOnClickListener()方法的参数。

该方法有一个唯一的参数是 OnClickListener 对象，一般采用动态的方式构建这个对象，即：new OnClickListener() {}。将上面两者结合起来，得到代码如下。

  bt.setOnClickListener(new OnClickListener() {});

4）在新构建的对象中重写 OnClick()方法，作为单击事件的响应程序。该方法有一个 View 类型的参数，表示被单击的按钮本身。将相应事件的执行代码安排在这个方法中，代码如下。

```
        @Override
    public void onClick(View v) {
        //这里安排具体执行代码
    }
```

将上述代码合并到一起,即:

```
Button bt=(Button)findViewById(R.id.button1);
bt.setOnClickListener(new OnClickListener() {
    @Override
    public void onClick(View v) {
        //这里安排具体执行代码
    }
} );
```

这段代码看起来比较复杂,却是事件响应的基本模式,其他控件的事件响应程序的布局基本沿用了上述方法。

除 OnClickListener 外,类似的监听器还有 OnLongClickListener(用户长按组件)等。一般,事件监听函数以 set 开头,以 Listener 结尾;事件监听函数的参数构造函数以 On 开头,以 Listener 结尾;需要重写的事件相应程序以 On 开头。特别值得注意的是,需要针对不同的监听载入相应的命名空间。初学者很容易遗漏第二条语句之后的分号。

2. 基于回调机制的事件处理

在回调机制中,事件源和事件监听器是统一的,或者说不需要专门指定事件监听器,当用户在组件上激发某个事件时,组件自己特定的方法将会负责处理该事件。

在使用基于回调机制处理组件上所发生的事件时,需要为该组件提供相应的事件处理方法,而 Java 又是一种静态语言,无法为每一个对象动态地加入方法,因此只能通过继承组件类并重写该类的事件处理方法来实现。Android 中每个组件都有自己处理特定事件的回调方法,如 onKeyDown()、onKeyUp()、onTouchEvent()方法等,可以通过重写这些回调方法来实现对应的事件处理。

自定义组件的一般步骤如下。

1)定义自定义组件的类名,并继承某个组件类或其子类。

2)重写父类的一些方法(回调方法)。依据业务需要重写父类的部分回调方法,比如 onDraw()方法用于实现界面显示,其他方法还有 onSizeChanged()、onKeyDown()、onKeyUP()等。除了重写回调方法外,通常还需要提供一个构造器,当 Java 代码创建该组件或依据 XML 布局文件载入并构建界面时都将调用该构造器。

3)使用自定义的组件。既可以通过 Java 代码来创建,也可通过 XML 布局文件创建。注意在 XML 布局文件中,该组件的标签是完整的包名+类名,不再是原来的类名。

代码示例如下:

```
public class MyButton extends Button {
//构造方法
public MyButton(Context context, AttributeSet attrs) {
  super(context, attrs); }
//回调方法
@Override
public boolean onKeyDown(int keyCode, KeyEvent event) {
super.onKeyDown(keyCode, event);
```

```
Toast.makeText(getContext(),"您按下了数字："+keyCode,Toast.LENGTH_SHORT).show();
return true; //返回 true，表明该事件不会向外扩散
}}
```

3.3.2 键盘事件

一个标准的 Android 设备包含了多个能够触发事件的物理按键，Android 中的物理按键事件处理是基于回调机制的，提供的回调方法有 onKeyUp()、onKeyDown()、onKeyLongPress()。在事件处理代码中，为区分按键设备，Android 为每个按键定义了唯一编码，各个物理按键对应的编码如表 3-15 所示。

表 3-15 Android 设备可用的物理按键编码

物理按键	编码	说明
电源键	KEYCODE_POWER	启动或唤醒设备，将界面锁定
返回键	KEYCODE_BACK	返回到前一个界面
菜单键	KEYCODE_MENU	显示当前应用的可用菜单
HOME 键	KEYCODE_HOME	返回到 Home 界面
搜索键	KEYCODE_SEARCH	在当前应用中启动搜索
相机键	KEYCODE_CAMERA	启动相机
音量键	KEYCODE_VOLUME_UP KEYCODE_VOLUME_DOWN	控制当前音量
方向键	KEYCODE_DPAD_CENTER KEYCODE_DPAD_UP KEYCODE_DPAD_DOWN KEYCODE_DPAD_LEFT KEYCODE_DPAD_RIGHT	某些设备中包含的方向键、移动光标等
键盘键	KEYCODE_0,…, KEYCODE_9, KEYCODE_A,…, KEYCODE_Z	数字 0~9、字母 A~Z 等

例如，以下代码处理了键盘返回键的事件响应。

```
public class ForbiddenBackActivity extends AppCompatActivity
{
    @Override
    protected void onCreate(Bundle savedInstanceState){
        Super.onCreate(savedInstanceState);
        setContentView(R.layout.main);
    }
    @Override
    public boolean onKeyDown(int keyCode,KeyEvent event){
        if(keyCode==KeyEvent.KEYCODE_BACK) {
            //这里放置返回键的处理代码
        }
        return super.onKeyDown(keyCode,event);
    }
}
```

3.3.3 触摸事件

用户在触摸屏上的滑动触摸事件，一般使用 OnTouchListener 接口定义的监听器，在监听器中重写 public boolean onTouch(View v,MotionEvent event)方法可以处理用户在触摸屏上的动作事件。View 类是其他 Android 组件的父类，在该类中，定义了 setOnTouchListener()方法用来为组

件设置触摸事件监听器。在监听处理方法中通过 event.getAction()可以获取用户的触摸动作。Android 提供了用户在屏幕上的触摸事件编码,如表 3-16 所示。

表 3-16 屏幕触摸事件编码

编码	事件
MotionEvent.ACTION_DOWN	触摸到屏幕
MotionEvent.ACTION_MOVE	在屏幕上滑动
MotionEvent.ACTION_UP	从屏幕抬起手指

例如以下代码实现当用户触摸屏幕后弹出一个消息提示的功能。

```
public class ScreenTouchEventActivity extends AppCompatActivity implements OnTouchListener {
    @Override
    protected void onCreate(Bundle savedInstanceState){
        Super.onCreate(savedInstanceState);
        this.setOnTouchListener(this);
        setContentView(R.layout.main);
    }
    @Override
    public boolean onTouch(View v,MotionEvent event){
        //这里放置屏幕触摸的处理代码
        return true;
    }
}
```

3.3.4 重力感应事件

1. Android 重力感应介绍

在 Android 的开发中常用的基础传感器有 8 种,分别是加速度传感器(Accelerometer)、陀螺仪传感器(Gyroscope)、环境光照传感器(Light)、磁力传感器(Magnetic field)、方向传感器(Orientation)、压力传感器(Pressure)、距离传感器(Proximity)、温度传感器(Temperature)。随着技术的发展,Android 支持的传感器种类越来越多,达 20 余种。但是不是每一款真机都支持这些传感器。因为很多功能用户根本不关心,所以开发商会把某些功能屏蔽掉。

重力感应是现在手机中常用的一个器件,使用的其实是加速度传感器。当手机静止时,加速度就是重力,所以一般也叫作重力传感器。这个硬件可以感应加速度的变化,转化为数据提供给系统。系统可以根据这些数据做一些事情。最常见的应用就是根据重力旋转屏幕。

2. Android 重力感应系统的坐标系

如图 3-15 所示,Android 重力感应坐标系以屏幕的左下方为原点(在二维编程中,是以屏幕左上方为原点的,这个值得注意),箭头指向的方向为正。从-10 到 10,可用浮点小数表示,例如以下情形的坐标变化:

图 3-15 Android 重力感应坐标系

➢ 手机屏幕向上(Z 轴朝天)水平放置的时候,(x,y,z)的值分别为(0,0,10)。

> 手机屏幕向下（Z轴朝地）水平放置的时候，(x, y, z) 的值分别为 (0, 0, -10)。
> 手机屏幕向左侧放（X轴朝天）的时候，(x, y, z) 的值分别为 (10, 0, 0)。
> 手机竖直（Y轴朝天）向上的时候，(x, y, z) 的值分别为 (0, 10, 0)。

其他的情形照此类推，遵循的规律是：朝天的就是正数，朝地的就是负数。利用 x, y, z 三个值求三角函数，就可以精确检测手机当前的状态了。

3．检测重力感应事件

首先获得一个 SensorManager 对象：SensorManager manager = (SensorManager) this.getSystemService(Context.SENSOR_SERVICE)。手机中的所有传感器都是通过 SensorMannager 来访问的，调用上下文的 getSystemService(SENSOR_SERVICE)方法就可以获得当前手机的所有传感器管理对象。然后通过这个 SensorManager 对象来获得一个 Sensor 的列表：List<Sensor> sensors = manager.getSensorList(Sensor.TYPE_ACCELEROMETER)。其中，Sensor.TYPE_ACCELEROMETER 参数用于指明获取加速度感应对象。

在 Android 中，使用重力感应功能还需要使用 SensorEventListener 接口，其中有两个接口方法，onSensorChanged()和 onAccuracyChanged()，一般都是在 onSensorChanged()方法中做事务处理。

实际使用时，还要在 SensorManager 对象上注册 SensorEventListener 监听器，例如：manager.registerListener(listener,sensor,rate)，其中 listener 就是 SensorEventListener 监听器对象，sensor 是前面获取的 Sensor 实例，rate 是指延迟时间。最后要取消重力感应时，调用 manager.unregisterListener(listener)即可。

如下的代码示例实现了一个当手机重力状态发生变化时给出提示的效果。

```java
public class SensorTest extends AppCompatActivity
{
private SensorManager sensorMgr;
Sensor sensor;
private float x, y, z;
protected void onCreate(Bundle savedInstanceState) {
  super.onCreate(savedInstanceState);
  sensorMgr = (SensorManager) getSystemService(SENSOR_SERVICE);
  sensor = sensorMgr.getDefaultSensor(Sensor.TYPE_ACCELEROMETER);
  SensorEventListener lsn = new SensorEventListener() {
     public void onSensorChanged(SensorEvent e) {
        x = e.values[SensorManager.DATA_X];
        y = e.values[SensorManager.DATA_Y];
        z = e.values[SensorManager.DATA_Z];
        Toast.makeText(this, "x="+(int)x+","+"y="+(int)y+","+"z="+(int)z , Toast.LENGTH_LONG).show();
     }
     public void onAccuracyChanged(Sensor s, int accuracy) {
     }
  };
  //注册 listener，第三个参数是检测的精确度
  sensorMgr.registerListener(lsn, sensor, SensorManager.SENSOR_DELAY_GAME);
 }
}
```

3.3.5 实例3：调查问答

1．新建项目，增添组件

在 AS 中新建项目，应用程序命名为"调查问答"，项目命名为"ch03_03"，其他项取默认值。

在 res\value\string.xml 文件中新增字符串资源，用于界面显示，参考代码如下。

```xml
<?xml version="1.0" encoding="utf-8"?>
<resources>
    <string name="app_name">调查问答</string>
    <string name="hello_world">Hello world!</string>
    <string name="menu_settings">Settings</string>
    <string name="like">选择你喜欢的语言：</string>
    <string name="java">Java </string>
    <string name="c_sharp">C# </string>
    <string name="basic">VB .net </string>
    <string name="ok">确定</string>
</resources>
```

在 MainActivity 类中对按钮单击事件进行响应，采用基于监听接口的事件处理方式，参考代码如下。

```java
private Button bt=null;
@Override
protected void onCreate(Bundle savedInstanceState) {
    super.onCreate(savedInstanceState);
    setContentView(R.layout.activity_main);
    bt=(Button)findViewById(R.id.button1);
    bt.setOnClickListener(new myOnClickListener());
}
public    class myOnClickListener implements OnClickListener{
    @Override
    public void onClick(View arg0) {
        // ... 这里检查用户选择情况
    }
}
```

在监听器接口 OnClickListener 继承的自定义类中的 onClick()方法中具体完成选中项目的统计，并以 Toast 形式进行显示。

在 MainActivity 类中对屏幕触摸事件进行相应处理，采用基于回调机制的事件处理方式，参考代码如下。

```java
@Override
public boolean onTouchEvent(MotionEvent event) {
    // ...这里进行反选
}
```

在重写的 onTouchEvent()方法中判定如果用户触摸完毕并已经抬起手指（MotionEvent.ACTION_UP）就对复选框进行反选操作，选中原来没有选中的项目，取消已经处于选定状态的项目。这样用户即便没有在屏幕上滑动，仅仅在屏幕上单击一下，也会执行这个"反选"操作。

2．设计布局

在 res\layout\activity_main.xml 中进行界面设计，此处需要一个文本显示组件，三个复选框组件，一个按钮组件，参考代码如下。

```xml
<RelativeLayout xmlns:android="http://schemas.android.com/apk/res/android"
    xmlns:tools="http://schemas.android.com/tools"
    android:layout_width="match_parent"
```

```xml
        android:layout_height="match_parent"
        tools:context=".MainActivity" >
        <TextView
            android:id="@+id/textView1"
            android:layout_width="wrap_content"
            android:layout_height="wrap_content"
            android:layout_alignParentLeft="true"
            android:layout_alignParentTop="true"
            android:text="@string/like" />
        <CheckBox
            android:id="@+id/checkBox1"
            android:layout_width="wrap_content"
            android:layout_height="wrap_content"
            android:layout_alignParentLeft="true"
            android:layout_below="@+id/textView1"
            android:text="@string/java" />
        <CheckBox
            android:id="@+id/checkBox2"
            android:layout_width="wrap_content"
            android:layout_height="wrap_content"
            android:layout_alignParentLeft="true"
            android:layout_below="@+id/checkBox1"
            android:text="@string/c_sharp" />
        <CheckBox
            android:id="@+id/checkBox3"
            android:layout_width="wrap_content"
            android:layout_height="wrap_content"
            android:layout_alignParentLeft="true"
            android:layout_below="@+id/checkBox2"
            android:text="@string/basic" />
        <Button
            android:id="@+id/button1"
            android:layout_width="wrap_content"
            android:layout_height="wrap_content"
            android:layout_alignParentLeft="true"
            android:layout_below="@+id/checkBox3"
            android:text="@string/ok" />
</RelativeLayout>
```

3. 参考代码

```java
public class MainActivity extends AppCompatActivity {

    private Button bt=null;  //监听按钮
    @Override
    protected void onCreate(Bundle savedInstanceState) {
        super.onCreate(savedInstanceState);
        setContentView(R.layout.activity_main);
        bt=(Button)findViewById(R.id.button1);
        bt.setOnClickListener(new myOnClickListener());
    }
    @Override
    public boolean onTouchEvent(MotionEvent event) {  //重写触摸事件
```

```java
        // TODO Auto-generated method stub
        if(event.getAction()==MotionEvent.ACTION_UP){     //如果触摸完毕并抬起手指，则进行反选
            CheckBox cb1=(CheckBox)findViewById(R.id.checkBox1);
            CheckBox cb2=(CheckBox)findViewById(R.id.checkBox2);
            CheckBox cb3=(CheckBox)findViewById(R.id.checkBox3);
            cb1.setChecked(!cb1.isChecked());
            cb2.setChecked(!cb2.isChecked());
            cb3.setChecked(!cb3.isChecked());
            return true; //反选完毕，不再继续进行操作
        }else{
            return super.onTouchEvent(event); //未反选，继续交由系统处理，此处可能是接触屏幕或在屏幕滑动的情况
        }
    }
    public    class myOnClickListener implements OnClickListener{  //继承自 OnClickListener 接口的类，实现监听
        @Override
        public void onClick(View arg0) {   //重写本方法实现选项计数
            // TODO Auto-generated method stub
            CheckBox cb1=(CheckBox)findViewById(R.id.checkBox1);
            CheckBox cb2=(CheckBox)findViewById(R.id.checkBox2);
            CheckBox cb3=(CheckBox)findViewById(R.id.checkBox3);
            int iCount=0;      //计数器
            if(cb1.isChecked()){
                iCount++;
            }
            if(cb2.isChecked()){
                iCount++;
            }
            if(cb3.isChecked()){
                iCount++;
            }
            Toast t=Toast.makeText(MainActivity.this, "您一共选中了"+iCount+"项。", Toast.LENGTH_SHORT);   //短时间提示
            t.show();
        }
    }
```

选择两项的情况如图 3-16 所示；当在屏幕上滑动从屏幕抬起手指时进行反选，如图 3-17 所示。选择完毕后，单击"确定"按钮，出现提示信息。

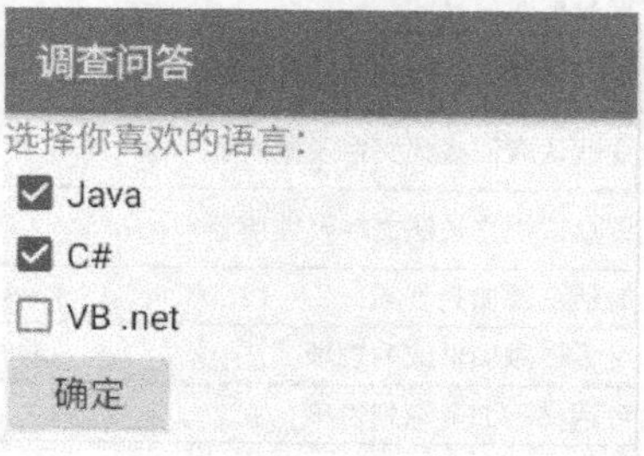

图 3-16　选择两项示例

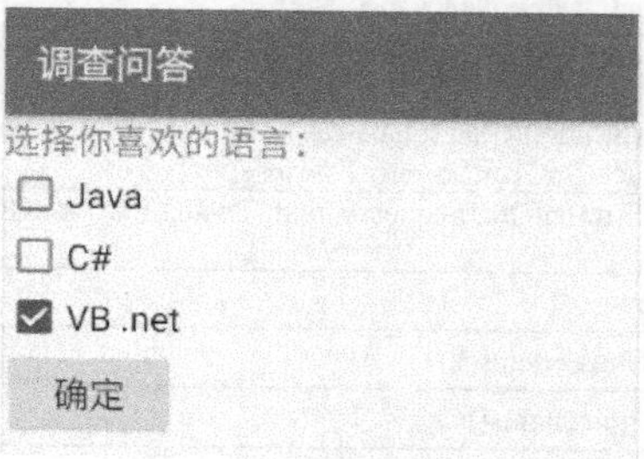

图 3-17　触摸事件进行反选

3.4 对话框与消息

09 对话框与消息

本节准备在界面上设计一个"关闭"按钮,当用户单击该按钮时弹出"关闭"对话框,用户单击"确定"按钮关闭当前程序,否则回到当前程序界面。

3.4.1 AlertDialog 对话框

Android 中的对话框都继承自 android.app.Dialog,用于构建对话框。最常用的对话框是 AlertDialog 类,AlertDialog 类的功能非常强大,不仅可以生成带按钮的提示对话框,还可以生成带列表的列表对话框。主要有以下四种对话框。

- 带确定、中立和取消等多个按钮的提示对话框,其中的按钮个数可以根据需要随意添加。
- 带列表的列表对话框。
- 带多个单选列表项和多个按钮的列表对话框。
- 带多个多选列表项和多个按钮的列表对话框。

AlertDialog 类常用的方法如表 3-17 所示。

表 3-17 AlertDialog 类常用方法

方法	描述
setTitle(CharSequence title)	设置对话框的标题
setIcon(int iconId)	通过资源 ID 为对话框设置图标
setIcon(Drawable icon)	通过 Drawable 资源对象设置图标
setMessage(CharSequence message)	设置对话框显示的信息内容
setButton(int whichButton,string caption,ClickListener listener)	添加按钮,whichButton 是 DialogInterface.BUTTON_POSITIVE(确定按钮)、DialogInterface.BUTTON_NEGATIVE(取消按钮)、DialogInterface.BUTTON_NEUTRAL(中立按钮)之一

使用 AlertDialog 类只能生成带多个按钮的提示对话框,要生成另外三种列表对话框,需要使用 AlertDialog.Builder 类。其实例一般通过静态类 AlertDialog.Builder 的 create()方法产生。AlertDialog.Builder 的常用方法如表 3-18 所示。

表 3-18 AlertDialog.Builder 的常用方法

方法	功能
setIcon(int iconId)	设置显示的图标
setTitle(CharSequence title)	设置显示的标题
setMessage(CharSequence message)	设置显示的信息
setPositiveButton(CharSequence text, DialogInterface.OnClickListener listener)	设置默认确定按钮文字及监听器
setNegativeButton(CharSequence text, DialogInterface.OnClickListener listener)	设置默认取消按钮文字及监听器
setNeutralButton(CharSequence text, DialogInterface.OnClickListener listener)	设置默认中立按钮文字及监听器
setItems()	为对话框添加列表项
setSingleChoiceItems()	为对话框添加单选列表项
setMultiChoiceItems()	为对话框添加多选列表项
create()	建立一个 AlertDialog 对话框

在 3.3 节中对于主界面中按钮的响应机制进行了简单的介绍,通过监听和回调可以完成一定

的功能，而对话框中的按钮同样也是基于监听机制完成的。不过，对话框的监听器是由静态接口 DialogInterface.OnClickListener 实现的，其中定义的响应用户的操作方法是 public abstract void onClick(DialogInterface dialog, int which)。例如以下代码创建了一个带确定和取消按钮的提示对话框。

```
AlertDialog alert = new AlertDialog.Builder(MainActivity.this).create();
alert.setIcon(R.drawable.advise);    //设置对话框的图标
alert.setTitle("系统提示：");  //设置对话框的标题
alert.setMessage("带取消、确定按钮的对话框！"); //设置要显示的内容
//添加取消按钮
alert.setButton(DialogInterface.BUTTON_NEGATIVE,"取消", new OnClickListener() {
        @Override
        public void onClick(DialogInterface dialog, int which) {
             //放置处理代码
        }
});
               //添加确定按钮
alert.setButton(DialogInterface.BUTTON_POSITIVE,"确定", new OnClickListener() {
        @Override
        public void onClick(DialogInterface dialog, int which) {
             //放置处理代码
        }
});
alert.show(); // 创建对话框并显示
```

又如以下的代码创建一个带有 5 个单选列表项和一个确定按钮的列表对话框。

```
final String[] items = new String[] {"项 1","项 2","项 3","项 4","项 5"};
//显示带单选列表项的列表对话框
Builder builder = new AlertDialog.Builder(MainActivity.this);
builder.setIcon(R.drawable.advise2);       //设置列表对话框的图标
builder.setTitle("请选择某项：");           //设置列表对话框的标题
builder.setSingleChoiceItems(items, 0, new OnClickListener() {
     @Override
     public void onClick(DialogInterface dialog, int which) {
             //放置单击单选列表项时的处理代码
     }
});
builder.setPositiveButton("确定", null);   //添加确定按钮
builder.create().show(); //创建对话框并显示
```

3.4.2　Toast 消息提示框

Android 提供了一种特殊的信息显示方式，称之为"提示"，也就是将一段文字信息在屏幕上显示一小段时间，然后消失，不需要用户进行干预。

创建 Toast 对象的方法有两种，第一种是直接使用 Toast 类构造，如：Toast toast=new Toast (this)。第二种方法是使用 android.widget.Toast 类中的静态方法 makeText()生成 Toast 对象，其声明语句是：public static Toast makeText(Context context, CharSequence text, int duration)。其中第一个参数表示上下文，一般确定为 Activity 本身，第二个参数是显示的信息，第三个参数可以取值为 Toast 中定义的两个常量：LENGTH_LONG或LENGTH_SHORT，表示信息停留的时间。

69

对象创建成功后通过 Toast 类的 show()方法显示出来。在显示之前还可利用 Toast 类中提供的方法对消息提示框的对齐方式、页面距、显示内容等进行设置。Toast 常用方法如表 3-19 所示。

表 3-19 Toast 常用方法

方法	描述
setGravity(int gravity, int xOffset, int yOffset)	设置提示信息在屏幕上的显示位置
setMargin(float horizontalMargin, float verticalMargin)	设置视图的栏外空白
setText(CharSequence s)	更新之前通过 makeText() 方法生成的 Toast 对象的文本内容
setView(View view)	设置要显示的 View
setDuration(int duration)	设置存续期间

一段典型的处理代码如下。

```
Toast t=Toast.makeText(MainActivity.this, "显示信息", Toast.LENGTH_SHORT);
    t.show();
```

3.4.3 Notification 消息通知

使用手机时，当手机电量不足时，有未接来电或新短信时，手机会给出相应的提示信息。一般向用户传递信息有三种方式：1）状态栏图标；2）扩展的通知状态绘制器；3）声音、震动、LED 闪烁等。Android 中处理这些信息的类是 Notification 和 NotificationManager。其中，Notification 类代表具有全局效果的通知，NotificationManager 类是用于发送 Notification 通知的系统服务。

Android 对发送和显示通知的处理比较简单，主要分以下四步。

1）调用 getSystemService()方法获取系统的 NotificationManager 服务。
2）创建 Notification 对象，设置各种属性。
3）为 Notification 对象设置事件信息。
4）通过 NotificationManager 类的 notify()方法发送 Notification 通知。

如下示例代码创建了一个消息提示。

```
NotificationManager notificationManager = (NotificationManager) getSystemService(NOTIFICATION_SERVICE);
    if(Build.VERSION.SDK_INT >= android.os.Build.VERSION_CODES.O){
        //只在 Android O 之上需要渠道
        NotificationChannel notificationChannel = new NotificationChannel("channelid1","channelname", NotificationManager.IMPORTANCE_HIGH);
        //如果这里用 IMPORTANCE_NOENE 就需要在系统设置中开启渠道，才能使通知正常弹出
        notificationManager.createNotificationChannel(notificationChannel);
    }
    NotificationCompat.Builder  notify = new NotificationCompat.Builder(MainActivity.this,"channelid1"); //创建一个 Notification 对象
    notify.setSmallIcon(R.drawable.ic_launcher_foreground);
    notify.setContentTitle("测试 notification");
    notify.setContentText("显示一个通知");
    notify.setWhen(System.currentTimeMillis()); //设置发送时间
    notify.setDefaults(Notification.DEFAULT_ALL);   //设置默认声音、默认振动器和默认闪光灯
    notify.setAutoCancel(true);//单击后自动消失（需要配合 intent 一起使用）
    notificationManager.notify(1, notify.build()); //通过通知管理器发送通知
```

需要注意，这里使用了系统闪光灯和振动器，这时就需要在 AndroidManifest.xml 中声明系统访问权限。

```
<!-- 添加操作闪光灯的权限 -->
<uses-permission android:name="android.permission.FLASHLIGHT" />
<!-- 添加操作振动器的权限 -->
<uses-permission android:name="android.permission.VIBRATE" />
```

由于使用 Notification 和 NotificationManager 是做可视化操作，一般需要在 Activity 中写代码。通过手机的通知系统，可以将应用程序的一些重要消息告知给用户。流畅、舒适、友好的应用程序离不开精心设计的消息提醒机制。但是并不是所有的通知都是用户想看的，否则只会给用户造成骚扰，所以要谨慎使用通知。

3.4.4 AlarmManager 警告

AlarmManager 有时被称为全局定时器，有时被称为闹钟，其作用和 Java 中的 Timer 有相似之处，它们都有下面两种相似的用法。

1）在指定时间执行某项操作，如显示一个消息提示框。

2）周期性地执行某项操作，如启动一个 Activity、Service、BroadcastReceiver 等。使用 AlarmManager 设置警告后，Android 将自动开启目标应用程序，即使手机处于休眠状态也能执行此操作。因此，使用 AlarmManager 可以实现关机后仍可以响应的闹钟。

在 Android 中，要获取 AlarmManager 对象，需要使用 Context 类的 getSystemService()方法，如：Contex.getSystemService(Context.ALARM_SERVICE)。获取 AlarmManager 对象后，就可以应用该对象提供的方法设置警告信息了。AlarmManager 对象的常用方法如表 3-20 所示。

表 3-20 AlarmManager 对象的常用方法

方法	描述
set(int type, long startTime, PendingIntent pi)	设置一次性闹钟，其中，long 表示闹钟类型，startTime 表示闹钟执行时间，pi 表示闹钟响应动作
setRepeating(int type, long startTime, long intervalTime, PendingIntent pi)	设置重复闹钟，其中，type 表示闹钟类型，startTime 表示闹钟首次执行时间，intervalTime 表示闹钟两次执行的间隔时间，pi 表示闹钟响应动作
setInexactRepeating（int type, long startTime, long intervalTime, PendingIntent pi)	设置重复闹钟，与 setRepeating 方法相似，不过，其两个闹钟执行的间隔时间不是固定的
cancel(PendingIntent operation)	取消与参数匹配的闹钟
setTime(long millis)	设置闹钟的时间
setTimeZone(String timeZone)	设置系统默认的时区

闹钟可用的类型有以下五种。

- AlarmManager.RTC：硬件闹钟（绝对时间点），不唤醒处于休眠状态的手机。
- AlarmManager.RTC_WAKEUP：硬件闹钟（绝对时间点），可唤醒处于休眠状态的手机。
- AlarmManager.ELAPSED_REALTIME：真实时间（系统启动后开始计时一段时间）流逝闹钟，不能唤醒处于休眠状态的手机。
- AlarmManager.ELAPSED_REALTIME_WAKEUP：真实时间（从现在开始计时一段时间）流逝闹钟，可以唤醒处于休眠状态的手机。
- AlarmManager.POWER_OFF_WAKEUP：硬件闹钟（绝对时间点），可唤醒处于关机状态的手机。

如下的代码设置了一个 5s 后发送一条广播消息并启动系统闹钟的程序。

```
Intent intent = new Intent();
intent.setAction("android.intent.action.SET_ALARM");//系统闹钟
```

```
PendingIntent sender =PendingIntent.getBroadcast(MainActivity.this, 0, intent, 0);
AlarmManager alarm = (AlarmManager) getSystemService(ALARM_SERVICE);
alarm.set(AlarmManager.RTC_WAKEUP, System.currentTimeMillis() + 5*1000, sender);
```

3.4.5 实例 4：退出确认

1．新建项目，增添图形按钮控件

在 AS 中新建项目，应用程序命名为"退出确认"，项目命名为"ch03_04"，其他项取默认值。

首先制作两个 PNG 文件，一个用于制作退出按钮，一个用于显示在提示框中，分别命名为 exit.png 和 information.png。需要注意的是，导入 AS 中的 PNG 资源文件名只能包含小写字母 a~z、数字 0~9 或下画线_，不能包含大写字母或其他字符。将两个 PNG 文件复制到 res\drawable 文件夹下。

2．布局设计

由于要响应用户单击事件，因此需要一个按钮。这次从 Palette 视图中选择 "ImageButton" 组件（图形按钮组件），将其拖动到默认的约束布局中的第一行右端，指明其显示的图形资源来自于@drawable/exit，即刚刚制作并导入的 exit.png，如图 3-18 所示。

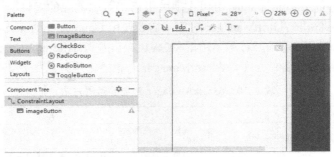

图 3-18　ImageButton 组件

最后的代码如下。

```
<?xml version="1.0" encoding="utf-8"?>
<android.support.constraint.ConstraintLayout xmlns:android="http://schemas.android.com/apk/res/android"
    xmlns:app="http://schemas.android.com/apk/res-auto"
    xmlns:tools="http://schemas.android.com/tools"
    android:layout_width="match_parent"
    android:layout_height="match_parent"
    tools:context=".MainActivity">
    <ImageButton
        android:id="@+id/imageButton"
        android:layout_width="wrap_content"
        android:layout_height="wrap_content"
        android:layout_marginEnd="8dp"
        app:layout_constraintEnd_toEndOf="parent"
        app:layout_constraintTop_toTopOf="parent"
        app:srcCompat="@drawable/exit" />
</android.support.constraint.ConstraintLayout>
```

3．代码实现

其次考虑到有两处需要调用退出程序：用户按下刚才建立的 ImageButton 组件时；用户按

下物理返回键时。

该程序的主要功能如下。

➢ 显示对话框的图标、标题、提示信息。

➢ 显示确定和取消按钮，并响应这两个对话框按钮。

打开 MainActivity.java 文件，在 MainActivity 类中增加一个方法，代码如下。

```java
public void exitActivity(){
    AlertDialog ad=new AlertDialog.Builder(this)
    .setTitle("结束程序")
    .setMessage("确定退出程序？")
    .setIcon(R.drawable.infomation)
    .setPositiveButton("退出",new DialogInterface.OnClickListener(){
        @Override
        public void onClick(DialogInterface dialog, int which) {
            // TODO Auto-generated method stub
            MainActivity.this.finish();
        }

    })
    .setNegativeButton("取消", new DialogInterface.OnClickListener() {

        @Override
        public void onClick(DialogInterface dialog, int which) {
            // TODO Auto-generated method stub
        }
    })
    .create();
    ad.show();
}
```

其中，AlertDialog ad=new AlertDialog.Builder(this).setTitle().setMessage().setIcon().setPositiveButton().setNegativeButton().create();语句比较长，其含义就是根据 AlertDialog.Builder 的要求，增加标题、图标、提示信息、确定按钮、取消按钮，然后再通过 create()方法生成 AlertDialog 对象返回给 ad 变量。因为每个方法都有参数，所以分行予以显示，这在 Java 中是可行的。

然后为图形按钮增加单击响应事件，编制方法类似于前面已经介绍过的普通按钮的单击响应事件处理过程。

1）在 MainActivity 类中定义一个成员变量用于引用图形按钮。

```java
private ImageButton butExit=null;
```

2）建立一个继承自 OnClickListener 接口的类，主要为了重写其中的响应单击事件的回调函数 onClick()，参考代码如下。

```java
public class myOnClickListener implements OnClickListener{
    @Override
    public void onClick(View v) {
        // TODO Auto-generated method stub
        exitActivity();
    }
}
```

3）在 onClick() 函数中完成单击响应，这里单击退出按钮，当然需要调用刚才编写的有退出功能的方法 exitActivity()。其类名 myOnClickListener 可以自行定义，该类要作为监听器的参数类型。

4）在 onCreate()方法中为按钮注册监听，这样当基于该按钮的单击事件发生后，就会调用 onClick()回调方法了。

```
butExit=(ImageButton)findViewById(R.id.imageButton1);
butExit.setOnClickListener(new myOnClickListener());
```

为了响应用户的按键操作，按下返回键也将出现本对话框的提示，使用"Code"菜单下的"Override Methods ..."命令重写 onKeyDown()方法，代码如下。

```
@Override
public boolean onKeyDown(int keyCode, KeyEvent event) {
    // TODO Auto-generated method stub
    return super.onKeyDown(keyCode, event);
}
```

在该方法内，对返回键进行监听，如果按下该键，就执行 exitActivity()方法。代码参考如下：

```
@Override
public boolean onKeyDown(int keyCode, KeyEvent event) {
    // TODO Auto-generated method stub
    // return super.onKeyDown(keyCode, event);
    if(keyCode==KeyEvent.KEYCODE_BACK){
        exitActivity();
    }
    return true;
}
```

当用户单击右上角的退出按钮或按返回键时就会出现提示对话框，如图 3-19 所示。用户单击"退出"按钮将结束本程序（活动），单击"取消"按钮将退回主界面。

本章小结

图 3-19　退出提示对话框

本章主要介绍了布局管理器、Android 基础组件、事件处理、对话框与消息的基本使用。制作一个 Android 工程，首先是布局，然后是资源管理，最后是代码的处理。本章的重点和难点是事件机制的处理。

Android 中涉及的内容太多，本书不可能面面俱到，读者可参考详细的技术文档。在升级 Android SDK 时可以选中"更新相关文档"，这样在安装 SDK 的目录下会有 docs 文件夹，其中有详细的技术文档，其中 reference 子文件夹中的资料是阅读重点。

练习题

1．设计一个界面可以实现常见的计算器屏幕和按键的布局。
2．设计两个单选按钮，单击它们可以显示不同时长的提示信息。
3．检查用户是否按下了返回键，使其失去"关闭程序"的功能。另外在界面右下位置显示一个"退出"按钮，完成关闭程序的功能。

4．开发一个程序，实现通过 ImageView 显示带边框的图片。

5．有五个商品供选择购买，设计界面显示其品名及价格，用户可以多选，选择完毕后单击"结账"按钮，系统在屏幕下方显示总金额。

6．开发一个程序，使用 AlertDialog 实现一个带图标的"确定"按钮、"取消"按钮、"中立"按钮的对话框。

7．开发一个程序，使用 AlertDialog 实现一个多选列表对话框。

8．开发一个程序，使用 Notification 实现一个在状态栏上显示备忘通知。可以查看通知的详细内容，并且该通知在查看后不删除。

9．开发一个程序，应用 AlarmManager 实现定时更换桌面背景的功能。

10．开发一个程序，实现输入 C 形手势即可拨打电话的功能。

第 4 章　基本程序单元 Activity

知识提要：

Activity 是程序的基本组件之一，它的主要功能是提供界面。Activity 是 Android 提供的一个可视的用户交互接口，所有和用户的交互都在其中完成。Activity 在创建时生成各种组件视图，由这些视图负责具体功能。Activity 通常使用全屏模式，此外还有浮动窗口模式和嵌入模式。

Fragment 是 Android 3.0 新增的概念，Fragment 的中文意思是碎片，它与 Activity 十分相似，用来在 Activity 中描述一些行为或一部分用户界面。使用多个 Fragment 可以在一个单独的 Activity 中建立多个 UI 面板，也可以在多个 Activity 中使用同一个 Fragment。

教学目标：

◆ 了解什么是 Activity
◆ 理解 Activity 的四种状态
◆ 理解 Activity 的生命周期
◆ 掌握创建、配置、启动和关闭 Activity 的方法
◆ 掌握 Activity 之间传递数据的方法
◆ 掌握 Fragment 的使用方法

4.1　使用 Activity

本节准备完成一个程序登录界面，这个界面是程序启动时的第一界面，提供"用户名""密码"编辑框和"登录""取消"按钮。用户输入用户名和密码，单击"登录"按钮时验证身份，当身份合法时，给出成功的消息提示，并转向其他页面（这里仅显示其他页面，其中的事务处理暂不实现）；当身份不合法时，给出错误的消息提示，并清空"用户名"和"密码"编辑框，等待用户再次输入以验证。单击"取消"按钮则终止程序。登录页面运行效果如图 4-1 所示。

10　使用 Activity

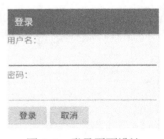

图 4-1　登录页面设计

4.1.1　创建 Activity

Activity 是用户唯一可以看得到的东西。几乎所有的 Activity 都与用户进行交互，所以 Activity 主要负责创建显示窗口，窗口中的可视内容是由一系列视图构成的。这些视图均继承自 View 基类，每个视图控制着窗口中一块特定的矩形空间，父级视图包含并组织其子视图的布局，而底层视图则在它们控制的矩形中进行绘制，并对用户操作做出响应，所以视图是 Activity 与用户进行交互的界面。Activity 中使用 setContentView(View)显示自己的 UI 视图。Activity 展现在用户面前的经常是全屏窗口，也可以将 Activity 作为浮动窗口来使用（使用设置了 windowIsFloating 的主题），或者嵌入到其他的 Activity（使用 ActivityGroup）中。

创建 Android 项目时，系统会自动创建一个默认的 MainActivity。手动创建 Activity 大致分为两步：1）创建 Activity。一般从包 android.app 中的 Activity 类继承，在不同的应用场景下，也可以继承 Activity 的子类，例如只想实现一个列表，则可以继承 ListActivity 类。2）重写 Activity

生命周期中的回调方法。一般都需要重写 onCreate()方法，在其中做初始化工作，通常在此函数中调用 setContentView()函数设置 Activity 的界面。其他回调方法视情况决定是否需要重写。

随着 Android 开发技术的发展，在不同的阶段创建 Activity 组件所使用的基类不同。在使用 Eclipse 进行 Android 开发时，自动创建的 MainActivity 继承 Activity，而 AS 中创建的 MainActivity 继承 AppCompatActivity。AppCompatActivity 是 Activity 的子类，随着 Support 7 的更新为支持一些新功能而提供。

4.1.2 配置 Activity

为了能让系统操作执行 Activity，必须在 AndroidManifest.xml 配置文件中声明每个 Activity。如果只是在内部使用，则不需要为 Acitivity 增加意图过滤器。例如：

```
<manifest ... >
    <application ... >
        <activity Android:name=".ExampleActivity" />
        ...
    </application ... >
    ...
</manifest >
```

Activity 是作为一个对象存在的，因此它与 Android 中的其他对象类似，也支持很多 XML 属性。Activity 的常用配置属性如表 4-1 所示。

表 4-1 Activity 的常用配置属性

属性名	说明
android:allowTaskReparenting	是否允许 Activity 更换从属的任务，比如从短信息任务切换到浏览器任务
android:alwaysRetainTaskState	是否保留状态不变，比如切换回 Home 主界面，再重新打开，Activity 处于最后的状态
android:clearTaskOnLanunch	假如 P 是 Activity，Q 是被 P 触发的 Activity，该属性设置返回 Home 主界面后重新启动 P 时是否显示 Q
android:configChanges	当配置 list 发生变化时，是否调用 onConfigurationChanged()方法
android:enabled	Activity 是否可以被实例化
android:excludeFromRecents	是否可被显示在最近打开的 Activity 列表里
android:exported	是否允许 Activity 被其他程序调用
android:finishOnTaskLaunch	当用户重新启动这个任务的时候，是否关闭已打开的 Activity
android:icon	Activity 的图标
android:label	Activity 的标签
android:launchMode	Activity 的启动方式：standard/singleTop、singleTask/singleInstance
android:multiprocess	允许多进程
android:name	Activity 的类名，必须指定。值得特别注意的是，<activity android:name=".ExampleActivity"/> 属性设置，在类名前有一个符号"."，表示当前所在包，该符号不可遗漏，否则程序运行会抛出异常
Android:History	当用户切换到其他屏幕时是否需要移除这个 Activity
android:permission	权限设置
android:process	一个 Activity 运行时所在的进程名。默认所有程序组件运行在应用程序默认的进程中，这个进程名跟应用程序的包名一致。process 属性能够为所有组件设定一个新的默认值
android:screenOrientation	Activity 显示的模式。unspecified：默认值；landscape：风景画模式，宽度比高度大一些；portrait：肖像模式，高度比宽度大；user：用户的设置
android:stateNotNeeded	Activity 被销毁和成功重启时是否保存状态
android:taskAffinity	Activity 的亲属关系，默认情况下，同一个应用程序下的 Activity 有相同的关系
android:theme	Activity 的样式主题，如果没有设置，则 Activity 的主题样式从属于应用程序
android:windowSoftInputMode	Activity 主窗口与软键盘的交互模式

特别地，android:windowSoftInputMode 属性是关于活动的主窗口如何与屏幕上的软键盘交互的设置将会影响两件事情。

1）软键盘的状态：当 Activity 成为用户关注的焦点时软键盘是隐藏还是显示。

2）活动的主窗口调整：是否缩小活动主窗口大小以便腾出空间给软键盘；或者当活动主窗口的部分被软键盘覆盖时，窗口内容的当前焦点是否是可见的。

android:windowSoftInputMode 属性的可用参数值如表 4-2 所示，可以是单个值，也可以是"state…"和"adjust…"的组合值，甚至可以设置多个组合值。在本属性中设置的值（除 stateUnspecified 和 adjustUnspecified 外）将覆盖主题中的设置值。

表 4-2 android:windowSoftInputMode 可用参数值

名称	描述
stateUnspecified	软键盘的状态（隐藏或可见）没有被指定。系统将选择一个合适的状态或依赖于主题的设置。这是软键盘行为默认的设置
stateUnchanged	软键盘被保持，无论它上次是什么状态
stateHidden	当用户选择该 Activity 时，软键盘被隐藏
stateAlwaysHidden	当该 Activity 主窗口获得焦点时，软键盘总是被隐藏
stateVisible	软键盘是可见的
stateAlwaysVisible	当用户选择这个 Activity 时，软键盘是永远可见的
adjustUnspecified	这是主窗口默认的行为设置，由系统决定是否弹出软键盘
adjustResize	该 Activity 主窗口总是被调整大小以便留出软键盘的空间
adjustPan	该 Activity 主窗口并不调整大小以便留出软键盘的空间。相反，当前窗口的内容将自动移动以便当前焦点从不被键盘覆盖，保证用户总是能看到输入内容部分

Activity 是抽象类 Context 的子类，所以 Activity 具有 Context 类的所有方法。Context 类的常用方法如表 4-3 所示。

表 4-3 Context 类的常用方法

方法名称	功能描述
getPackageManager()	获取 PackageManager 实例，以查看全局 Package 信息
getContentResolver()	获取应用程序包的 ContentResolver 实例
getApplicationContext()	返回当前进程的单实例全局 Application 对象的 Context
getPackageName()	返回应用程序包名
getSharedPreferences(String name, int mode)	根据文件名获取 SharedPreferences
startActivity(Intent intent)	启动一个新的 Activity
startActivityForResult(Intent intent, int requestCode)	启动一个可有返回值的 Activity
sendBroadcast(Intent intent)	广播一个 Intent 给所有感兴趣的接收者，异步机制
registerReceiver(BroadcastReceiver receiver, Intent filter)	注册一个 BroadcastReceiver，且它将在主 Activity 线程中运行
unregisterReceiver(BroadcastReceiver receiver)	注销注册的 BroadcastReceiver
startService(Intent service)	请求启动一个应用服务
stopService(Intent service)	请求停止一个应用服务
bindService(Intent service, ServiceConnection conn, int flags)	连接一个应用服务，它定义了 Application 和服务之间的依赖关系
unbindService(ServiceConnection conn)	断开一个应用服务，当服务重新开始时，将不再接收到调用，且服务允许随时停止
getSystemService(String name)	获取指定的服务

Activity 除具有继承的基本方法外，还具有一些扩展方法，如表 4-4 所示。

表 4-4 Activity 类的扩展方法

方法名称	功能描述
getPreferecnes() getSharedPreferences()	得到 SharedPreferences 对象，使用 XML 文件存放数据，文件存放在 \data\data\<package name>\shared_prefs 目录下
getLayoutInflater()	将布局文件实例化为 View 对象，实现动态加载布局
getSystemService()	获取指定的服务对象
startActivity() startActivityForResult()	启动一个 Activity
startService()/bindService()	启动指定的服务
sendBroadcast()/unregisterReceiver()	发送广播/取消注册的广播接收者
getContentResolver()	得到一个 ContentResolver 对象
getPackageManager()	获取一个管理和查询系统所有应用程序的 PackageManager 对象

4.1.3 Intent Filter

Intent Filter 描述了一个组件愿意接收什么样的 Intent 对象，Android 将其抽象为 android.content.IntentFilter 类。可以为一个<activity>元素指定多个过滤器，在配置文件中则使用<intent-filter>元素指定。Intent 过滤器的目的是告诉其他组件如何启动这个 Activity。当使用 AS 创建一个新工程时，Activity 默认被自动创建，同时自动配置两个意图过滤器，一个意图过滤器声明这个 Activity 负责响应 main 动作，另一个过滤器声明这个 Activity 须被置于 launcher 类别之下，如下代码所示。

```
<activityandroid:name=".ExampleActivity"android:icon="@drawable/app_icon">
    <intent-filter>
        <action android:name="android.intent.action.MAIN" />
        <category android:name="android.intent.category.LAUNCHER"/>
    </intent-filter>
</activity>
```

其中的<intent-filter>就是过滤器，<action>设置说明此 Acitivity 是程序的主入口，<category>指出这个 Acitivity 需要在系统的应用列表中列出（可以被用户启动）。

如果程序中的 Activity 不需要被其他程序调用，那么不用为这个 Activity 增加任何意图过滤器。但程序中必须有一个 Activity 被指定为 main 动作和 launcher 分类。自己程序中的 Activity 可以用更直接的方式调用。

如果想让 Activity 被其他程序调用，那么需要为它增加意图过滤器。这些意图过滤器包括<action>、<category>以及<data>元素。这些元素指明了 Activity 响应何种类型的 Intent 对象。

当使用 startActivity(intent)来启动另外一个 Activity 时（参见第 5 章），如果直接指定 Intent 对象的 Component 属性，那么 Activity Manager 将试图启动其 Component 属性指定的 Activity。否则 Android 将通过 Intent 的其他属性从安装在系统中的所有 Activity 中查找与之最匹配的一个 Activity 并启动。如果没有找到合适的 Activity，应用程序会得到一个由系统抛出的异常。这个匹配的过程如图 4-2 所示。

（1）Action 匹配

Action 是一个用户定义的字符串，用于描述一个 Android 应用程序组件，一个 Intent Filter 可以包含多个 Action。在 AndroidManifest.xml 的 Activity 定义时可以在其<intent-filter>标记指定一个 Action 列表用于标示 Activity 所能接受的"动作"，如以下代码所示。

```
<intent-filter >
    <action android:name="android.intent.action.MAIN" />
    <action android:name="com.cqcet.exampleaction" />
    …
</intent-filter>
```

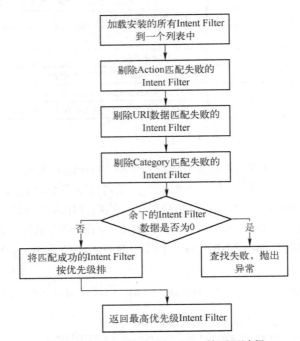

图 4-2　Activity 中 Intent Filter 的匹配过程

如果在使用 startActivity（intent）启动一个 Activity 时按如下的代码定义 Intent 对象。

```
Intent intent =new Intent();
intent.setAction("com.cqcet.exampleaction ");
```

那么，系统所有 Activity 的 Action 列表定义中包含了 com.cqcet.exampleaction 的 Activity 都将会匹配成功并获得启动。

Android 预定义了一系列的 Action 分别表示特定的系统动作。这些 Action 通过常量的方式定义在 android.content.Intent 中，以"ACTION_"的形式开头（详见第 5 章中的说明）。

（2）URI 数据匹配

一个 Intent 可以通过 URI 携带外部数据给目标组件。在<intent-filter>标记中，通过<data/>标记匹配外部数据。

mimeType 属性指定携带外部数据的数据类型，scheme 指定协议，host、port、path 指定数据的位置、端口和路径，如下代码所示。

```
<data android:mimeType="mimeType" android:scheme="scheme"
    android:host="host" android:port="port" android:path="path"/>
```

如果在 Intent Filter 中指定了这些属性，那么只有所有的属性都匹配成功 URI 数据匹配才会成功。

（3）Category 类别匹配

<intent-filter>标记中可以为组件定义一个 Category 类别列表，当 Intent 中包含这个列表的

某个类别时 Category 类别匹配才会成功（注意：此时在<intent-filter>标记中必须添加<category android:name="android.intent.category.DEFAULT"/>分类信息）。

4.1.4 关闭 Activity

在 Activity 内部可以调用 finish()方法关闭自己，也可以调用 finishActivity()方法关闭其他的 Activity。

系统管理 Activity 的生命周期，大多数情况下，程序不应主动结束其他的 Activity，也不必结束自己的 Activity。使用 finish()方法会破坏用户的使用体验，除非特别有必要，否则一般不要调用此方法。

4.1.5 Activity 的状态及生命周期

系统通过一个 Activity 栈来管理所有的 Activity。当一个新的 Activity 启动时，它首先会被放置在 Activity 栈顶部并成为 Running 状态，之前的 Activity 也在 Activity 栈中，但总是被保存在它的下边，只有当这个新的 Activity 退出以后，之前的 Activity 才能重新回到栈顶并成为前台界面。

所有的 Activity 在本质上有四种状态。

- Running 状态：Activity 在屏幕的前台中（Activity 栈的顶端），它处于可见并可与用户交互的激活状态。
- Paused 状态：Activity 失去了焦点但是仍然可见（这个 Activity 顶上遮挡了一个透明的或者非全屏的 Activity）。一个 Paused 状态的 Activity 完全是活动的（其维护自己所有的状态和成员信息，而且仍然在窗口管理器的管理中），但是不能与用户交互，当系统内存极度匮乏时也会被系统销毁而变成 Killed 状态。
- Stopped 状态：如果某 Activity 由于其他的 Activity 处于活动状态而完全变暗并且不可见，那么它就进入了 Stopped 状态，但仍然保持着所有的状态和成员的信息，只是对于用户来说不可见，当别的地方需要内存的时候它经常会被销毁。当 Activity 处于 Stopped 状态时，一定要保存当前数据和当前的 UI 状态，否则一旦 Activity 退出或关闭，当前的数据和 UI 状态就丢失了。
- Killed 状态：当 Activity 被启动以前，或者当 Activity 是 Paused 状态或者 Stopped 状态时，系统需要将其清理出内存时命令其结束或者销毁其进程，此时 Activity 进入 Killed 状态，Activity 已从 Activity 栈中被移除并且不可见。当 Activity 重新在用户面前显示的时候，必须被完全重新启动。

图 4-3 是 Activity 的状态和生命周期图，直角矩形代表 Activity 的回调方法，可以实现这些方法从而使 Activity 在改变状态的时候执行特定的操作，圆角矩形是 Activity 的主要状态。

在 Activity 的整个生命周期中，有如下的三个嵌套的生命周期循环。

- 前台生命周期：从 Activity 调用 onResume() 开始，到调用对应的 onPause() 为止。在这期间，Activity 处于前台最上面，且与用户交互。一个 Activity 可以经常在暂停和恢复状态之间转换。例如，手机进入休眠或有新的 Activity 启动时，将调用 onPause() 方法，而当 Activity 获得结果或者收到新的 Intent 时，会调用 onResume() 方法。所以，这两个方法中的代码应该非常简短。
- 可视生命周期：从 Activity 调用 onStart() 开始，到调用对应的 onStop() 为止。在这期间，用户可以在屏幕上看到这个 Activity，尽管并不一定是在前台，也不一定和用户交互。在这两个方法之间可以保留用来向用户显示这个 Activity 时所需的资源。例如，可以在 onStart()中注册一个 BroadcastReceiver 来监视可能对 UI 产生影响的环境改变，当 UI 不需再继续显示时，可以在 onStop()中注销这个 BroadcastReceiver。每当 Activity 在用户面前显示或者隐藏时都会调用相应的方法，所以 onStart()和 onStop() 方法在整个生命周期不管是否被用户可见都被多次调用。

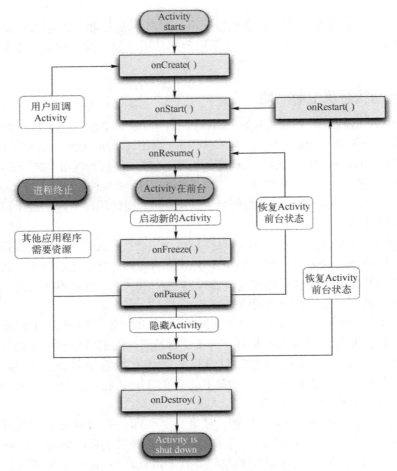

图 4-3 Activity 的状态和生命周期

> 完整生命周期：从最初调用 onCreate()到最终调用 onDestroy() 为止。Activity 会在 onCreate()设置所有"全局"状态以完成初始化，在 onDestroy() 中释放所有持有的资源。假如有一个在后台运行的从网络上下载数据的线程，那么就可能会在 onCreate() 中创建这个线程，而在 onDestroy()中销毁这个线程。

Activity 的生命周期中的所有方法都是 hook 方法，可以重载这些方法从而使 Activity 在状态改变时执行所期望的操作。所有 Activity 都应该实现自己的 onCreate(Bundle) 方法来进行初始化设置；大部分还应该实现 onPause() 方法提交数据的修改并且准备终止与用户的交互，其他的方法可以在需要时进行实现，当实现这些方法的时候需要调用父类中的对应方法。表 4-5 详细地介绍了 Activity 生命周期各方法的使用注意事项。

表 4-5 Activity 生命周期的方法

方法	描述	完成后可销毁	下一个
onCreate()	当 Activity 被创建时调用此方法。一般做初始化操作，比如创建界面，把数据绑定到列表等。这个方法会被传入一个 Bundle 对象	否	onStart()
onRestart()	在停止后重新开始前调用此方法，也就是在再次调用 onStart() 之前立即调用	否	onStart()
onStart()	当 Activity 变成可见后立即调用此方法。如果 Activity 成为最上层，则调用 onResume()，如果完全被遮盖，就调用 onStop()	否	onResume() 或 onStop()
onResume()	当 Activity 处于最上层时，立即调用此方法。此时 Activity 获得输入焦点。后面跟着 onPause()	否	onPause()
onPause()	当 Activity 要进入 Paused 状态时调用此方法。当它又回到最上层时，后面跟着 onResume()；当它被完全遮盖时，后面跟着 onStop()	是	onResume() 或 onStop()
onStop()	当 Activity 完全被遮盖时调用此方法；当 Activity 要被销毁时或被其他 Activity 完全遮盖时都会调用此方法。如果这个 Activity 又回到最上层，则后面跟着 onRestart()；如果它被销毁，则跟着 onDestroy()	是	onRestart() 或 onDestroy()
onDestroy()	在 Activity 销毁之前调用此方法。这是 Activity 能收到的最后一个调用。调用的原因可能是在这个 Activity 上调用了 finish()，也可能是系统为了更多的内存空间而把它所在的进程销毁了，可以调用 isFinishing() 来判断属于哪一种情况	是	nothing

很多设备可以在运行时改变系统配置，比如屏幕方向、键盘布局以及语言等。当类似的变化发生时，系统会把运行的 Activity 重启（调用 onDestroy()，然后调用 onStart()，没有调用 onRestart()）。一个好的 Activity 需要根据这些变化做出相应的处理，因此需要写好状态保存/恢复的各种方法，详见 Android API 参考，这里不再赘述。

4.1.6 实例 1：登录页面

1. 新建项目，设置基本信息

在 AS 中新建一个 Android 项目，按照向导设置程序名称为"使用 Activity"，默认创建的 Activity 名称为"MainActivity"。

根据界面设计需要，打开 red\values\strings.xml 文件，添加如下字符串资源。

```
<?xml version="1.0" encoding="utf-8"?>
<resources>
    <string name="app_name">使用 Activity</string>
    <string name="UserNameCaption">用户名：</string>
    <string name="PWDCaption">密码：</string>
    <string name="btnLoginCaption">登录</string>
    <string name="btnCancelCaption">取消</string>
    <string name="LoginTitle">登录</string>
    <string name="NextDealActivity">其他处理页面</string>
    <string name="NextDealActivityTitle">下一步处理页面</string>
</resources>
```

打开 res/layout 目录下默认创建的 activity_main.xml 布局文件，删除默认添加的约束布局，添加线性布局，在线性布局中添加所需的 TextView、EditText、Button 等组件，布局文件内容如下。

```
<LinearLayout xmlns:android="http://schemas.android.com/apk/res/android"
    android:layout_width="fill_parent"
    android:layout_height="fill_parent"
    android:orientation="vertical" >
    <TextView
        android:id="@+id/tv_UserName"
```

```xml
            android:layout_width="wrap_content"
            android:layout_height="wrap_content"
            android:text="@string/UserNameCaption" />
        <EditText
            android:id="@+id/txt_UserName"
            android:layout_width="match_parent"
            android:layout_height="wrap_content"
            android:ems="10" >
            <requestFocus />
        </EditText>
        <TextView
            android:id="@+id/tv_PWD"
            android:layout_width="wrap_content"
            android:layout_height="wrap_content"
            android:text="@string/PWDCaption" />
        <EditText
            android:id="@+id/txt_PWD"
            android:layout_width="match_parent"
            android:layout_height="wrap_content"
            android:ems="10" />
        <TableRow
            android:id="@+id/tableRow1"
            android:layout_width="match_parent"
            android:layout_height="wrap_content" >
            <Button
                android:id="@+id/btn_Login"
                android:layout_width="wrap_content"
                android:layout_height="wrap_content"
                android:text="@string/btnLoginCaption" />
            <Button
                android:id="@+id/btn_Cancel"
                android:layout_width="wrap_content"
                android:layout_height="wrap_content"
                android:text="@string/btnCancelCaption" />
        </TableRow>
    </LinearLayout>
```

2. 添加第二个 Activity

在项目的 java 目录下的包名上单击右键，在弹出的快捷菜单中选择新建 class 文件的命令，弹出图 4-4 所示的对话框。其中，"Name"文本框中输入新建的 Activity 的类名称"NextDealActivity"，"Superclass"文本框中输入继承的父类名称"android.support.07.app.AppCompatActivity"。其他参数保留默认值，完成后单击"OK"按钮。系统将自动创建 NextDealActivity 的代码。

在 res\layout 目录下为这个新增的 Activity 创建布局文件 nextdealactivity.xml。因为这里不对第二个 Activity 的事务做处理，仅显示到第二个页面，所以只须在此布局文件中添加一个

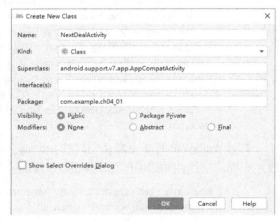

图 4-4　新建 Activity 类

TextView 组件，并显示响应的提示文字即可。代码如下。

```xml
<?xml version="1.0" encoding="utf-8"?>
<android.support.constraint.ConstraintLayout
    xmlns:android="http://schemas.android.com/apk/res/android"
    xmlns:app="http://schemas.android.com/apk/res-auto"
    android:layout_width="match_parent"
    android:layout_height="match_parent">
    <TextView
        android:id="@+id/textView1"
        android:layout_width="wrap_content"
        android:layout_height="wrap_content"
        android:layout_marginTop="8dp"
        android:text="@string/NextDealActivity"
        app:layout_constraintTop_toTopOf="parent" />
</android.support.constraint.ConstraintLayout>
```

3．注册 Activity

双击系统配置文件 AndroidManifest.xml 文件，初始时可见系统已默认注册了 MainActivity。这里可对 Activity 的属性进行修改，例如修改 Label 属性为"@string/LoginTitle"，Icon 属性为"@drawable/png_0010"（事先在 res\drawable 目录下准备好图片），修改 screen orientation 为"portrait"等。

复制默认注册 Activity 的语句，粘贴在上一个注册语句后，删除其中的 IntentFilter 部分，将 Name 属性改为"NextDealActivity"，Label 属性设置为"@string/NextDealActivityTitle"，Icon 属性设置为"@drawable/png_0013"，其他属性暂不改变。最后得到的配置文件内容如下。

```xml
<?xml version="1.0" encoding="utf-8"?>
<manifest xmlns:android="http://schemas.android.com/apk/res/android"
    package="com.example.ch04_01">
    <application
        android:allowBackup="true"
        android:icon="@mipmap/ic_launcher"
        android:label="@string/app_name"
        android:roundIcon="@mipmap/ic_launcher_round"
        android:supportsRtl="true"
        android:theme="@style/AppTheme">
        <activity android:name=".MainActivity"
            android:label="@string/LoginTitle" android:icon="@drawable/png_0010"
            android:screenOrientation="portrait">
            <intent-filter>
                <action android:name="android.intent.action.MAIN" />

                <category android:name="android.intent.category.LAUNCHER" />
            </intent-filter>
        </activity>
        <activity android:name="NextDealActivity"
            android:label="@string/NextDealActivityTitle"
            android:icon="@drawable/png_0013">
        </activity>
    </application>
</manifest>
```

4. 修改 MainActivity 的代码

打开 MainActivity.java 文件，在重写的 onCreate()方法中首先获取界面上的 EditText 和 Button 组件，在 Button 组件上注册事件监听代码，这里使用 Intent 启动 NextDealActivity，代码如下。

```java
public class MainActivity extends AppCompatActivity {
    //一般应从其他途径获取用户名和密码，这里定义成常量
    String strUserName="TestUser";
    String strPWD="123456";
    EditText  txt_UserName;
    EditText  txt_PWD;
    Button btn_Login;
    Button btn_Cancel;
    //重写 onCreate()方法
    @Override
    protected void onCreate(Bundle savedInstanceState) {
        super.onCreate(savedInstanceState);
        setContentView(R.layout.activity_main);
        txt_UserName=(EditText)this.findViewById(R.id.txt_UserName);
        txt_PWD=(EditText)this.findViewById(R.id.txt_PWD);
        btn_Login=(Button)this.findViewById(R.id.btn_Login);
        btn_Cancel=(Button)this.findViewById(R.id.btn_Cancel);
        btn_Login.setOnClickListener(new OnClickListener(){
            @Override
            public void onClick(View v){
                String str_UserName=txt_UserName.getText().toString();
                String str_PWD=txt_PWD.getText().toString();
                if(str_UserName.equals(strUserName) && str_PWD.equals(strPWD)){
                    Toast toast=Toast.makeText(MainActivity.this, "身份验证通过！", Toast.LENGTH_SHORT);
                    toast.show();
                    //可接着转向其他页面处理，这里等待系统自动结束程序
                    Intent intent=new Intent(MainActivity.this,NextDealActivity.class);
                    startActivity(intent);
                }
                else{
                    Toast toast=Toast.makeText(MainActivity.this, "身份错误！", Toast.LENGTH_SHORT);
                    toast.show();
                    txt_UserName.setText("");
                    txt_PWD.setText("");
                }
            }
        });
        btn_Cancel.setOnClickListener(new OnClickListener(){
            @Override
            public void onClick(View v){
                //强制结束 Activity
                finish();
            }
        });
    }
}
```

程序的运行效果如图 4-5 和图 4-6 所示。

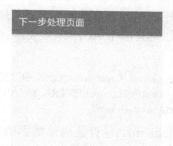

图 4-5　输入登录信息　　　　　　　　图 4-6　验证通过后转向的页面

4.2　使用多个 Activity

本节准备实现用户注册页面，如图 4-7 所示。在这个用户注册页面中，除常规的用户名、密码的输入信息外，还有一个选择头像的按钮。用户在注册时单击"选择头像"按钮，系统打开一个头像列表页面。用户选择一个头像后，返回用户注册页面，同时所选择的头像展示在用户注册页面中。

11　使用多个 Activity

4.2.1　启动其他 Activity

可以在一个 Activity 中使用 startActivity()启动其他 Activity，方法中使用一个参数 Intent，这个 Intent 参数指明要调用的 Activity。可以明确地指定要启动的 Activity，或只指定 Activity 的类型，此时系统会挑选一个合适的 Activity，这个 Activity 可能位于其他程序中，也可能位于自己的程序中。

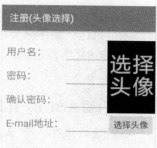

图 4-7　用户注册页面

如果需要在程序代码中启动一个内部的 Activity，首先在配置文件中对所有 Activity 进行注册，然后对除入口 Activity 外的其他 Activity 使用 Intent 进行启动描述，在 Intent 对象中明确指定要启动的 Activity 的类名，参考代码如下。

```
//NextActivity 是要启动的 Activity 类。
Intent intent = new Intent(this, NextActivity.class);
startActivity(intent);
```

Intent 中一般使用 Bundle 对象附带被要启动 Activity 使用的数据，相当于参数传递。Bundle 对象可存储键值对数据，并调用 Intent 的 putExtras()方法附带数据，参考代码如下。

```
//NextActivity 是要启动的 Activity 类。
Intent intent = new Intent(this, NextActivity.class);
Bundle bundle=new Bundle();
bundle.putCharSequence("user",user);
bundle. putCharSequence("pwd",pwd);
intent.putExtras(bundle);
startActivity(intent);
```

如果程序意图执行自身没有提供的功能（通常是系统提供的功能），比如发送邮件、发送短信息等，此时需要启动其他程序提供的 Activity。Intent 可以很容易地启动其他程序提供的

Activity，只需要在 Intent 中指定要执行的动作，然后调用 startActivity(Intent)方法，系统就会根据需要为程序选择一个合适的 Activity 并启动它。如果同时有多个 Activity 可以执行这个动作，那么用户可以选择哪个 Activity 被使用。例如，想让用户发送一封电子邮件，创建 Intent 的代码如下。

```
Intent intent = new Intent(Intent.ACTION_SEND);
intent.putExtra(Intent.EXTRA_EMAIL, recipientArray);
startActivity(intent);
```

其中，putExtra()是设置附带数据的方法，.EXTRA_EMAIL 表明第二个参数 recipientArray 中为多个 E-mail 地址。当发邮件的程序被启动并接收到这个 Intent 时，它就把邮件地址列表放到它的 Acitivity 界面中的"to"组件中。当用户发送完毕返回时，Activity 恢复运行。

当一个 Activity 启动另一个 Activity 时，两者都处于各自的生命周期中。如果这两个 Activity 之间要共享数据，要注意当第二个 Activity 被创建时，第一个 Activity 还没有执行到 onStop()，开始新一个和结束前一个之间有交集。例当 Activity A 启动 Activity B 时，会按以下顺序执行。

1）A 的 onPause()被执行。
2）B 的 onCreate()、onStart()、onResume()依次被执行（此时 B 具有焦点）。
3）A 的 onStop()被执行（假设 A 被 B 完全遮盖）。

应根据这个顺序来管理两者之间的数据传递。比如，如果 A 要向数据库中写入数据，要保证 B 在初始化时能读到 A 写入的完整数据，那么 A 应在 onPause()方法中写入数据，而不能在 onStop()中写入。

4.2.2 启动 Activity 并返回结果

有时候希望在一个 Activity 中调用另一个 Activity，当用户在第二个 Activity 中完成操作后，程序自动返回第一个 Activity，第一个 Activity 必须能够获取并显示用户在第二个 Activity 中选择的结果，或者在第一个 Activity 中将一些数据传递到第二个 Activity，由于某些原因，又要返回第一个 Activity，并显示传递的数据。

例如，程序中经常出现的"返回上一步"功能，可以通过 Intent 和 Bundle 来实现。与普通的在两个 Activity 之间交换数据不同的是，此处需要使用 startActivityForResult()方法来启动第二个 Activity，同时在重写的 onActivityResult()方法中获取返回的数据；在第二个 Activity 中通过 setResult()方法设置返回的数据。例如下面的代码演示了如何启动一个新的 Activity 并处理结果。

```
public class FirstActivity extends Activity extends onclickListener {
    //定义一个请求码常量，该请求码由开发者自行设定
    static final int PICK_CONTACT_REQUEST = 0x653;
    @Override
    public boolean onCreate(Bundle savedInstanceState) {
        super.onCreate(savedInstanceState);
        Intent intent=new Intent(FirstActivity.this,SecondActivity.class);
        startActivityForResult(intent,PICK_CONTACT_REQUEST);
    }
    @Override
    protected void onActivityResult(int requestCode, int resultCode,
```

```
                    Intent data) {
            if (requestCode == PICK_CONTACT_REQUEST) {
                if (resultCode == PICK_CONTACT_REQUEST) {
                    //通过 data 参数处理返回的数据
                    …
                }
            }
        }
    }
```

在第二个 Activity 中调用 setResult()方法返回结果的代码如下。

```
    public class SecondActivity extends Activity {
        //定义一个返回码常量，该返回码与请求码对应
        static final int PICK_CONTACT_RESULT = 0x653;
        String user;
        String pwd;
        …
        @Override
        public boolean onKeyDown(int keyCode, KeyEvent event) {
            if (keyCode == KeyEvent.KEYCODE_DPAD_CENTER) {
                //返回数据
                Intent intent=getIntent();
                Bundle bundle=new Bundle();
                bundle.putCharSequence("user",user);
                bundle. putCharSequence("pwd",pwd);
                 intent.putExtras(bundle);
                 setResult(PICK_CONTACT_RESULT, intent);
                 finish();
            }
        }
    }
```

4.2.3 实例 2：注册页面

1．新建项目，设置基本布局

1）在 AS 中新建项目 ch04_02，设置项目名称为"注册（头像选择）"，入口 Activity 保留默认名称"MainActivity"。

2）将准备好的头像图标文件放入 res\drawable 目录下。

3）打开 res\layout 目录下的 activity_main.xml 文件，删除默认添加的布局方式，添加一个线性布局，并设置为水平模式。

4）在线性布局中再添加两个垂直线性布局，并在左边的线性布局管理器中添加一个 4 行的表格布局管理器，在右边的线性布局管理器中添加一个 ImageView 组件和一个 Button 组件。

5）在表格布局管理器中添加用于输入用户名、密码和 E-mail 地址等的 TextView 组件和 EditText 组件。

代码如下。

```xml
        <?xml version="1.0" encoding="utf-8" ?>
        <LinearLayout xmlns:android="http://schemas.android.com/apk/res/android"
            android:baselineAligned="false"
```

```xml
    android:layout_width="fill_parent"
    android:layout_height="fill_parent"
    android:paddingTop="20dp"
    android:orientation="horizontal" >
    <LinearLayout
        android:id="@+id/linearLayout1"
        android:orientation="vertical"
        android:layout_weight="2"
        android:paddingLeft="10dp"
        android:layout_width="wrap_content"
        android:layout_height="wrap_content" >
        <TableLayout
            android:id="@+id/tableLayout1"
            android:layout_width="match_parent"
            android:layout_height="wrap_content" >
            <TableRow
                android:id="@+id/tableRow1"
                android:layout_width="wrap_content"
                android:layout_height="wrap_content" >
                <TextView
                    android:id="@+id/textView1"
                    android:textSize="16sp"
                    android:layout_width="wrap_content"
                    android:layout_height="wrap_content"
                    android:text="用户名："  />
                <EditText
                    android:id="@+id/user"
                    android:layout_width="wrap_content"
                    android:layout_height="wrap_content"
                    android:inputType="text"
                    android:minWidth="200dp" />
            </TableRow>
            <TableRow
                android:id="@+id/tableRow2"
                android:layout_width="wrap_content"
                android:layout_height="wrap_content" >
                <TextView
                    android:id="@+id/textView2"
                    android:textSize="16sp"
                    android:layout_width="wrap_content"
                    android:layout_height="wrap_content"
                    android:text="密码："  />
                <EditText
                    android:id="@+id/pwd"
                    android:inputType="textPassword"
                    android:layout_width="wrap_content"
                    android:layout_height="wrap_content" />
            </TableRow>
            <TableRow
                android:id="@+id/tableRow3"
                android:layout_width="wrap_content"
                android:layout_height="wrap_content" >
                <TextView
                    android:id="@+id/textView3"
```

```xml
                    android:textSize="16sp"
                    android:layout_width="wrap_content"
                    android:layout_height="wrap_content"
                    android:text="确认密码：" />
                <EditText
                    android:id="@+id/repwd"
                    android:inputType="textPassword"
                    android:layout_width="wrap_content"
                    android:layout_height="wrap_content" />
            </TableRow>
            <TableRow
                android:id="@+id/tableRow4"
                android:layout_width="wrap_content"
                android:layout_height="wrap_content" >
                <TextView
                    android:id="@+id/textView4"
                    android:textSize="16sp"
                    android:layout_width="wrap_content"
                    android:layout_height="wrap_content"
                    android:text="E-mail 地址：" />
                <EditText
                    android:id="@+id/email"
                    android:layout_width="wrap_content"
                    android:layout_height="wrap_content" />
            </TableRow>
        </TableLayout>
    </LinearLayout>
    <LinearLayout
        android:id="@+id/linearLayout2"
        android:orientation="vertical"
        android:gravity="center_horizontal"
        android:layout_width="wrap_content"
        android:layout_weight="1"
        android:layout_height="wrap_content" >
        <ImageView
            android:id="@+id/imageView1"
            android:contentDescription="头像"
            android:layout_width="150dp"
            android:layout_height="160dp"
            android:src="@drawable/blank" />
        <Button
            android:id="@+id/button1"
            android:layout_width="wrap_content"
            android:layout_height="wrap_content"
            android:text="选择头像" />
    </LinearLayout>
</LinearLayout>
```

在 res\layout 目录中，新建一个用作头像选择的布局文件 head.xml，采用垂直布局方式，并且添加一个 GridView 组件，用于显示可选择的头像列表，代码如下：

```xml
<?xml version="1.0" encoding="utf-8"?>
<LinearLayout xmlns:android="http://schemas.android.com/apk/res/android"
    android:layout_width="match_parent"
    android:layout_height="match_parent"
```

```xml
        android:orientation="vertical" >
<GridView android:id="@+id/gridView1"
    android:layout_height="match_parent"
    android:layout_width="match_parent"
    android:layout_marginTop="10px"
    android:horizontalSpacing="3px"
    android:verticalSpacing="3px"
    android:numColumns="4"/>
</LinearLayout>
```

2. 创建头像选择处理代码

1）在默认的包中创建一个继承 AppCompatActivity 的类 HeadActivity.java，在类中首先定义用户头像保存的数组。

2）重写 onCreate()方法，设置页面的布局文件为"head"。

3）获取页面上的 GridView 组件对象，添加一个与之关联的适配器。

4）再给它添加一个 OnItemClickListener 事件监听器，在监听器的 onItemClick()方法中，获取 Intent 对象，将选择的头像 ID 保存在一个新建的数据包中。

5）将数据包保存到 Intent 中，同时设置返回码和返回的 Activity，最后关闭当前 Activity。

代码如下。

```java
public class HeadActivity extends AppCompatActivity {
    //定义并初始化保存头像 ID 的数组
    public int[] imageId = new int[] { R.drawable.img01, R.drawable.img02,
            R.drawable.img03, R.drawable.img04, R.drawable.img05,
            R.drawable.img06, R.drawable.img07, R.drawable.img08,
            R.drawable.img09 };
    @Override
    protected void onCreate(Bundle savedInstanceState) {
        super.onCreate(savedInstanceState);
        setContentView(R.layout.head);          //设置该 Activity 使用的布局
        //获取 GridView 组件
        GridView gridview = (GridView) findViewById(R.id.gridView1);
        BaseAdapter adapter=new BaseAdapter() {
            @Override
            public View getView(int position, View convertView, ViewGroup parent) {
                //声明 ImageView 的对象
                ImageView imageview;
                if(convertView==null){
                    //实例化 ImageView 的对象
                    imageview=new ImageView(HeadActivity.this);
                    /**************设置图像的宽度和高度******************/
                    imageview.setAdjustViewBounds(true);
                    imageview.setMaxWidth(158);
                    imageview.setMaxHeight(150);
                    /**********************************************/
                    //设置 ImageView 的内边距
                    imageview.setPadding(5, 5, 5, 5);
                }else{
                    imageview=(ImageView)convertView;
                }
                //为 ImageView 设置要显示的图片
                imageview.setImageResource(imageId[position]);
```

```java
                    return imageview;            //返回 ImageView
                }
                //获取当前选项的 ID
                @Override
                public long getItemId(int position) {
                    return position;
                }
                //获取当前选项
                @Override
                public Object getItem(int position) {
                    return position;
                }
                //获得数量
                @Override
                public int getCount() {
                    return imageId.length;
                }
            };
            //将适配器与 GridView 关联
            gridview.setAdapter(adapter);
            gridview.setOnItemClickListener(new OnItemClickListener() {
                @Override
                public void onItemClick(AdapterView<?> parent, View view, int position,long id) {
                    Intent intent=getIntent();                //获取 Intent 对象
                    Bundle bundle=new Bundle();         //实例化要传递的数据包
                    //显示选中的图片
                    bundle.putInt("imageId",imageId[position] );
                    intent.putExtras(bundle);           //将数据包保存到 intent 中
                    //设置返回的结果码,并返回调用该 Activity 的 Activity
                    setResult(0x11,intent);
                    finish();            //关闭当前 Activity
                }
            });
        }
    }
```

3. 修改 MainActivity 代码

1)打开 MainActivity.java 文件,在其中的 onCreate()方法中,设置界面布局为 activity_main.xml。

2)获取界面上的 Button 组件并添加事件监听器,在监听器中使用 Intent 设置为启动 HeadActivity,并使用 startActivityForResult 启动 Activity。

3)重写 onActivityResult()方法,在该方法中首先判断 requestCode 和 resultCode 是否与预先设置的相同,如果相同,则获取传递的数据包,并从该数据包中获取选择的头像 ID,并显示选择的头像。

代码如下。

```java
            public class MainActivity extends AppCompatActivity {
                @Override
                public void onCreate(Bundle savedInstanceState) {
                    super.onCreate(savedInstanceState);
```

```java
            setContentView(R.layout.activity_main);
            Button button=(Button)findViewById(R.id.button1);     //头像按钮
            button.setOnClickListener(new OnClickListener() {
                @Override
                public void onClick(View v) {
                    Intent intent=new Intent(MainActivity.this,HeadActivity.class);
                    startActivityForResult(intent, 0x11);   //启动 Activity
                }
            });
        }
        @Override
        protected void onActivityResult(int requestCode, int resultCode, Intent data) {
            super.onActivityResult(requestCode, resultCode, data);
            if(requestCode==0x11 && resultCode==0x11){      //判断是否为待处理的结果
                Bundle bundle=data.getExtras();             //获取传递的数据包
                int imageId=bundle.getInt("imageId");       //获取选择的头像 ID
                ImageView iv=(ImageView)findViewById(R.id.imageView1);
                iv.setImageResource(imageId);               //显示选择的头像
            }
        }
    }
```

4．修改 AndroidManifest.xml 配置

打开 AndroidManifest.xml 配置文件，在<application>标记中添加 HeadActivity 的注册信息，代码如下。

```xml
<?xml version="1.0" encoding="utf-8"?>
<manifest xmlns:android="http://schemas.android.com/apk/res/android"
    package="com.example.ch04_02">
    <application
        android:allowBackup="true"
        android:icon="@mipmap/ic_launcher"
        android:label="@string/app_name"
        android:roundIcon="@mipmap/ic_launcher_round"
        android:supportsRtl="true"
        android:theme="@style/AppTheme">
        <activity android:name=".MainActivity" android:label="@string/app_name">
            <intent-filter>
                <action android:name="android.intent.action.MAIN" />
                <category android:name="android.intent.category.LAUNCHER" />
            </intent-filter>
        </activity>
        <activity
            android:name=".HeadActivity"
            android:label="头像选择" />
    </application>
</manifest>
```

程序运行时，单击图 4-8 中的"选择头像"按钮，程序转到图 4-9 所示的页面，选择一个头像后，系统返回起始页面，同时显示选择的图像，如图 4-8 所示。

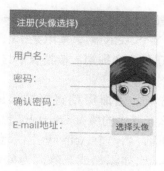
图4-8 显示所选择的头像

图4-9 选择头像

4.3 Fragment

本节将完成一个新闻阅读应用程序。对于平板计算机，这个应用程序实现这样一个展示页面：页面左边是文章标题列表，当用户选择左边的文章标题，右边展示对应新闻的内容。运行效果如图 4-10 所示，如果是手机屏幕，则首先仅展示列表页面，当用户选择某个标题时，页面将转向内容页面。

12 Fragment

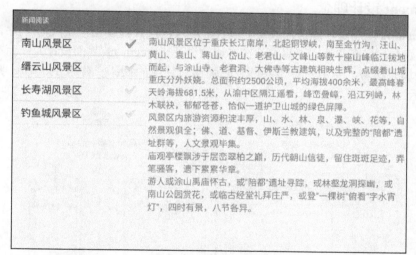
图4-10 新闻阅读应用

4.3.1 Fragment 概述

Android 3.0 中引入了 Fragment 的概念，用来在一个 Activity 中描述一些行为或一部分 UI（User Interface，用户界面），主要是用在大屏幕设备上（例如平板计算机），支持不同分辨率屏幕的动态和灵活的 UI 设计。平板计算机的屏幕要比手机的大得多，有更多的空间来放更多的 UI 组件，并且这些组件之间会产生更多的交互。Fragment 允许这样的一种设计，不需要管视图层的复杂变化。通过将 Activity 的布局分散到 Fragment 中，可以在运行时修改 Activity 的外观，并在由 Activity 管理的后台堆栈中保存那些变化。

Fragment 表示 Activity 中界面的一个行为或者一部分 UI。可以组合多个 Fragment 放在一个单独的 Activity 中以创建一个多区域的界面，并可以在多个 Activity 里重用某一个 Fragment。把 Fragment 想象成一个 Activity 的模块化区域，它有自己的生命周期，接收属于它自己的输入事件，并且可以在 Activity 运行期间添加和删除。

Fragment 必须总是被嵌入到一个 Activity 中，它们的生命周期直接被其所属的宿主 Activity 的生命周期所影响。例如当 Activity 被暂停，那么在其中的所有 Fragment 也被暂停；当 Activity 被销毁，所有隶属于它的 Fragment 也被销毁。然而，当一个 Activity 正在运行时（处于 resumed 状态），程序可以独立地操作每一个 Fragment，比如添加或删除。当处理这样一个 Fragment 事务时，也可以将它添加到 Activity 所管理的后台堆栈中。每一个 Activity 的后台堆栈实际上都是一个关于已发生 Fragment 事务的记录，后台堆栈允许用户通过按返回键从一个 Fragment 事务后退（往回导航）。

将一个 Fragment 作为 Activity 布局的一部分添加进来时，它处在 Activity 的视图层中的 ViewGroup 中，并且定义了它自己的 view 布局信息。通过在 Activity 的布局文件中声明 Fragment 来实现插入一个 Fragment 到 Activity 布局中，或者可以写代码将它添加到一个已存在的 View Group 中。然而，Fragment 并不一定必须是 Activity 布局的一部分，也可以将一个 Fragment 作为 Activity 的隐藏的后台工作内容，即作为无 UI 的 Fragment。

4.3.2 Fragment 设计理念

在设计 Android 应用时，须考虑其 UI 要适应众多屏幕的问题，例如对 QQ 程序，在平板计算机上可以使用好友列表在左边，消息窗口在右边的设计（Fragment 界面设计）；而在手机屏幕上采用好友列表填充屏幕，当用户单击某好友时弹出对话窗的设计（普通 Activity 界面设计），如图 4-11 所示。

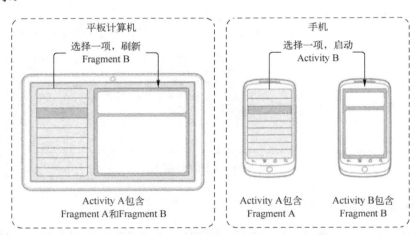

图 4-11　Fragment 界面设计和普通 Activity 界面设计

又例如一个新闻阅读程序可以在屏幕左侧使用一个 Fragment 来展示一个文章的列表，然后在屏幕右侧使用另一个 Fragment 来展示对应文章的内容，两个 Fragment 并排显示在同一个 Activity 中，并且每一个 Fragment 拥有自己的一套生命周期回调方法并能处理其自身的用户输入事件。而传统的设计是使用一个 Activity 来作为文章选择页面，使用另一个 Activity 来展示所选文章的内容。图 4-12 展示了两种设计模式。

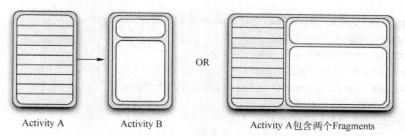

　　　　Activity A　　　　Activity B　　　　Activity A包含两个Fragments

图 4-12　两种设计模式对比

　　Fragment 在应用中应当是一个模块化和可重用的组件。因为 Fragment 定义了自己的布局，以及通过使用自身的生命周期回调方法定义了自己的行为，可以将 Fragment 复用到多个 Activity 中。这点特别有用，因为这就允许将用户体验适配到不同的屏幕尺寸。比如仅当屏幕尺寸足够大时，在一个 Activity 中包含多个 Fragment，并且当屏幕尺寸不够时，会启动另一个单独的使用不同 Fragment 的 Activity。

　　拿之前新闻阅读的例子来讨论，当运行在一个屏幕尺寸足够大的设备上时（例如平板计算机），应用可以在 Activity A 中嵌入两个 Fragment。当运行在一个屏幕尺寸不够大的设备上时（例如手机），没有足够的空间展示两个 Fragment，因此 Activity A 会仅包含文章列表的 Fragment，而当用户选择一篇文章时，它会启动 Activity B，它包含阅读文章的 Fragment。因此应用可以同时支持图 4-12 中的两种设计模式。

　　要创建一个 Fragment，必须创建一个 Fragment 子类（或者继承自一个已存在的 Fragment 子类）。Fragment 类的代码看起来很像 Activity。它包含了和 Activity 类似的回调方法，例如 onCreate()、onStart()、onPause()，以及 onStop()。事实上，如果准备将一个现成的 Android 应用转换为使用 Fragment 的设计模式，可能只要简单地将 Activity 的回调函数代码分别移动到 Fragment 的回调方法中。

　　除了继承基类 Fragment，还有一些子类可以继承。

　　1）DialogFragment：对话框式的 Fragment，可以将一个 Fragment 对话框合并到 Activity 管理的 Fragment 后台堆栈中，允许用户返回到之前曾被摒弃的 Fragment 中。用这个类来创建一个对话框，是使用除 Activity 类的对话框方法之外的一个较好的选择。

　　2）ListFragment：类似于 ListActivity 的效果，显示一个由一个 Adapter（例如 SimpleCursorAdapter）管理的项目的列表。同时提供一些方法来管理一组显示层，例如 onListItemClick()和 setListAdapter()等方法。

　　3）PreferenceFragment：类似于 PreferenceActivity，显示一个 Preference 对象的层次结构的列表。在为应用创建一个"设置"Activity 时很有用处。

4.3.3　创建 Fragment

　　通常，Fragment 为宿主 Activity 提供 UI 的一部分，作为 Activity 的整个视图层的一部分被嵌入。将一个 Fragment 添加到 Activity 中有以下两种方法。

　　（1）在 layout 中声明 Fragment

　　如同定义普通 View 组件一样，为 Fragment 指定 layout 属性，如下代码是一个有两个 Fragment 的 Activity 定义。

```
<?xml version="1.0" encoding="utf-8"?>
```

```xml
<LinearLayout xmlns:android="http://schemas.android.com/apk/res/android"
    android:orientation="horizontal"
    android:layout_width="match_parent"
    android:layout_height="match_parent">
    <fragment android:name="com.cqcet.news.ArticleListFragment"
        android:id="@+id/list"
        android:layout_weight="1"
        android:layout_width="0dp"
        android:layout_height="match_parent" />
    <fragment android:name="com.cqcet.news.ArticleReaderFragment"
        android:id="@+id/viewer"
        android:layout_weight="2"
        android:layout_width="0dp"
        android:layout_height="match_parent" />
</LinearLayout>
```

<fragment>标记中的 android:name 属性表明了在 layout 中实例化的 Fragment 类。

当系统创建这个 Activity 布局时，实例化每一个在布局中定义的 Fragment，并调用每一个 Fragment 的 onCreateView()方法来获取每一个 Fragment 的 layout 布局。系统将把 Fragment 的 View 直接插入到<fragment>元素所在的位置。

每一个 Fragment 都需要一个唯一的标识，如果 Activity 重启，系统可以用这个标识来恢复 Fragment（也可以用来处理 Fragment 的事务，例如移除它）。有 3 种方法来为一个 Fragment 提供一个标识。

➢ 为 android:id 属性提供一个唯一的 ID。
➢ 为 android:tag 属性提供一个唯一的字符串。
➢ 如果以上两个都没有提供，系统使用容器 View 的 ID。

除了将 Fragment 完整定义到 Activity 的布局中外，也可以单独定义 Fragment 的布局文件，也就是从一个 XML 布局资源文件中读取并生成 Fragment，这就需要使用 onCreate()方法提供的 LayoutInflater 对象参数。

例如定义一个 Fragment 的子类，从文件 fragment_example.xml 加载一个 layout，代码如下。

```java
public static class ExampleFragment extends Fragment {
    @Override
    public View onCreateView(LayoutInflater inflater, ViewGroup container, Bundle savedInstanceState) {
        // Inflate the layout for this fragment
        return inflater.inflate(R.layout.fragment_example, container, false);
    }
}
```

传入 onCreateView()方法的 container 参数是 Fragment 将被插入的父 ViewGroup（来自 Activity 的布局），savedInstanceState 参数是一个 Bundle，如果此方法是 Fragment 被恢复时调用的，则提供 Fragment 之前的数据。

inflate()方法有 3 个参数：意图加载的 Fragment 布局的 resource ID；加载 Fragment 的父 ViewGroup；指示在加载期间 Fragment 是否应当附着到父 ViewGroup 的布尔值。

（2）将 Fragment 添加到一个已存在的 ViewGroup 中

在 Activity 运行的任何阶段都可以将 Fragment 添加到 Activity 的布局中，只须简单地指定一个需要放置 Fragment 的 ViewGroup。在 Activity 中操作 Fragment 事务（例如添加、移除、替换一个 Fragment），可以使用 FragmentTransaction 类的操作方法。如下的代码添加了一个 Fragment 到当前 Activity 布局中。

```
FragmentManager fragmentManager = getFragmentManager();
FragmentTransaction fragmentTransaction = fragmentManager.beginTransaction();
ExampleFragment fragment=new ExampleFragment(); fragmentTransaction.add(R.id.fragment_container, fragment);
fragmentTransaction.commit();
```

FragmentTransaction 类中 add()方法的第一个参数是意图放入 Fragment 的 ViewGroup，由资源 ID 指定，第二个参数是需要添加的 Fragment。使用 FragmentTransaction 做了界面改变后，为了使改变生效，必须调用 commit()方法。

前面添加的都是有 UI 的 Fragment，也可以使用 Fragment 来为 Activity 提供一个后台行为而不用展现额外的 UI，也就是添加一个没有 UI 的 Fragment。

添加一个无 UI 的 Fragment，可以在 Activity 中使用 add(Fragment, String)方法，该方法为 Fragment 提供一个唯一的字符串作为 tag 标识，而不是一个 View ID。这个方法添加了 Fragment，但因为没有关联到一个 Activity 布局中的 View，所以系统不会调用 Fragment 的 onCreateView()方法，因此也就不必实现此方法。

要注意的是，为 Fragment 提供一个 tag 标识并不是专门针对无 UI 的 Fragment 的，也可以给有 UI 的 Fragment 提供 tag 标识，对有 tag 标识的 Fragment，可以使用 findFragmentByTag()方法获取实例对象。

4.3.4 Fragment 的生命周期

Fragment 的生命周期与 Activity 生命周期类似。和 Activity 一样，Fragment 可以处于以下 3 种状态。

- Resumed：运行中的 Activity 中 Fragment 可见。
- Paused：另一个 Activity 处于前台并拥有焦点，但是这个 Fragment 所在的 Activity 仍然可见（前台 Activity 局部透明或者没有覆盖整个屏幕）。
- Stopped：要么是宿主 Activity 已经被停止，要么是 Fragment 从 Activity 中被移除但被添加到后台堆栈中。停止状态的 Fragment 仍然"活着"（所有状态和成员信息被系统保持）。但是它对用户不再可见，并且如果 Activity 被销毁，Fragment 也会被销毁。

每一个 Fragment 都有自己的一套生命周期回调方法和处理自己的用户输入事件。其生命周期及回调方法如图 4-13 所示。

通常，应当至少实现如下的生命周期方法。

1）onCreate()：当创建 Fragment 时，系统调用此方法。在实现代码中，应当初始化想要在 Fragment 中保持的必要组件，当 Fragment 被暂停或者停止后可以恢复。

2）onCreateView()：Fragment 第一次绘制它的 UI 的时候，系统会调用此方法。为了绘制 Fragment 的 UI，此方法必须返回一个 View，这个 View 是 Fragment 布局的根 View。如果 Fragment 不提供 UI，可以返回 null。

3）onPause()：用户将要离开 Fragment 时，系统调用这个方法作为第一个指示（然而，它不总是意味着 Fragment 将被销毁），在当前用户会话结束之前，通常应当在这里提交任何应该持久化的变化（因为用户有可能不会返回）。

大多数应用都应当为每一个 Fragment 实现至少这 3 个方法，但是还有一些其他回调方法也应当用来处理 Fragment 生命周期的各种阶段。

仍然和 Activity 一样，可以使用 Bundle 保持 Fragment 的状态，一旦 Activity 的进程被销毁，并且当 Activity 被重新创建的时候，需要恢复 Fragment 的状态时就需要 Bundle。可以在 Fragment 的 onSaveInstanceState()期间保存状态，并可以在 onCreate()、onCreateView()或 onActivityCreated()期间恢复它。

在生命周期管理上，Activity 和 Fragment 之间最重要的区别是各自如何在后台堆栈中储存。默认情况下，Activity 在停止后会被存放到一个由系统管理的用于保存 Activity 的后台堆栈中（因此用户可以使用物理返回键导航回退）。然而，仅当在一个事务期间移除 Fragment 时显式调用 addToBackStack()方法请求保存实例时，Fragment 才会被放到一个由宿主 Activity 管理的后台堆栈中。

需要重点关注的是 Activity 的生命过程如何影响 Fragment 的变化，Fragment 如何与 Activity 的生命周期协调工作。Fragment 所依存的 Activity 的生命周期直接影响 Fragment 的生命周期，每一个 Activity 的生命周期的回调行为都会引起每一个 Fragment 中类似的方法回调。例如，当 Activity 回调 onPause()方法时，Activity 中的每一个 Fragment 都会回调 onPause()方法。

Fragment 有一些额外的生命周期回调方法，用来处理与 Activity 的交互动作。这些额外的回调方法如下。

> onAttach()：当 Fragment 被绑定到 Activity 时被调用（Activity 会被传入）。
> onCreateView()：创建和 Fragment 关联的视图层时调用。
> onActivityCreated()：当 Activity 的 onCreate()方法返回时被调用。
> onDestroyView()：当和 Fragment 关联的视图层正在被移除时调用。
> onDetach()：当 Fragment 从 Activity 解除关联时被调用。

Fragment 生命周期的流程，以及宿主 Activity 对它的影响如图 4-14 所示。在图中，可以看到 Activity 的每个状态是如何决定 Fragment 可能接收到的回调方法。例如当 Activity 回调它的 onCreate()方法完成时，Activity 中的 Fragment 将回调 onActivityCreated()方法。

一旦 Activity 处于 Resumed 状态，此时可以自由地在 Activity 中添加和移除 Fragment。因此，仅当 Activity 处于 Resumed 状态时，Fragment 的生命周期才可以独立变化。当 Activity 离开 Resumed 状态，Fragment 再次被 Activity 推入它自己的生命周期过程。

4.3.5 Fragment 的管理

在 Activity 中使用 Fragment，一个突出的表现是可以根据用户的交互情况对 Fragment 进行添加、移除、替换以及执行其他的动作。要在 Activity 中管理 Fragment，需要使用 FragmentManager 类，通过调用 Activity 的 getFragmentManager()方法实例化该管理类。关于 FragmentManager 类主要的方法如下。

> findFragmentById()：用于在 Activity layout 中获取 Fragment 的布局。
> findFragmentByTag()：获取 Activity 中存在的 Fragment。
> popBackStack()：将 Fragment 从后台堆栈中弹出（模拟用户按返回键）。
> addOnBackStackChangeListener()：注册一个监听后台堆栈变化的 listener。

提交给 Activity 的每一个变化被称为一个事务，可以使用在 FragmentTransaction 类中定义的方法来处理，也可以保存每一个事务到 Activity 管理的后台堆栈中，允许用户经由 Fragment 的变化往回导航（类似于通过 Activity 的往回导航）。FragmentTransaction 类通常从 FragmentManager 中获得实例，示例代码如下。

```
FragmentManager fragmentManager = getFragmentManager();
FragmentTransaction fragmentTransaction = fragmentManager.beginTransaction();
```

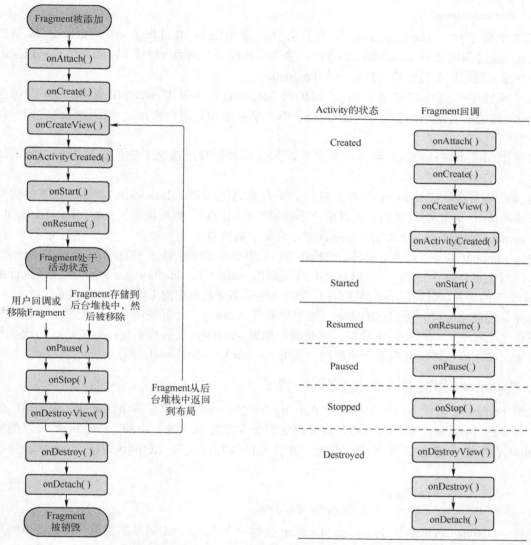

图 4-13　Fragment 的生命周期　　　　图 4-14　Activity 生命周期对 Fragment 生命周期的影响

每一个事务都是要同时执行的一套变化。每一个事务都是一套要同时执行的多个变化，可以使用诸如 add()、remove()、replace()等方法在一个给定的事务中设置试图执行的所有变化，然后调用 commit()方法给 Activity 应用事务。在调用 commit()之前，可以调用 addToBackStack()方法将事务添加到一个 Fragment 事务的后台堆栈中。这个后台堆栈由 Activity 管理，并允许用户通过按返回键返回到前一个 Fragment 状态。下面的代码展示了如何将一个 Fragment 替换为另一个 Fragment，并在后台堆栈中保留之前的状态。

// 创建 Fragment 及事务

```
Fragment newFragment = new ExampleFragment();
FragmentTransaction transaction = getFragmentManager().beginTransaction();
// 使用 newFragment 替换 fragment_container，并添加事务到栈中
transaction.replace(R.id.fragment_container, newFragment);
transaction.addToBackStack(null);
// 提交事务
transaction.commit();
```

在这个例子中，newFragment 替换了当前容器中的由 R.id.fragment_container 标识的 Fragment。通过调用 addToBackStack()方法，替换事务被保存到后台堆栈中，因此用户可以回退事务，并通过按返回键按键返回到前一个 Fragment。

如果添加多个变化到事务（例如 add()或 remove()）并调用 addToBackStack()，在调用 commit()之前的所有应用的变化会被作为一个单个事务添加到后台堆栈，返回键会将它们一起回退。

如果添加多个 Fragment 到同一个容器，那么添加的顺序决定了它们在视图层中显示的顺序。

当执行一个移除 Fragment 的事务时，如果没有调用 addToBackStack()，那么当事务提交后，移除的 Fragment 会被销毁，并且用户不能导航返回到它；如果调用了 addToBackStack()，那么 Fragment 会被停止，如果用户导航回来，它将会被恢复。

调用 commit()并不立即执行事务。恰恰相反，它将事务安排排期，一旦准备好，就在 Activity 的 UI 线程上运行（主线程）。可以从 UI 线程调用 executePendingTransactions() 来立即执行由 commit()提交的事务，但通常不必要这么做，除非事务是其他线程中的工作的一个从属操作。

程序只能在 Activity 保存它的状态（当用户离开 Activity）之前使用 commit()提交事务。如果试图在之后提交，系统会抛出异常，这是因为如果 Activity 需要被恢复，提交之后的状态可能会丢失。如果确认可以丢失提交的状况，使用 commitAllowingStateLoss()方法。

4.3.6 Fragment 和宿主 Activity 之间的调用

虽然 Fragment 被设计为一个独立于 Activity 的对象，并且可以在多个 Activity 中调用，但就一个具体的 Fragment 实例对象则是直接绑定到包含它的 Activity 中的。Fragment 可以使用 getActivity()方法访问宿主 Activity 实例，并且可以执行定义在 Activity 中的方法，示例代码如下。

```
//访问 Activity 中的 list 组件
View listView = getActivity().findViewById(R.id.list);
```

同样，Activity 可以通过 FragmentManager 获得一个 Fragment 对象的引用，从而可以调用 Fragment 中的方法，在 FragmentManager 中一般使用 findFragmentById()或 findFragmentByTag()方法获取 Fragment 对象实例。

如果引用的是 App 包，则获取方法如下。

```
ExampleFragment fragment = (ExampleFragment) getFragmentManager().findFragmentById(R.id.example_fragment);
```

如果引用的是 v-4 包（主要针对 Android 3.0 以下的版本），则使用以下方法获取 Fragment 对象。

```
ExampleFragment fragment = (ExampleFragment) getSupportFragmentManager().findFragmentById(R.id.example_fragment);
```

4.3.7 实例3：新闻阅读

1. 新建项目，设置布局信息

在 AS 中新建一个 Android 项目，设置程序名称为"新闻阅读"，入口 Activity 保留默认名称"MainActivity"。

因为本程序既要支持竖屏，又要支持横屏，所以需要创建两个布局文件。

1）打开 res\layout 目录下的 activity_main.xml 布局文件，这个布局管理器用来作为手机屏幕（竖屏）的显示界面，删除默认的布局管理器，添加一个线性布局，并在线性布局中只添加一个 Fragment 组件，代码如下。

```xml
<LinearLayout xmlns:android="http://schemas.android.com/apk/res/android"
    android:orientation="horizontal"
    android:layout_width="match_parent"
    android:layout_height="match_parent">
    <fragment class="com.example.sample4_3.ListFragment"
        android:id="@+id/titles"
        android:layout_weight="1"
        android:layout_width="0px"
        android:layout_height="match_parent" />
</LinearLayout>
```

2）在 res 目录下新建一个名为 activity_land.xml 的布局文件，用来作为平板计算机（横屏）的显示界面，采用水平线性布局方式，在其中添加了一个 Fragment（用于显示新闻标题）和 FrameLayout（用于显示新闻内容），代码如下。

```xml
<?xml version="1.0" encoding="utf-8"?>
<LinearLayout xmlns:android="http://schemas.android.com/apk/res/android"
    android:orientation="horizontal"
    android:layout_width="match_parent"
    android:layout_height="match_parent">
    <fragment class="com.example.sample4_3.ListFragment"
        android:id="@+id/titles"
        android:layout_weight="1"
        android:layout_width="0px"
        android:layout_height="match_parent" />
    <FrameLayout android:id="@+id/detail"
        android:layout_weight="2"
        android:layout_width="0px"
        android:layout_height="match_parent"
        android:background="?android:attr/detailsElementBackground" />
</LinearLayout>
```

2. 创建新闻内容类

通常情况下，新闻内容应来源于数据库或网络，这里为了简便，直接将新闻内容存储在程序中，有兴趣的读者可以扩充这个类以实现新闻来源的多样化。

在默认包中创建一个名称为 Data 的 final 类，在该类中创建两个静态的字符串数组常量，分别用于存储新闻标题和新闻内容，代码如下。

```java
public final class Data {
    //标题
    public static final String[] TITLES = {
```

```
            "南山风景区",
            "缙云山风景区",
            "长寿湖风景区",
            "钓鱼城风景区"
    };
    public static final String[] DETAIL = {
            "南山风景区位于重庆长江南岸，北起铜锣峡，南至金竹沟，……或登\"一棵树\"俯看\"字水宵灯\"，四时有景，八节各异。",
            "缙云山位于重庆市北碚区嘉陵江温塘峡畔，……住建部将责令其限期整改并重点督办。",
            "国家 AAAA 级旅游景区、国家级生态旅游休闲度假区、……T25 帆船、豪华画舫、快艇、摩托艇、水上飞鱼、水上飞机等各种特色体验项目。",
            "国家 AAAA 级旅游景区，国家级风景名胜区，国家重点文物保护单位，……是驰名巴蜀的远古遗迹。"
    };
}
```

3．创建标题显示类

在包中创建一个继承自 ListFragment 的类 ListFragment，这个类用于显示新闻标题列表，并且设置当选中其中的一个标题时，显示对应的详细内容（如果为横屏，则创建一个 DetailFragment 的实例来显示，否则创建一个 Activity 来显示）。代码如下。

```
public class ListFragment extends android.support.v4.app.ListFragment {
    boolean dualPane; // 是否在一屏上同时显示列表和详细内容
    int curCheckPosition = 0; // 当前选择的索引位置
    @Override
    public void onActivityCreated(Bundle savedInstanceState) {
        super.onActivityCreated(savedInstanceState);
        // 为列表设置适配器
        setListAdapter(new ArrayAdapter<String>(getActivity(),android.R.layout.simple_list_item_checked, Data.TITLES));
        // 获取布局文件中添加的 FrameLayout 帧布局管理器
        View detailFrame = getActivity().findViewById(R.id.detail);
        // 判断是否在一屏上同时显示列表和详细内容
        dualPane = detailFrame != null && detailFrame.getVisibility() == View.VISIBLE;
        if (savedInstanceState != null) {
            // 更新当前选择的索引位置
            curCheckPosition = savedInstanceState.getInt("curChoice", 0);
        }
        if (dualPane) { // 如果在一屏上同时显示列表和详细内容
            // 设置列表为单选模式
            getListView().setChoiceMode(ListView.CHOICE_MODE_SINGLE);
            showDetails(curCheckPosition); // 显示详细内容
        }
    }
    // 重写 onSaveInstanceState()方法，保存当前选中的列表项的索引值
    @Override
    public void onSaveInstanceState(Bundle outState) {
        super.onSaveInstanceState(outState);
        outState.putInt("curChoice", curCheckPosition);
    }
    // 重写 onListItemClick()方法
    @Override
    public void onListItemClick(ListView l, View v, int position, long id) {
        showDetails(position); // 调用 showDetails()方法显示详细内容
    }
```

```java
void showDetails(int index) {
    curCheckPosition = index; // 更新索引位置的变量为当前选中值
    if (dualPane) { // 当在一屏上同时显示列表和详细内容时
        getListView().setItemChecked(index, true); // 设置选中状态
        // 获取用于显示详细内容的 Fragment
        DetailFragment details = (DetailFragment) getFragmentManager().findFragmentById(R.id.detail);
        if (details == null || details.getShownIndex() != index) {
            //创建一个新的 DetailFragment 实例用于显示当前选择项对应的详细内容
            details = DetailFragment.newInstance(index);
            // 要在 Activity 中管理 Fragment，需要使用 FragmentManager
            FragmentTransaction ft = getFragmentManager().beginTransaction();
            // 获得一个 FragmentTransaction 的实例
            // 替换原来显示的详细内容
            ft.replace(R.id.detail, details);
            // 设置转换效果
            ft.setTransition(FragmentTransaction.TRANSIT_FRAGMENT_FADE);
            ft.commit(); // 提交事务
        }
    } else { // 在一屏上只能显示列表或详细内容中的一项内容时
        // 使用一个新的 Activity 显示详细内容
        Intent intent = new Intent(getActivity(),MainActivity.DetailActivity.class);
        // 创建一个 Intent 对象
        intent.putExtra("index", index); // 设置一个要传递的参数
        startActivity(intent); // 开启一个指定的 Activity
    }
}
```

4．创建内容显示类

在包中再创建一个继承自 Fragment 的类 DetailFragment，用于显示选中新闻标题的详细信息。在该类中，首先创建一个 DetailFragment 的实例，其中包括要传递的数据包，然后新建一个 getShowIndex()方法，用户获取所选新闻标题的索引，最后重写 onCreateView()方法，设置显示的内容，代码如下。

```java
public class DetailFragment extends Fragment {
    // 创建一个 DetailFragment 的新实例，其中包括要传递的数据包
    public static DetailFragment newInstance(int index) {
        DetailFragment f = new DetailFragment();
        // 将 index 作为一个参数传递
        Bundle bundle = new Bundle(); // 实例化一个 Bundle 对象
        bundle.putInt("index", index); // 将索引值添加到 Bundle 对象中
        f.setArguments(bundle); // 将 Bundle 对象作为 Fragment 的参数保存
        return f;
    }
    public int getShownIndex() {
        // 获取要显示的列表项索引
        return getArguments().getInt("index", 0);
    }
    @Override
    public View onCreateView(LayoutInflater inflater, ViewGroup container,
            Bundle savedInstanceState) {
        if (container == null) {
            return null;
        }
        // 创建一个滚动视图
```

```
            ScrollView scroller = new ScrollView(getActivity());
            // 创建一个文本框对象
            TextView text = new TextView(getActivity());
            text.setPadding(10, 10, 10, 10); // 设置内边距
            scroller.addView(text); // 将文本框对象添加到滚动视图中
            // 设置文本框中要显示的文本
            text.setText(Data.DETAIL[getShownIndex()]);
            return scroller;
        }
    }
```

5. 修改 MainActivity 代码

打开 MainActivity.java 文件，在该类中创建一个内部类 DetailActivity，用于在竖屏的界面中通过 Activity 显示新闻详细内容，代码如下。

```
    public class MainActivity extends Activity {
        @Override
        public void onCreate(Bundle savedInstanceState) {
            super.onCreate(savedInstanceState);
            //判断显示终端是手机还是平板计算机
            if
            ((getApplicationContext().getResources().getConfiguration().screen
            Layout & Configuration.SCREENLAYOUT_SIZE_MASK) >=
            Configuration.SCREENLAYOUT_SIZE_LARGE)
                setContentView(R.layout.activity_land); // 设置使用的布局内容
            else
                setContentView(R.layout.activity_main);
        }
        //创建一个内部类，用于在手机界面中通过 Activity 显示详细内容
        public static class DetailActivity extends Activity {
            @Override
            protected void onCreate(Bundle savedInstanceState) {
                super.onCreate(savedInstanceState);
                //如果为横屏，则结束当前 Activity，准备使用 Fragment 显示详细内容
                if (getResources().getConfiguration().orientation ==
    Configuration.ORIENTATION_LANDSCAPE) {
                    finish(); // 结束当前 Activity
                    return;
                }
                if (savedInstanceState == null) { //
                    // 在初始化时插入一个显示详细内容的 Fragment
                    // 实例化 DetailFragment 的对象
                    DetailFragment details = new DetailFragment();
                    // 设置要传递的参数
                    details.setArguments(getIntent().getExtras());
                    // 添加一个显示详细内容的 Fragment
                    getSupportFragmentManager().beginTransaction().add(android.R.id.content, details).commit()
                }
            }
        }
    }
```

6. 配置 AndroidManifest 文件

在 AndroidManifest.xml 文件中注册用于显示新闻详细信息的 DetailActivity。由于 DetailActivity 是定义在 MainActivity 中的内部类，因此在进行配置时，Android：Name 属性应该是".Main

Activity$DetailActivity",不能不进行配置或配置成".DetailActivity"。AndroidManifest.xml 文件的代码如下。

```xml
<?xml version="1.0" encoding="utf-8"?>
<manifest xmlns:android="http://schemas.android.com/apk/res/android"
    package="com.example.sample4_3"
    android:versionCode="1"
    android:versionName="1.0" >
    <uses-sdk
        android:minSdkVersion="11"
        android:targetSdkVersion="16" />
    <application
        android:allowBackup="true"
        android:icon="@drawable/ic_launcher"
        android:label="@string/app_name"
        android:theme="@style/AppTheme" >
        <activity
            android:name="com.example.sample4_3.MainActivity"
            android:label="@string/app_name" >
            <intent-filter>
                <action android:name="android.intent.action.MAIN" />
                <category android:name="android.intent.category.LAUNCHER" />
            </intent-filter>
        </activity>
        <activity
            android:name=".MainActivity$DetailActivity"
            android:label="详细内容" />
    </application>
</manifest>
```

程序运行时,如果是横屏(平板计算机),程序将采用左边列表右边内容的展示模式,如图 4-10 所示;如果是竖屏(手机),程序将首先展示如图 4-15 所示的页面,用户选择某一标题后,系统转向图 4-16 所示的页面显示详细内容。

图 4-15 竖屏显示的列表页面

图 4-16 竖屏显示的内容页面

本章小结

本章介绍了 Activity 和 Fragment。关于 Activity,要理解什么是 Activity、Activity 的四种状态、生命周期和属性等内容。接着介绍了如何创建、启动和关闭一个单独的 Activity,同时也介绍了多个 Activity 的使用，重点是如何在两个 Activity 中交换数据和调用另一个 Activity 并返回结果。最后介绍了 Fragment 的概念和意义，以及在 Activity 中合并多个 Fragment。

练习题

1. 开发一个程序，实现在屏幕上显示一个按钮，单击按钮时系统转到另一个 Activity 中。
2. 实现一个关于样式的 Activity 展示（程序启动页面中，单击"关于"按钮时，弹出介绍对话框）。
3. 开发一个程序，实现在两个 Activity 中传递一个字符串，并在第二个 Activity 中弹出提示框显示传递的值。
4. 实现一个星座查询的程序，用户在一个界面上输入生日，在另一个界面上展示星座及性格介绍。
5. 实现一个带城市（独立城市列表页面）选择功能的用户注册页面。
6. 实现一个古诗阅读程序，程序左边显示诗名列表，右边显示对应的诗文内容。
7. 实现一个图片浏览程序，左边列表是图形缩略图，右边展示对应图的大图。

第 5 章　信使、广播与消息处理

知识提要：

一个 Android 应用程序主要是由四种组件组成的，这四种组件是 Activity、Service、BroadcastReceiver 和 ContentProvider。这四种组件是相互独立的，它们之间可以互相调用，协调工作，最终组成一个真正的 Android 应用程序。这些组件之间的通信主要是由 Intent 协助完成的，可以说，Intent 是 Android 应用程序的灵魂，起着传递消息的作用。

本章首先介绍 Intent 对象及其属性，及其在 Android 中的应用；接着介绍了 Android 中的广播机制以及广播接收器 BroadcastReceiver 的应用。

教学目标：

◆ 掌握 Intent 的作用
◆ 掌握 Intent 对象及其属性
◆ 掌握 Intent 过滤器的用法
◆ 理解 Broadcast 及 BroadcastReceiver 的概念
◆ 掌握自定义 BroadcastReceiver 的用法
◆ 掌握接收系统内置广播事件的方法

13 Intent
信使服务

5.1　Intent 信使服务

Intent 的中文意思是"意图、意向"，在 Android 应用程序中是一个简单的消息对象，表示程序想做某事的"意图"（Intention）。比如应用程序准备显示一个网页，就可以通过创建一个 Intent 实例并将其传递给 Android 来表示浏览某个网页的意图。Android 将定位到能处理该 Intent 的要求的某个组件（在当前情况下就是浏览器），浏览器就是目标组件，负责执行该 Intent。

在实际应用中，一个应用程序往往包含多个 Activity。比如 Android 手机中的音乐播放器，有歌曲列表、艺术家列表、歌词显示等不同的界面，其中每一个界面都对应一个 Activity。同时，当"退出"音乐播放器时，后台依然在播放音乐（这是通过 Service 实现的。Service 是在后台运行的、没有界面的程序片段）。不同的 Activity 之间、Activity 和 Service 之间就是通过 Intent 来传递消息的。

本节准备在 Android 中实现用户信息注册和用户信息显示功能的效果，需要用到两个页面，第一个页面实现注册信息的填写，第二个页面实现第一个页面中各项信息的展示，如图 5-1 所示。

5.1.1　Intent 概述

Intent 也可以用来在系统范围内广播消息，因此称作 Intent 信使。任何应用程序都可以注册一个广播接收器（BroadcastReceiver）来监听和响应这些广播的 Intent。Android 使用广播 Intent 来公布系统事件，例如，网络连接状态或电池电量的改变。本地 Android 应用程序（如拨号程

109

序和 SMS 管理器）可以简单地注册监听特定的广播 Intent 的组件——例如"来电"或"接收 SMS"，并做出相应的响应。

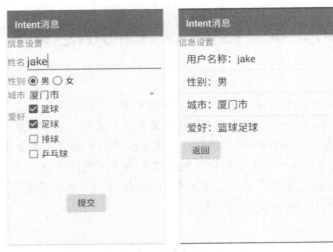

图 5-1　注册及信息展示页面

　　Intent 负责对应用程序中一次操作的动作、动作涉及数据、附加数据进行描述，Android 则根据此 Intent 的描述，负责找到对应的组件，将 Intent 传递给调用的组件（目标组件），并完成组件的调用。因此，Intent 在这里起着一个中介的作用，专门提供组件互相调用的相关信息，实现调用者与被调用者之间的信息传递。

　　例如，在一个联系人管理的应用中，想要查看联系人的信息，在一个联系人列表屏幕（假设对应的 Activity 为 listActivity）上，单击某个联系人后，希望能够弹出此联系人的详细信息屏幕（假设对应的 Activity 为 detailActivity）。为了实现这个目的，listActivity 需要构造一个 Intent，这个 Intent 用于告诉系统需要做"查看"动作。此动作对应的查看对象是"某联系人"，然后调用 startActivity(Intent intent)，将构造的 Intent 传入。系统会根据此 Intent 中的描述，到 AndroidManiFest 中找到满足此 Intent 要求的 Activity。系统会调用找到的 Activity，即 detailActivity，将 Intent 传给 detailActivity。detailActivity 则会根据此 Intent 中的描述，执行相应的操作。此处的 detailActivity 就是目标组件。

　　Intent 在寻找目标组件时有两种方法：第一，通过组件名称直接指定，比如 detailActivity，也叫显式查找；第二，通过 Intent Filter 过滤指定，这需要指定过滤条件，在符合条件的组件中查找，也叫隐式查找。

　　Intent 可以在不同的 Activity 之间传递消息，如何传递的呢？如何实现从一个 Activity 跳到另一个 Activity 呢？或者说，如何在一个 Activity 中启动一个 Service 呢？这些是靠 Intent 对象的方法来实现的。利用 Intent 的方法，Intent 可以启动一个 Activity，也可以启动一个 Service，还可以发起一个广播（Broadcast），来广播系统范围内的有效事件（例如通知事件）。这也是 Intent 的三种主要应用。Intent 启动三种组件的方法如表 5-1 所示。

表 5-1　Intent 启动三种组件的方法

核心组件	调用方法	作用
Activity	Context.startActivity() Activity.startActivityForRestult()	启动一个 Activity 或使一个已存在的 Activity 去做新的工作

(续)

核心组件	调用方法	作用
Service	Context.startService()	初始化一个 Service 或传递一个新的操作给当前正在运行的 Service
	Context.bindService()	绑定一个已存在的 Service
BroadcastReceiver	Context.sendBroadcast() Context.sendOrderedBroadcast() Context.sendStickyBroadcast()	对所有想接受消息的 BroadcastReceiver 传递消息

5.1.2 Intent 对象的组成

Intent 对象由以下几个部分组成：动作（Action）、数据（Data）、分类（Category）、标志（Flag）、组件（Component）和扩展信息（Extra）。每个组成部分都由相应的属性进行表示，并提供设置和获取相应属性的方法，如表 5-2 所示。

表 5-2 Intent 属性及常用方法

组成	属性	设置属性方法	获取属性方法
动作	Action	setAction()	getAction()
数据	Data	setData()	getData()
分类	Category	addCategory()	
类型	Flag	setFlags() addFlags()	getType()
组件	Component	setComponent() setClass() setClassName()	getComponent()
扩展信息	Extras	putExtra()	get×××Extra()用于获取不同数据类型的数据，如 getIntExtra()用于获取 Int；getStringExtra()用于获取字符串；getExtras()用于获取 Bundle 包

1. Component 属性

Component 属性用于指明 Intent 的目标组件的类名称，它是一个 ComponentName 对象。组件名称是可选的，通常，Android 会根据 Intent 中包含的其他属性的信息，比如 Action、Data/Type、Category 进行查找，最终找到一个与之匹配的目标组件。但是，如果指定了 Component 属性，Intent 则会直接根据组件名查找到相应的组件，而不再执行上述查找过程。指定 Component 属性后，Intent 的其他属性都是可选的。根据 Intent 寻找目标组件时所采用的方式不同，可以将 Intent 分为两类。

➢ 显式 Intent：这种方式通过直接指定组件名称 Component 来实现。
➢ 隐式 Intent：这种方式通过 Intent Filter 过滤实现，过滤时通常根据 Action、Data 和 Category 属性进行匹配查找。

显式 Intent 通过 setComponent()、setClassName()或 setClass()设置目标组件。

如下的代码实例，在 OnClick 方法中创建了组件名称对象 cn，该组件的上下文环境为 MainActivity，目标组件是 NextActivity，创建并实例化了 Intent 对象 intentTest，并将 cn 设置为 intentTest 的组件名称，并通过该名称启动新的 Activity。

```
public class MainActivity extends Activity {
private Button btn;
@Override
    protected void onCreate(Bundle savedInstanceState) {
        super.onCreate(savedInstanceState);
        setContentView(R.layout.main);
```

```
            btn=(Button)findViewById(R.id.button1);
            btn.setOnClickListener(new OnClickListener(){
                @Override
                public void onClick(View v){//实例化组件名称
                    //指定组件名称的目标组件是 NextActivity
                    ComponentName cn=new ComponentName(MainActivity.this,"com.cqcet.NextActivity");
                    //实例化 Intent
                    Intent intentTest=new Intent();
                    //为 Intent 设置组件名称属性
                    intentTest.setComponent(cn);
                    //启动 Activity
                    startActivity(intent);
                }
            });
        }
```

对另一个被启动的 NextActivity，可以获取 Intent 对象的信息，如下代码所示。

```
    public class NextActivity extends Activity {
        private TextView tv;
        public void onCreate(Bundle savedInstanceState) {
            super.onCreate(savedInstanceState);
            setContentView(R.layout.next_layout);
            //获得 Intent
            Intent intentnext=this.getIntent();
            //获得组件名称对象
            ComponentName cn=intentnext.getComponent();
            //获得包名称
            String packageName=cn.getPackageName();
            //获得类名称
            String className =cn.getClassName();
            //实例化 TextView
            tv=(TextView)findViewById(R.id.textView1);
            //显示信息
            tv.setText("组件包名称:"+packageName+"\n"+"组件类名称:"+className);
        }
    }
```

2．Action 属性

Action 属性用于描述 Intent 要完成的动作，对要执行的动作进行简要描述。Action 属性的值为一个 String 字符串，代表了体系中已经定义的一系列常用动作。

➢ 对于 BroadcastReceiver 而言指示发生了什么，比如系统电量低、有 WiFi 信号等。

➢ 对于 Activity 和 Service 而言是指描述一个行为的名称。

可使用 setAction()方法、getAction()方法处理该属性，或在配置文件 AndroidManifest.xml 中设置 Action，默认为"DEFAULT"。

Intent 类定义了一系列 Action 属性常量，用来标识一套标准动作，如 ACTION_CALL（打电话）、ACTION_EDIT（编辑）等。这些 Action 可以隐式地启动一些程序，若想让自己的程序能够响应特定的隐式 Intent，需要在程序中添加一个 Intent Filter，并设置其中的 Action 为响应的值即可。

Action 动作分 Activity 动作和广播动作，系统预定义的一些常用标准 Activity 动作常量如表 5-3 所示。

表 5-3 常用标准 Activity 动作常量

名称	含义
ACTION_MAIN	作为一个主要的进入口，而并不期望去接收数据
ACTION_VIEW	向用户显示数据
ACTION_ATTACH_DATA	用于指定一些数据附属于一些其他的地方，例如，图片数据附属于联系人
ACTION_EDIT	访问已给的数据，显示可编辑的数据
ACTION_PICK	从数据中选择一个子项目，并返回所选中的项目
ACTION_CHOOSER	显示一个 Activity 选择器，允许用户在进程之前选择自己想要的
ACTION_GET_CONTENT	允许用户选择特殊种类的数据，并返回（特殊种类的数据可以是一张照片或一段录音）
ACTION_DIAL	拨打一个指定的号码，显示一个带有号码的用户界面，允许用户启动呼叫
ACTION_CALL	根据指定的数据执行一次呼叫（ACTION_CALL 在应用中启动一次呼叫，有缺陷，多数应用 ACTION_DIAL，ACTION_CALL 不能用在紧急呼叫上，紧急呼叫可以用 ACTION_DIAL 来实现）
ACTION_SEND	传递数据，若没有指定被传送的数据，接收的 action 会请求用户发数据
ACTION_SENDTO	发送一跳信息到指定的某人
ACTION_ANSWER	处理一个打进电话呼叫
ACTION_INSERT	插入一条空项目到已给的容器
ACTION_DELETE	从容器中删除已给的数据
ACTION_RUN	运行数据
ACTION_SYNC	同步执行一个数据
ACTION_PICK_ACTIVITY	为已知的 Intent 选择一个 Activity，返回别选中的类
ACTION_SEARCH	执行一次搜索
ACTION_WEB_SEARCH	执行一次 Web 搜索
ACTION_FACTORY_TEST	工场测试的主要进入点

系统预定义的一些常用标准广播动作如表 5-4 所示。

表 5-4 常用标准广播动作

名称	含义
ACTION_TIME_TICK	当前时间改变，每分钟都发送，不能通过组件声明来接收，只有通过 Context.registerReceiver()方法来注册
ACTION_TIME_CHANGED	时间被设置
ACTION_TIMEZONE_CHANGED	时间区改变
ACTION_BOOT_COMPLETED	系统完成启动后发起一次广播
ACTION_PACKAGE_ADDED	一个新应用程序包已经安装在设备上，数据包括包名（最新安装的包程序不能接收到这个广播）
ACTION_PACKAGE_CHANGED	一个已存在的应用程序包已经改变，包括包名
ACTION_PACKAGE_REMOVED	一个已存在的应用程序包已经从设备上移除，包括包名（正在被安装的包程序不能接收到这个广播）
ACTION_PACKAGE_RESTARTED	用户重新开始一个包，包的所有进程将被销毁，所有与其联系的运行时间状态应该被移除，包括包名（重新开始包程序不能接收到这个广播）
ACTION_PACKAGE_DATA_CLEARED	用户已经清楚一个包的数据，包括包名（清除包程序不能接收到这个广播）
ACTION_BATTERY_CHANGED	电池的充电状态、电荷级别改变，不能通过组建声明接收这个广播，只有通过 Context.registerReceiver()注册
ACTION_UID_REMOVED	一个用户 ID 已经从系统中移除

除了预定义的动作，开发人员还可以自定义动作字符串来启动应用程序中的组件。这些自

定义的字符串应该包含一个应用程序包作为前缀，例如"com.cqcet.SHOW_COLOR"。

3. Data 属性

Intent 的 Data 属性包含两个部分：URI 和 MIME 类型。URI 具体格式为：scheme://host:port/path。其中，scheme 代表 URI 使用的协议，包括 http、content、tel、mailTo、file 等；host 是指主机地址，可以是具体的域名地址，也可以是一个程序包名，比如 www.sina.com、com.example.intent.testaction 等；port 是指端口地址，比如 80 端口；path 是指内容路径，对于网页一般是指本地网页地址；对于一个程序包则是指具体的 Provider 名称。MIME 类型可由 URI 推测，也可以显示指定。指定数据和类型的常用方法如表 5-5 所示。

表 5-5 指定数据和类型的常用方法

方法名称	说明
public Intent setData（Uri data）	设置 URI 数据
public Intent setType（String type）	设置数据的 MIME 类型
pubic Intent setDataAndType(Uri data,String type)	设置数据和 MIME 类型
public Uri getData()	获取数据
public String getType()	获取 MIME 类型

Data 属性一般与 Action 属性联合使用。常用 Data 属性常量如表 5-6 所示。

表 5-6 常用 Data 属性常用常量

Data 属性	说明	示例
tel://	号码数据格式，后跟电话号码	tel://123
mailto://	邮件数据格式，后跟邮件收件人地址	mailto://dh@163.com
smsto://	短信息数据格式，后跟短信接收号码	smsto://123
content://	内容数据格式，后跟需要读取的内容	content://contacts/people/1
file://	文件数据格式，后跟文件路径	file:/sdcard/mymusic.mp3
geo://latitude,longitude	经纬数据格式，在地图上显示经纬度所指定的位置	geo://180,65

Action 属性和 Data 属性一般匹配使用，不同的 Action 属性需要不同的 Data 数据。比如，Action_View 是查看的意思，要查看什么内容由 Data 属性指定。常见的 Action 属性和 Data 属性匹配用法如表 5-7 所示。

表 5-7 常见的 Action 和 Data 匹配用法

Action 属性	Data 属性	描述
ACTION_VIEW	content://contacts/people/1	显示 ID 为 1 的联系人信息
ACTION_EDIT	content://contacts/people/1	编辑 ID 为 1 的联系人信息
ACTION_VIEW	tel:123	显示电话为 123 的联系人信息
ACTION_CALL	tel:123	拨打电话，电话号码为 123
ACTION_VIEW	http://www.google.com	在浏览器中浏览该网页
ACTION_VIEW	file:///sdcard/mymusic.mp3	播放 MP3 格式文件

这里以拨打电话为例讲解 Intent 的 Action 属性和 Data 属性的使用。假设在屏幕上设置一个按钮 Button，单击该按钮就启动电话拨号程序，程序中要用到 Intent.ACTION_CALL。Activity 中的主要处理代码如下。

```
public class MainActivity extends Activity {
```

```java
        private Button mainbtn;
            @Override
            protected void onCreate(Bundle savedInstanceState) {
                super.onCreate(savedInstanceState);
                setContentView(R.layout.activity_main);
                mainbtn=(Button)findViewById(R.id.mainbtn);
                mainbtn.setOnClickListener(listener);
            }
            private OnClickListener listener=new OnClickListener(){
                @Override
                public void onClick(View v){
                    Intent intentac=new Intent();
                    //使用setAction()设置打电话动作
                    intentac.setAction(Intent.ACTION_CALL);
                    //使用setData()设置电话号码,参数为一个Uri对象,电话号码必须以tel:开头,
                    //然后利用Uri的parse方法将电话号码、字符串解析出来
                    intentac.setData(Uri.parse("tel:110"));
                    startActivity(intentac);
                }
            };
        }
```

在 Android 中为了安全的需要,如果要在程序中拨号打电话、发短信或上网,需要在 AndroidManifest.xml 文件中配置权限许可。配置方法是在<application>标记之外添加许可操作标记,比如打电话权限许可标记为: <uses-permission android:name="android.permission.CALL_PHONE"/>。

运行该程序,当单击"打电话"按钮后,系统自动启动电话拨号程序。

4. Category 属性

Intent 中的 Category 属性是一个执行 Action 的附加信息,也是 string 类型。该属性一般用于指定可以响应某 Intent 程序段的类型。在创建程序时可以指定自己的 Category 值,从而能够响应同类型的 Intent。一个程序段可以指定多个 Category 值,即声称自己是"多面手",当 Intent 对应的 Category 值和其中任何一项一致时,都意味着该程序可以响应该 Intent。系统内部已经定义了几种常量,比如 CATEGORY_LAUNCHER 意味着在加载程序时,Activity 出现在最上面,CATEGORY_HOME 则表示回到 Home 界面等。Intent 中 Category 属性的常用常量如表 5-8 所示。

表 5-8 Intent 中 Category 属性的常用常量

Category 属性	说明
CATEGORY_DEFAULT	默认的执行方式,按照普通 Activity 的执行方式执行
CATEGORY_HOME	该组件为 Home Activity
CATEGORY_LAUNCHER	优先级最高的 Activity,通常与入口 ACTION_MAIN 配合使用
CATEGORY_BROWSABLE	可以使用浏览器启动
CATEGORY_GADGET	可以嵌入到其他 Activity 中

使用 Intent 的 addCategory() 方法添加一个分类,使用 removeCategory() 删除一个之前添加的分类,使用 getCategory() 获取对象中的所有分类。

当创建一个应用程序的时候,程序加载的第一个 Activity 的 AndroidManifest.xml 中有如下配置代码。

```xml
<?xml version="1.0" encoding="utf-8"?>
```

```xml
<manifest xmlns:android="http://schemas.android.com/apk/res/android"
    package="com.example.categdemo"
    android:versionCode="1"
    android:versionName="1.0" >
    <uses-sdk
        android:minSdkVersion="8"
        android:targetSdkVersion="16" />
    <application
        android:allowBackup="true"
        android:icon="@drawable/ic_launcher"
        android:label="@string/app_name"
        android:theme="@style/AppTheme" >
        <activity
            android:name="com.example.categdemo.MainActivity"
            android:label="@string/app_name" >
            <intent-filter>
                <action android:name="android.intent.action.MAIN" />
                <category android:name="android.intent.category.LAUNCHER" />
            </intent-filter>
        </activity>
    </application>
```

上述代码表明当前的 Activity 是加载程序时出现的第一个界面。下面的实例演示如何回到 Home 界面，代码如下。

```java
public class MainActivity extends Activity {
  private Button bt1;
  @Override
    public void onCreate(Bundle savedInstanceState) {
        super.onCreate(savedInstanceState);
        setContentView(R.layout.main);
        bt1=(Button)findViewById(R.id.button1);
        bt1.setOnClickListener(new OnClickListener() {
          @Override
           public void onClick(View v) {
        Intent   i=new Intent();
        i.setAction(Intent.ACTION_MAIN);
        i.addCategory(Intent.CATEGORY_HOME);
        startActivity(i);
      }
   });
  }
}
```

5．Extras 属性

Intent 的 Extras 属性是添加一些组件的附加信息，例如，要通过一个 Activity 来发送一个 E-mail，就可以通过 Extras 属性来添加主题（subject）和正文（body）。

Extras 属性的数据类型为 Bundle。Bundle 是一种键值对的数据类型，比如：name=Alen，age=19，该字段一般配合 Action 使用，保存一些 Action 所需要的数据。因为 Data 字段的数据格式是特定的，所以当需要一些通用的数据时，可以将其放在 Extras 字段。

通过使用 Intent 对象的 putExtra() 方法来添加附加信息，将一个人的姓名附加到 Intent 对象中，代码如下所示。

```
Intent intent = new Intent();
intent.putExtra("name","zhangsan");
```

通过使用 Intent 对象的 get×××Extra()方法可以获取附加信息。例如，获取上面代码存入 Intent 对象中的人名，因存入的是字符串，所以可以使用 getStringExtra()方法获取数据。再例如获取上文中 Intent 中的姓名信息，代码为 "String name=intent.getStringExtra("name");"。

下面的实例在第一个 Activity 的 EditText 中输入年龄，该年龄保存在 Intent 的 subject 属性中，当单击按钮后在第二个 Activity 中从 Intent 的属性中取出并显示。第一个 Activity 的主要代码如下。

```
public class MainActivity extends Activity {
 private EditText edt1;
 private Button bt1;
   @Override
   public void onCreate(Bundle savedInstanceState) {
     super.onCreate(savedInstanceState);
     setContentView(R.layout.main);
     bt1=(Button)findViewById(R.id.button1);
     edt1=(EditText)findViewById(R.id.editText1);
     bt1.setOnClickListener(new OnClickListener() {
     @Override
  public void onClick(View v) {
   Intent intent=new Intent();
   intent.setClass(MainActivity.this, ResultActivity.class);
   intent.putExtra("age", edt1.getText().toString());
   startActivity(intent);
  }
 });
  }
}
```

第二个 Activity 的主要代码如下。

```
public class ResultActivity extends Activity {
 private TextView tv1;
 @Override
 protected void onCreate(Bundle savedInstanceState) {
  super.onCreate(savedInstanceState);
  setContentView(R.layout.result);
  tv1=(TextView)findViewById(R.id.textView1);
  Intent intent=this.getIntent();
  tv1.setText(intent.getStringExtra("age"));
 }
}
```

6．标志

标志（flag）主要用来指示 Android 应用程序如何去启动一个活动（例如活动应该属于哪个任务）和启动之后如何对待它（例如活动是否属于最近的活动列表）。所有的标记都定义在 Intent 中。Intent 常用的标志常量如表 5-9 所示。

表 5-9 Intent 常用的标志常量

名称	含义
FLAG_ACTIVITY_CLEAR_TOP	如果在当前的 Task 中有要启动的 Activity，那么把该 Activity 之前的所有 Activity 都关掉，并把该 Activity 置前避免创建 Activity 的实例
FLAG_ACTIVITY_CLEAR_WHEN_TASK_RESET	如果设置，这将在 Task 的 Activity Stack 中设置一个还原点，当 Task 恢复时，需要清理 Activity

(续)

名称	含义
FLAG_ACTIVITY_EXCLUDE_FROM_RECENTS	如果设置，新的 Activity 不会在最近启动的 Activity 的列表中保存
FLAG_ACTIVITY_FORWARD_RESULT	如果设置，并且这个 Intent 用于从一个存在的 Activity 启动一个新的 Activity，那么，这个作为答复目标的 Activity 将会传到这个新的 Activity 中。这种方式下，新的 Activity 可以调用 setResult(int)，并且这个结果值将发送给那个作为答复目标的 Activity
FLAG_ACTIVITY_LAUNCHED_FROM_HISTORY	这个标志一般不由应用程序代码设置，如果这个 Activity 是从历史记录里启动的（长按 Home 键），那么系统会设定
FLAG_ACTIVITY_MULTIPLE_TASK	不建议使用此标志，除非己实现应用程序启动器
FLAG_ACTIVITY_NEW_TASK	将使 Activity 成为一个新 Task 的开始
FLAG_ACTIVITY_NO_ANIMATION	这个标志将阻止系统进入下一个 Activity 时应用 Activity 迁移动画
FLAG_ACTIVITY_NO_HISTORY	新的 Activity 将不再历史堆栈中保留。一旦离开，此 Activity 就关闭了
FLAG_ACTIVITY_NO_USER_ACTION	这个标志将在 Activity 暂停之前阻止从最前方的 Activity 回调的 onUserLeaveHint()
FLAG_ACTIVITY_REORDER_TO_FRONT	这个标志将引发已经运行的 Activity 移动到历史堆栈的顶端
FLAG_ACTIVITY_SINGLE_TOP	如果 Activity 位于 Activity 堆栈的顶端，则不再创建一个新的实例

可以使用 setFlags() 方法和 addFlags() 方法添加标志到 Intent 对象中，使用 getFlags() 方法获得对象中的所有标志。

5.1.3 Intent 配置

Intent 可以通过显示方式或隐式方式找到目标组件。显示方式是直接通过设置组件名来实现的，总是可以将内容发送给目标；而隐式方式则是通过 Intent Filter 过滤实现。隐式启动 Activity 时，Android 在应用程序运行时解析 Intent，并根据一定的规则对 Intent 和 Activity 进行匹配，使 Intent 上的动作、数据与 Activity 完全吻合。匹配的 Activity 可以是应用程序本身的，也可以是 Android 系统内置的，还可以是第三方应用程序提供的。因此，这种方式更加强调了 Android 应用程序中组件的可复用性。

Android 提供了两种生成 Intent Filter 的方式。
➢ 通过在配置文件 AndroidManifest.xml 中定义<intent-filter>元素生成。
➢ 通过 IntentFilter 类生成。

1. Intent Filter 元素

在 AndroidManifest.xml 配置文件中，Intent Filter 以<intent-filter>元素来指定，一个组件中可以有多个<intent-filter>元素，每个<intent-filter>元素描述不同的能力。一个 Activity 的声明如下：

```
<activity
    android:name="chen.intent.testcomp.MainActivity"
    android:label="@string/app_name" >
    <intent-filter>
        <action android:name="android.intent.action.MAIN" />
        <category android:name="android.intent.category.LAUNCHER" />
    </intent-filter>
</activity>
```

其中，"android.intent.action.MAIN"表示应用程序的入口，"android.intent.category.LAUNCHER"表示该 Activity 的优先级最高。

2. Intent Filter 的子元素

<intent-filter>元素中常用<action>、<data>和<category>这些子元素，分别对应 Intent 中的 Action、Data 和 Category 属性，用于对 Intent 进行匹配。

（1）<action>子元素

一个<intent-filter>中可以添加多个<action>子元素，示例代码如下。

```
<intent-filter>
    <action android:value="android.intent.action.VIEW"/>
    <action android:value="android.intent.action.EDIT"/>
    <action android:value="android.intent.action.PICK"/>
    ...
</intent-filter>
```

<intent-filter>列表中的 Action 属性不能为空，否则所有的 Intent 都会因匹配失败而被阻塞。所以一个<intent-filter>元素下至少需要包含一个<action>子元素，这样系统才能处理 Intent 消息。

（2）<category>子元素

一个<intent-filter>中也可以添加多个<category>子元素，示例代码如下。

```
<intent-filter>
    <category android:value="android.intent.category.DEFAULT"/>
    <category android:value="android.intent.category.BROWSABLE"/>
<intent-filter>
```

与 Action 一样，<intent-filter>列表中的 Category 属性也不能为空。Category 属性的默认值"android.intent.category.DEFAULT"是启动 Activity 的默认值，在添加其他 Category 属性值时，该值必须添加，否则也会匹配失败。

（3）<data>子元素

一个<intent-filter>中可以包含多个<data>子元素，用于指定组件可以执行的数据，mimeType 表示 MIME 类型。Intent 对象和过滤器都可以用"*"通配符匹配子类型字段，如"text/*"和"audio/*"表示任何子类型。示例代码如下。

```
<intent-filter>
    <data android:mimeType="video/mpeg"
        android:scheme="http"          //表示采用 http 模式
        android:host="com.example.android"   //指定主机
        android:path="folder/subfolder/1"    //指定路径
        android:port="8888"/>          //指定端口号
    <data android:mimeType="audio/mpeg"
        android:scheme="http"
        android:host="com.example.android"
        android:path="folder/subfolder/2"
        android:port="8888"/>
    <data android:mimeType="audio/mpeg"
        android:scheme="http"
        android:host="com.example.android"
        android:path="folder/subfolder/3"
        android:port="8888"/>
</intent-filter>
```

数据检测既要检测 URI，也要检测数据类型。检测参考如下规则。

1）一个 Intent 对象既不包含 URI，也不包含数据类型：仅当过滤器既不指定任何 URI 也不指定数据类型时，检测才不能通过；否则都能通过。

2）一个 Intent 对象包含 URI，但不包含数据类型：仅当过滤器不指定数据类型，但它们的 URI 匹配时，才能通过检测。例如，mailto:和 tel:都不指定实际数据。

3）一个 Intent 对象包含数据类型，但不包含 URI：仅当过滤器只包含数据类型且与 Intent 相同时，才通过检测。

4）一个 Intent 对象既包含 URI，也包含数据类型（或数据类型能够从 URI 推断出）。
- 数据类型部分：只有与过滤器中之一匹配才算通过。
- URI 部分：要出现在过滤器中，或者有 content:或 file:URI，又或者过滤器没有指定 URI。换句话说，如果它的过滤器仅列出了数据类型，组件假定支持 content:和 file:。

如果一个 Intent 能够通过不止一个活动或服务的过滤器，用户可能会被问哪个组件被激活。如果没有找到目标，就会产生一个异常。

3．IntentFilter 类

IntentFilter 类是 Intent Filter 的另外一种实现，IntentFilter 类的常用方法如表 5-10 所示。

表 5-10 IntentFilter 常用方法

方法	功能描述
IntentFilter()	IntentFilter 类的构造方法，IntentFilter 类提供了四种构造函数：IntentFilter()、IntentFilter(String action)、IntentFilter(String action, String dataType) 和 IntentFilter(IntentFilter o)
addAction(String action)	为 IntentFilter 添加匹配的行为，例如添加电量低行为：addAction(ACTION_BATTERY_LOW)
addCategory(String category)	为 IntentFilter 添加匹配类别，如 addCategory (CATEGORY_LAUNCHER)
addDataAuthority(String host, String port)	获取 IntentFilter 的数据验证，如 addDataAuthority(myhost,8888)。host 参数可以包含通配符*表示任意匹配，port 参数为空表示可匹配任何端口
countActions()	计算 IntentFilter 包含的 Action 的数量
countDataAuthorities()	计算 IntentFilter 包含的 DataAuthority 的数量
getDataAuthority(int index)	根据 index 获取 IntentFilter 的 DataAuthority
getAction(int index)	根据 index 获取 IntentFilter 的 Action
setPriority(int priority)	设置 IntentFilter 的优先级，默认优先级为 0。通常，priority 值介于-1000～1000 之间。Android 系统根据优先级匹配 Intent
getPriority()	获取 IntentFilter 的优先级
hasCategory(String category)	判断 category 是否在 Intent 中，若包含返回 ture，否则返回 false
matchCategories(Set<String> categories)	基于类别 categories 匹配 IntentFilter，若匹配 IntentFilter 所有的类别，则返回 null，否则返回第一个不匹配的类别名字

5.1.4 PendingIntent

Intent 是程序的意图，比如准备启动一个 Activity，可以通过 Intent 来描述启动这个 Activity 的某些特点，让系统找到这个 Activity 来启动，而不是启动其他的 Activity。通过调用 StartActivity(intent)方法就会立即启动指定的 Activity

Penging 的中文意思就是"待定，将来发生或来临"。PendingIntent 用于处理即将发生的事情，它在合适的时候由其他程序触发所包装的 Intent。而 Intent 是即时启动的，Intent 随所在的 Activity 消失而消失。

PendingIntent 可以看作是对 Intent 的包装，通常通过 getActivity、getBroadcast、getService 来得到 PendingIntent 的实例，当前 Activity 并不能马上启动它所包含的 Intent，而是在外部执行 PendingIntent 时调用 Intent。正由于 PendingIntent 中保存有当前 App 的 Context，使它赋予外部

App 一种能力,使得外部 App 可以如同当前 App 一样执行 PendingIntent 里的 Intent,就算在执行时当前 App 已经不存在了,也能通过存在 PendingIntent 里的 Context 照样执行 Intent。另外还可以处理 Intent 执行后的操作,常和 AlarmManager、NotificationManager 一起使用。

Intent 一般是用作 Activity、Sercvice、BroadcastReceiver 之间传递数据,而 PendingIntent 一般用在 Notification 上,可以理解为延迟执行的 Intent,PendingIntent 是对 Intent 的一个包装。例如以下的代码实现了以下功能:1)向通知管理器 NotificationManager 发出通知;2)通知 Notification 找到对应的 PendingIntent;3)PendingIntent 启动 Activity(由 Intent 指定具体启动哪个);4)在第三步跳转的 Activity 上显示通知(振动、发光、发声等)。

示例代码如下。

```java
public class MainActivity extends Activity {
    private TextView tvTitle;
    private TextView tvContent;
    private Button btnSend;
    private String title;
    private String content;
    public void onCreate(Bundle savedInstanceState) {
        super.onCreate(savedInstanceState);
        setContentView(R.layout.activity_main);
        tvTitle=(TextView) findViewById(R.id.etTitle);
        tvContent=(TextView) findViewById(R.id.etContent);
        btnSend=(Button) findViewById(R.id.btnSend);
        btnSend.setOnClickListener(new OnClickListener(){
            public void onClick(View v) {
                send();
            }
        });
    }
    public void send(){
        title=tvTitle.getText().toString();//标题
        content=tvContent.getText().toString();//内容
        //得到 NotificationManager
        NotificationManager nm=(NotificationManager) getSystemService(Context.NOTIFICATION_SERVICE);
        //实例化一个通知,指定图标、概要、时间
        Notification n=new Notification(R.drawable.ic_launcher,"通知",System.currentTimeMillis());
        //指定通知的标题、内容和 Intent
        Intent intent = new Intent(this, MainActivity.class);
        PendingIntent pi= PendingIntent.getActivity(this, 0, intent, 0);
        n.setLatestEventInfo(this, title, content, pi);
        //指定声音
        n.defaults = Notification.DEFAULT_SOUND;
        //发送通知
        nm.notify(1, n);
    }
}
```

5.1.5 实例 1:用户注册与展示

本项目主要实现用户注册信息的填写和用户信息展示功能,需要用到两个页面,第一个页面实现信息的填写,通过按钮事件实现页面的转换,同时使用 Intent 实现页面间信息的传递。

1. 创建项目，定义资源

新建一个项目，项目名称为"Intent 消息"，入口 Activity 取名默认的"MainActivity"，根据界面设计的需要，定义一些界面显示的字符串资源，打开 res\values 下的 string.xml 文件，添加字符串资源如下。

```xml
<?xml version="1.0" encoding="utf-8"?>
<resources>
    <string name="app_name">Intent 消息</string>
    <string name="title">信息设置</string>
    <string name="sex">性别</string>
    <string name="name">姓名</string>
    <string name="city">城市</string>
    <string name="hobby">爱好</string>
    <string name="putin">提交</string>
    <string name="man">男</string>
    <string name="woman">女</string>
    <string name="basketball">篮球</string>
    <string name="football">足球</string>
    <string name="volleyball">排球</string>
    <string name="pingpong">乒乓球</string>
    <string name="returnstr">返回</string>
</resources>
```

为了统一处理，一般将多个同类信息用数组表示，比如本项目中的城市项选择内容，所以在 res\values 目录下新建一个 XML 文件，在这个文件中定义一个数组资源，代码如下。

```xml
<?xml version="1.0" encoding="utf-8"?>
<resources>
    <string-array name="acity">
        <item>厦门市</item>
        <item>福州市</item>
        <item>泉州市</item>
        <item>漳州市</item>
        <item>龙岩市</item>
        <item>三明市</item>
        <item>福清市</item>
    </string-array>
</resources>
```

2. 设计界面

针对信息注册页面，打开 res\layout 目录下默认添加的布局文件，这里就用这个布局文件作为项目的注册页面。首先删除布局文件默认添加的 ConstraintLayout 约束布局方式，添加一个线性布局 LinearLayout；在线性布局中添加一个 TextView 用以显示标题；接着添加 TableLayout，根据需要在 TableLayout 中添加其他各个所需的组件。最后形成的布局文件的内容如下。

```xml
<LinearLayout xmlns:android="http://schemas.android.com/apk/res/android"
    xmlns:tools="http://schemas.android.com/tools"
    android:layout_width="fill_parent"
    android:layout_height="fill_parent"
    android:orientation="vertical"
    tools:context=".MainActivity" >
    <TextView
        android:layout_width="fill_parent"
```

```xml
        android:layout_height="wrap_content"
        android:text="@string/title"/>
<TableLayout
     android:layout_width="wrap_content"
      android:layout_height="wrap_content"
     android:stretchColumns="1" >
    <TableRow >
        <TextView
             android:layout_width="fill_parent"
             android:layout_height="wrap_content"
             android:text="@string/name" />
        <EditText
             android:id="@+id/nameId"
             android:layout_width="fill_parent"
             android:layout_height="wrap_content"
             android:inputType="text" />
    </TableRow>
      <TableRow >
        <TextView
             android:layout_width="wrap_content"
             android:layout_height="wrap_content"
             android:layout_gravity="center"
             android:text="@string/sex" />
        <RadioGroup
              android:id="@+id/sexId"
             android:layout_width="wrap_content"
             android:layout_height="wrap_content"
             android:checkedButton="@+id/manId"
             android:orientation="horizontal" >
             <RadioButton
                 android:id="@id/manId"
                 android:text="@string/man" />
             <RadioButton
                 android:id="@+id/womanId"
                 android:text="@string/woman" />
        </RadioGroup>
    </TableRow>
     <TableRow >
        <TextView
             android:layout_width="wrap_content"
             android:layout_height="wrap_content"
             android:layout_gravity="center"
             android:text="@string/city" />
          <Spinner
             android:id="@+id/cityId"
             android:layout_width="wrap_content"
             android:layout_height="wrap_content"
             android:entries="@array/acity"
             android:prompt="@string/city" />
    </TableRow>
    <TableRow >
        <TextView
             android:layout_width="wrap_content"
             android:layout_height="wrap_content"
```

```xml
                    android:layout_gravity="center"
                    android:text="@string/hobby" />
                <TableLayout
                    android:layout_width="fill_parent"
                    android:layout_height="wrap_content"
                    android:stretchColumns="1" >
                        <CheckBox
                            android:id="@+id/lanId"
                            android:layout_width="wrap_content"
                            android:layout_height="wrap_content"
                            android:text="@string/basketball" />
                        <CheckBox
                            android:id="@+id/zuId"
                            android:layout_width="wrap_content"
                            android:layout_height="wrap_content"
                            android:text="@string/football" />
                </TableLayout>
            </TableRow>
            <TableRow >
                <TextView
                    android:layout_width="wrap_content"
                    android:layout_height="wrap_content" />
                <TableLayout         android:layout_width="fill_parent"
                    android:layout_height="wrap_content"
                    android:stretchColumns="1" >
                        <CheckBox
                            android:id="@+id/paiId"
                            android:layout_width="wrap_content"
                            android:layout_height="wrap_content"
                            android:text="@string/volleyball" />

                        <CheckBox
                            android:id="@+id/pingId"
                            android:layout_width="wrap_content"
                            android:layout_height="wrap_content"
                            android:text="@string/pingpong" />
                </TableLayout>
            </TableRow>
        </TableLayout>
        <RelativeLayout
            android:layout_width="match_parent"
            android:layout_height="match_parent" >
            <Button
                android:id="@+id/putinId"
                android:layout_width="wrap_content"
                android:layout_height="wrap_content"
                android:layout_centerInParent="true"
                android:text="@string/putin" />
        </RelativeLayout>
</LinearLayout>
```

针对信息显示页面，在 res\layout 目录中新建一个布局文件 showinfo.xml，选择线性布局方式，在线性布局中依次添加 TextView、ListView 和 Button 组件，代码如下。

```xml
<?xml version="1.0" encoding="utf-8"?>
```

```xml
<LinearLayout xmlns:android="http://schemas.android.com/apk/res/android"
    android:layout_width="match_parent"
    android:layout_height="match_parent"
    android:orientation="vertical" >
    <TextView
        android:layout_width="fill_parent"
        android:layout_height="wrap_content"
        android:text="@string/title" />
    <ListView
        android:id="@+id/listId"
        android:layout_width="fill_parent"
        android:layout_height="wrap_content" />
    <Button
        android:id="@+id/returnId"
        android:layout_width="wrap_content"
        android:layout_height="wrap_content"
        android:text="@string/returnstr" />
</LinearLayout>
```

3. 编写代码

打开默认添加的 MainActivity.java 文件，使用这个文件处理注册信息页面的事务。因为需要响应事件处理，这里首先在 MainActivity 类定义上添加事件监听接口定义：implements OnClickListener；在 OnCreate() 方法中获取界面元素，同时给按钮添加事件监听对象（MainActivity 实例）；在 onClick() 接口方法中实现页面信息的包装和发送。

本程序中的注册信息有多个，所以采用了 Bundle 对象以键值对的信息封装，然后通过 Intent 对象的 putXtras() 方法将 Bundle 对象添加到 Intent 对象中，最后通过 Intent 启动另一个 Activity。MainActivity.java 文件的代码如下。

```java
public class MainActivity extends AppCompatActivity implements OnClickListener {
    /** Called when the activity is first created. */
    RadioGroup rg = null;
    RadioButton manRB = null;
    RadioButton rb = null;
    Button btn = null;
    EditText nameET = null;
    CheckBox lan, zu, pai, ping;
    Spinner city;
    @Override
    public void onCreate(Bundle savedInstanceState) {
        super.onCreate(savedInstanceState);
        setContentView(R.layout.activity_main);
        findView();
    }
    //获取界面元素
    private void findView() {
        btn = (Button) this.findViewById(R.id.putinId);
        nameET = (EditText) this.findViewById(R.id.nameId);
        manRB = (RadioButton) this.findViewById(R.id.manId);
        lan = (CheckBox) this.findViewById(R.id.lanId);
        zu = (CheckBox) this.findViewById(R.id.zuId);
        pai = (CheckBox) this.findViewById(R.id.paiId);
        ping = (CheckBox) this.findViewById(R.id.pingId);
```

```java
        city = (Spinner) this.findViewById(R.id.cityId);
        btn.setOnClickListener(this);
    }
    @Override
    public void onClick(View v) {
        // TODO Auto-generated method stub
        // 封装 Bundle 对象
        Bundle bundle = new Bundle();
        // 获取 EditText 编辑框内容
        bundle.putString("name", "用户名称:" + nameET.getText().toString());
        // 获取 RadioGroup 单选内容
        if (manRB.isChecked()) {
            bundle.putString("sex", "性别:男");
        } else {
            bundle.putString("sex", "性别:女");
        }
        // 获取 CheckBox 内容
        String temp = "爱好:";
        if (lan.isChecked()) {
            temp += lan.getText().toString();
        }
        if (zu.isChecked()) {
            temp += "";
            temp += zu.getText().toString();
        }
        if (pai.isChecked()) {
            temp += "";
            temp += pai.getText().toString();
        }
        if (ping.isChecked()) {
            temp += "";
            temp += ping.getText().toString();
        }
        bundle.putString("hobby", temp);
        // 获取 Spinner 内容
        bundle.putString("city", "城市:" + city.getSelectedItem().toString());
        //创建 Intent 对象
        Intent intent = new Intent(MainActivity.this, ShowInfo.class);
        // 传递附加信息
        intent.putExtras(bundle);
        //启动目标 Activity
        startActivity(intent);
    }
}
```

新建一个继承自 android.app.AppCompatActivity 的类文件 showinfo.java。在这个类中处理第二个页面中用户注册信息的展示。在 OnCreate()方法中首先获取用于展示信息的 ListView 组件对象,之后通过 getIntent()方法获取启动本 Activity 的 Intent 对象,再通过 Intent 对象的 getExtras()方法获得附加 Boundle 对象信息,最后解析 Boundle 对象中的信息并依次添加到界面的 ListView 中展示即可。代码如下。

```java
public class ShowInfo extends AppCompatActivity {
    ListView listView = null;
```

```java
        Bundle bundle;
        @Override
        protected void onCreate(Bundle savedInstanceState) {
            // TODO Auto-generated method stub
            super.onCreate(savedInstanceState);
            this.setContentView(R.layout.showinfo);
            listView = (ListView) findViewById(R.id.listId);
            // 接收 Intent 的附加信息
            bundle = this.getIntent().getExtras();
            List<String> list = new ArrayList<String>();
            //解析附加系你想中的键值对信息
            list.add(bundle.getString("name"));
            list.add(bundle.getString("sex"));
            list.add(bundle.getString("city"));
            list.add(bundle.getString("hobby"));
            ArrayAdapter<String> Adapter = new ArrayAdapter<String>(this,android.R.layout.simple_list_item_1, list);
            listView.setAdapter(Adapter);
            Button btn = (Button) this.findViewById(R.id.returnId);
            btn.setOnClickListener(new OnClickListener() {
                @Override
                public void onClick(View v) {
                    // TODO Auto-generated method stub
                    setContentView(R.layout.activity_main);
                }
            });
        }
    }
```

4．修改 AndroidManifest.xml 配置文件

由于 AndroidManifest.xml 默认只包含了 MainActivity 活动，要同时运行 ShowInfoActivity，则还需要在 AndroidManifest.xml 中添加注册信息，同时，还可能根据需要修改 MainActivity 活动的过滤条件（这里暂不修改）。AndroidManifest.xml 修改后的代码如下。

```xml
<?xml version="1.0" encoding="utf-8"?>
<manifest xmlns:android="http://schemas.android.com/apk/res/android"
    package="com.example.sample5_1"
    android:versionCode="1"
    android:versionName="1.0" >
    <uses-sdk
        android:minSdkVersion="8"
        android:targetSdkVersion="16" />
    <application
        android:allowBackup="true"
        android:icon="@drawable/ic_launcher"
        android:label="@string/app_name"
        android:theme="@style/AppTheme" >
        <activity
            android:name="com.example.sample5_1.MainActivity"
            android:label="@string/app_name" >
            <intent-filter>
                <action android:name="android.intent.action.MAIN" />
                <category android:name="android.intent.category.LAUNCHER" />
            </intent-filter>
```

```
        </activity>
        <activity android:name=".ShowInfo" android:label="@string/app_name"/>
    </application>
</manifest>
```

5.2 Android 广播

14 Android 广播

本节准备在 Android 中开发一个开机自动启动程序，系统启动后自动显示如图 5-2 的"广播消息"界面，此程序能发布通知，并且也能接收通知并以消息的形式在屏幕上显示通知的内容。

5.2.1 Android 广播机制简介

在 Android 中，有一些操作完成以后会发送广播，比如发

图 5-2 "广播消息"界面

出一条短信或拨打一个电话，如果某个程序接收了这个广播，就会做相应的处理。这个广播与传统意义中的电台广播有些相似之处。之所以叫作广播，就是因为它只负责"说"而不管接收者"听不听"，也就是不管接收方如何处理。另外，广播可以被多个应用程序所接收，当然也可能不被任何应用程序所接收。

广播机制最大的特点就是发送方并不关心接收方是否接到数据，也不关心接收方是如何处理数据的。

Android 中的广播是操作系统中产生的各种各样的事件。例如，收到一条短信就会产生一个收到短信息的事件。而 Android 操作系统内部一旦产生了这些事件，就会向所有的广播接收器对象广播这些事件。

广播类似于事件处理，只不过事件的处理机制是程序组件级别的（在同一个程序内部），而广播处理机制是系统级别的（可用于不同应用程序之间）。

5.2.2 广播接收器

广播接收器（BroadcastReceiver）是接收广播消息并对消息做出反应的组件。它包含两部分功能，第一个是发送广播消息；第二个是接收广播消息。系统和应用程序都可以发送广播消息。发送广播实际上就是调用 sendBroadcast()方法向系统内部发送一个 Intent 对象，sendBroadcast()方法与 startAcitivity()方法的作用是类似的。

比如，系统可以发出一种广播来测试是否收到短信，这时候就可以定义一个广播接收器来接收广播，当收到短信时提示用户。既可以用 Intent 来启动一个组件，也可以用 sendBroadcast()方法发起一个系统级别的事件广播来传递消息。一般将发送广播的 Intent 称为广播 Intent。广播 Intent 是用于向监听器通知系统事件或应用程序事件，从而扩展应用程序间的事件驱动的编程模型。

广播 Intent 可以使应用程序更加开放，通过使用 Intent 来广播一个事件，可以在不用修改原始应用程序的情况下对事件做出反应。Android 中大量使用广播 Intent 来广播系统事件，如电池电量、网络连接和来电。

也可以在自己的应用程序中开发广播接收器，然后把广播接收器这个类或者对象注册到 Android 上去，让 Android 知道现在有这样一个广播接收器正在等待接收 Android 的广播，即在应用程序中实现广播接收器来监听和响应广播的 Intent 对象。

当有广播事件产生时，Android 首先告诉注册到其上面的广播接收器产生了一个怎么样的事件，每个接收器首先判断是不是自己需要的事件，如果是它所需要的事件，再进行相应的处理。

例如，事先在 Android 中注册一个广播接收器的对象，把骚扰电话的黑名单放到数据库中去，当接到电话时会产生一个接电话事件。当产生事件的时候，系统会通知广播接收器对象，接收器对象接收到消息之后，就会将数据库中所有的黑名单电话和这个电话号码进行比较，如果匹配就直接挂掉。

除了可以自定义广播事件之外，Android 还提供了许多标准的广播 Action。这些广播由系统在某种情形下自动发出，程序员只需要定义广播接收器进行接收即可。

在 Android 中实现广播发送和广播接收 Intent 的机制包含四个步骤，如图 5-3 所示。

1）注册相应的广播接收器。
2）发送广播。该过程将消息内容和用于过滤的信息封装起来，并广播给广播接收器。
3）满足条件的广播接收器执行接收方法 onReceiver()。
4）销毁广播接收器。

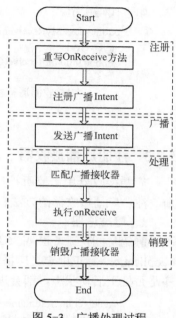

图 5-3 广播处理过程

5.2.3 发送广播

发送广播的方式有两种，一种是同步广播，另一种是异步广播。同步广播使用 sendOrderBroadcast()发送消息。广播接收器是顺序执行的，即每次执行一个广播接收器，待该广播接收器返回后再执行下一个。执行的顺序按照广播接收器的优先级，可以通过配置文件的 Android:priority 属性指定广播接收器的优先级。异步广播使用 sendBroadcast()发送消息，此时接收器会同步执行，彼此独立，系统内部的消息广播采用的就是此种方式。

除了 sendBroadcast()、sendOrderBroadcast()方法外，sendStrikyBroadcast()方法也可以广播 Intent 到广播接收器，满足条件的 BroadcastReceiver 都会执行 onReceiver()方法。这三个方法各有自己的使用场合，其区别如下。

- sendBroadcast()：这种方式不严格保证执行顺序。
- sendOrderBroadcast()：这种方式保证执行顺序，根据注册广播接收器时 IntentFilter 设置的优先级顺序来执行 onReceiver()方法，高优先级的广播接收器执行先于低优先级的广播接收器。
- sendStrikyBroadcast()：这种方式提供了带有"粘着"功能且一直保存 sendStrikyBroadcast() 发送的 Intent，以便在使用 registerReceiver()注册接收器时，新注册的广播接收器的 Intent 对象为该 Intent 对象。

Android 中事件的广播机制是构建 Intent 对象，再调用 sendBroadcast(intent)方法向系统内部发送一个 Intent 对象。发送广播的主要代码如下。

//先创建 Intent 对象，指定广播目标 Action
Intent intent = new Intent("MyReceiver_Action");

```
            // 可通过 Intent 携带消息
    intent.putExtra("msg", "发送广播");
            // 发送广播消息
    sendBroadcast(intent);
```

5.2.4 接收广播

事件的接收则是通过继承一个广播接收器的类来实现的，覆盖其 onReceive()方法。广播接收器收到广播 Intent，对 Intent 进行判断。如果该广播接收器满足条件，则执行 onReceiver()方法，如下代码所示。

```
public class MyReceiver extends BroadcastReceivers{
  @Override
  Public void onReceive(Context context,Intent intent)
    {
        //对接收的消息进行处理
    }
}
```

5.2.5 注册广播接收器

广播接收器用于监听被广播的事件（Intent），为了达到这个目的，广播接收器必须进行注册。注册广播接收器的方法有以下两种。

1．静态注册

静态注册方式也叫 XML 注册方式，它是在系统配置文件 AndroidManifest.xml 的<application>标记中定义广播接收器并设置要接收的 Action。静态注册方式的特点是不管应用程序是否处于活动状态，都会进行监听。配置代码如下：

```
<receiver android:name="MyReceiver">
    <intent-filter android:priority="1000">
    <action android:name="MyReceiver_Action"/>
    </intent-filter>
</receiver>
```

其中，MyReceiver 为广播的接收类，它继承广播接收器的类，重写了 onReceiver()方法，并在 onReceiver()方法中对广播进行处理。在<intent-filter>标记中设置过滤器，需要接收的广播动作均须在此注册，可以是系统的预定义广播动作（参见表 5-4），也可以是自己定义的广播动作。

2．动态注册

动态注册方式也叫 Java 注册，它是在 Activity 中调用函数来注册的，和静态注册的内容差不多。动态注册时，一个形参是 receiver，另一个是 IntentFilter，其中里面是要接收的 Action。动态注册的特点是在代码中进行注册后，一旦应用程序关闭，就不再进行监听。示例代码如下：

```
MyReceiver receiver = new MyReceiver();
//创建过滤器，并指定 Action，使之用于接收同 Action 的广播
IntentFilter filter = new IntentFilter("MyReceiver_Action");
//注册广播接收器
registerReceiver(receiver, filter);
```

5.2.6 注销广播接收器

为了节约系统资源，当应用程序结束后，一般会在 onPause()方法中调用 unregisterReceiver()

方法注销广播接收器对象。如果程序结束后没有注销广播接收器，那么该广播接收器会一直处于接收广播消息就绪状态，直到该程序的 Context 被销毁。

注销广播接收器的方法为 unregisterReceiver(receiver)。

注意：

1）一般在 onResume()方法中注册广播接收器，在 onPause()方法中注销广播接收器。

2）一个广播接收器对象只有在被调用 onReceive(Context,Intent)时才有效，当从该方法返回后，该广播接收器对象就是无效的了，即结束生命周期。

5.2.7 广播的生命周期

广播接收器仅在执行这个方法时处于活跃状态，当 onReceive()返回后，即转为失活状态。

拥有一个活跃状态的广播接收器的进程会被保护起来而不会被销毁，但仅拥有失活状态组件的进程则会在其他进程需要其所占有的内存时随时被销毁。所以，如果响应一个广播信息需要很长的一段时间，一般会将其纳入一个衍生的线程中去完成，而不是在主线程内完成它，从而保证用户交互过程的流畅。

总结：

1）要发出广播，就需要一个发出广播的类（当然也可以有多个），构建 Intent 对象，然后使用 sendBroadcast(intent)。

2）需要一个接收广播的类，且这个类是继承 BroadcactReceiver 类，在其中处理 Intent 对象中附带的信息。

3）注意要在 AndroidManifest 中进行广播接收器的注册。

5.2.8 实例2：广播消息

广播消息分为两类： 一类是系统已经定义的广播消息，比如电池电量低、时区变更、网络连接等；另一类是自定义广播消息。其中，自定义广播消息可以通过 context.sendBroadcast()方法发送。

1. 新建项目，设置基本信息

新建一个 Android 项目，项目名称为"广播消息"，项目所在的包为"com.example.ch05_02"，入口 Activity 保留默认名称"MainActivity"。打开默认创建的布局文件 Activity_main.xml，删除默认添加的布局方式，添加线性布局，在线性布局中依次添加一个 EditText 和一个 Button 组件。最后的布局文件的代码如下。

```
<LinearLayout xmlns:android="http://schemas.android.com/apk/res/android"
    android:layout_width="fill_parent"
    android:layout_height="fill_parent"
    android:orientation="vertical" >
    <EditText
        android:id="@+id/txt_Message"
        android:layout_width="match_parent"
        android:layout_height="wrap_content"
        android:ems="10" >
        <requestFocus />
    </EditText>
    <Button
```

```xml
android:id="@+id/btn_Send"
android:layout_width="wrap_content"
android:layout_height="wrap_content"
android:text="@string/send" />
</LinearLayout>
```

2. 创建广播处理代码

定义广播接收器,只须继承 BroadcastReceiver,并且覆盖 onReceiver()方法来响应事件即可。

1)在项目的 java 目录中新建一个类,类名为"MessageReceiver",并继承 android.content.BroadcastReceiver 类。这个类用来接收从页面发出的广播信息,并将接收的内容展示出来。MessageReceiver 类的代码如下。

```java
public class MessageReceiver extends BroadcastReceiver {
    @Override
    public void onReceive(Context cxt, Intent intent) {
        // 从 Intent 中获得信息
        String msg = intent.getStringExtra("msg");
        // 使用 Toast 显示
        Toast.makeText(cxt, msg, Toast.LENGTH_LONG).show();
    }
}
```

2)再定义一个用于响应系统开机广播信息的广播接收器。在这个广播接收器中,通过 Intent 启动前面创建的 MainActivity,达到随开机启动程序的目的。代码如下。

```java
public class BootCompleteReceiver extends BroadcastReceiver {
    private static final String TAG = "BootCompleteReceiver";
    @Override
    public void onReceive(Context context, Intent intent) {
        Log.i(TAG, "启动服务完成,进入界面程序...");
        Intent intentActivity=new Intent(context,MainActivity.class);
        context.startActivity(intentActivity);
    }
}
```

3)修改 MainActivity,在该类中构建广播 Intent,把要发送的广播信息附加到该 Intent,然后使用 sendBroadcast()方法发送广播。代码如下。

```java
public class MainActivity extends AppCompatActivity {
    private Button btn_Send=null;
    private EditText txt_Message=null;
    private static final String MY_ACTION = "com.example.sample05_02.MessageReceiver";
    @Override
    protected void onCreate(Bundle savedInstanceState) {
        super.onCreate(savedInstanceState);
        setContentView(R.layout.activity_main);
        btn_Send=(Button)findViewById(R.id.btn_Send);
        txt_Message=(EditText)findViewById(R.id.txt_Message);
        //添加事件监听器
        btn_Send.setOnClickListener(new OnClickListener(){
            public void onClick(View v){
                Intent intent=new Intent();
                String strMessage=txt_Message.getEditableText().toString();
                intent.putExtra("msg",strMessage);
```

```
                    intent.setPackage("com.example.sample05_02");
                    intent.setAction(MY_ACTION);
                        sendBroadcast(intent);
                }
            });
        }
    }
```

3. 注册广播接收器

自定义的广播接收器需要注册，本例采用静态注册的方式。打开配置文件 AndroidManifest.xml，这里需要注册两个广播接收器，并且对接收系统广播信息的 BootCompleteReceiver 特别添加系统广播动作 BOOT_COMPLETED 的过滤器，同时为使系统能接收开机广播信息，还须添加相应的访问权限。最后的配置文件的代码如下。

```xml
<?xml version="1.0" encoding="utf-8"?>
<manifest xmlns:android="http://schemas.android.com/apk/res/android"
    package="com.example.sample05_02"
    android:versionCode="1"
    android:versionName="1.0" >
    <uses-sdk
        android:minSdkVersion="8"
        android:targetSdkVersion="16" />
    <!--访问权限 -->
    <uses-permission
    android:name="android.permission.RECEIVE_BOOT_COMPLETED" />
    <application
        android:allowBackup="true"
        android:icon="@drawable/ic_launcher"
        android:label="@string/app_name"
        android:theme="@style/AppTheme" >
        <activity
            android:name="com.example.sample5_2.MainActivity"
            android:label="@string/app_name" >
            <intent-filter>
                <action android:name="android.intent.action.MAIN" />
                <category android:name="android.intent.category.LAUNCHER" />
            </intent-filter>
        </activity>
        <!-- 开机广播接收器 -->
        <receiver android:name=".BootCompleteReceiver" >
            <intent-filter>
            <action android:name="android.intent.action.BOOT_COMPLETED" />
            </intent-filter>
        </receiver>
        <!-- 普通广播接收器 -->
        <receiver android:name=".MessageReceiver">
          <intent-filter>
            <action android:name="com.example.sample05_02.MessageReceiver"/>
            </intent-filter>
        </receiver>
    </application>
</manifest>
```

重新编译项目后，将模拟器关闭再重新启动，模拟器中自动出现程序页面，在编辑框中输入文字，单击发送按钮，系统将以 Toast 形式显示接收的消息，程序运行效果如图 5-4 所示。

图 5-4　程序运行效果

15　Handler 消息处理

5.3　Handler 消息处理

在现实生活中，很多事情都是同时进行的，对于这种可以同时进行的任务，就可以用线程来表示。每个线程完成一个任务，并与其他线程同时执行，这种机制被称为多线程。但是如何在线程间传递数据，Java 常规的共享内存方式不能满足 Android 应用程序的需要，所以 Android 引入了 Handler 消息传递机制。

本节编写一个简单的打地鼠游戏，屏幕上一只地鼠随机出现，触摸地鼠后，该地鼠将不再显示，同时在屏幕上通过消息提示框显示打到了几只地鼠，运行界面如图 5-5 所示。

在 Android 中，当应用程序启动时，Android 首先会开启一个主线程（也就是 UI 线程）。主线程为管理界面中的 UI 控件，进行事件分发，比如单击一个 Button 组件，Android 会分发事件到 Button 上以响应操作。如果此时需要一个耗时的操作，例如联网读取数据，或者读取本地较大的一个文件，这时就不能把这些操作放在主线程中。如果放在主线程中，页面会出现"假死"现象。如果 5 秒钟还没有完成，则 Android 会给出一个出错提示："强制关闭"。如此就需要把耗时的操作放在一个子线程中。而当 Android 主线程是线程时是不安全的，也就是说，更新 UI 只能在主线程中完成，在子线程中操作时系统会报错。于是 Android 提供了 Handler 机制来解决这个复杂的问题。由于 Handler 运行在主线程（UI 线程）中，它与子线程可以通过 Message 对象来传递数据，此时 Handler 就承担着接收子线程传过来的 Message 对象的责任，把这些消息放入主线程队列中，配合主线程进行 UI 更新。

图 5-5　打地鼠游戏运行界面

5.3.1　Looper 对象

介绍 Looper（循环者），先要了解 MessageQueue（消息队列）。在 Android 中，一个线程对应一个 Looper 对象，而一个 Looper 对象对应一个 MessageQueue。MessageQueue 用于存放 Message（消息）。在 MessageQueue 中，存放的消息按照 FIFO（先进先出）原则执行。MessageQueue 封装在 Looper 对象中。

Looper 对象用来为一个线程开启一个消息循环，用来操作 MessageQueue。默认情况下，Android 中新创建的线程（主线程除外）是没有开启消息循环的。所以除主线程外，直接使用以下语句创建 Handler 对象，系统将抛出异常。

    Handler handler=new Handler();

如果需要在非主线程中创建 Handler 对象，首先需要使用 Looper 类的 prepare()方法来初始化一个 Looper 对象，然后创建 Handler 对象，再使用 Looper 类的 loop()方法启动 Looper 对象，从消息队列中获取和处理消息。

Looper 类的常用方法如表 5-11 所示。

表 5-11　Looper 类的常用方法

方法	描述
prepare()	用于初始化 Looper 对象
loop()	Looper 对象开始真正工作，可从消息队列中获取消息和处理消息
myLooper()	获取当前线程的 Looper 对象
getThread()	获取 Looper 对象所属的线程
quit()	用于结束 Looper 循环

5.3.2　Handler 对象

Handler 可以分发 Message 对象和 Runnable 对象到其所在线程的 MessageQueue 中。每个 Handler 实例都会被绑定到创建它的线程中（一般是位于主线程中），在一个线程中只能有一个 Looper 对象和 MessageQueue，但是可以有多个 Handler，而且这些 Handler 可以共享同一个 Looper 和 MessageQueue。Handler 主要有两个作用。

1）将 Message 或 Runnable 对象应用 post()方法或 sendMessage()方法发送到 MessageQueue 中。在发送时可以指定延迟事件、发送时间或者 Bundle 对象。当 MessageQueue 循环到该 Message 时，调用响应的 Handler 对象的 handlerMessage()方法对其进行处理。

2）在子线程中与主线程进行通信，也就是在工作线程中与 UI 线程进行通信。

Handler 类的常用方法如表 5-12 所示。

表 5-12　Handler 类的常用方法

方法	描述
handleMessage(Message msg)	处理消息的方法，通常重写该方法来处理消息，在发送消息时，该方法自动回调
post(Runnable r)	立即发送 Runnable 对象，该发送对象会自动封装成 Message 对象
postAtTime(Runnable r,long uptimeMillis)	定时发送 Runnable 对象
postDelayed(Runnable r,long delayMillis)	延迟多少毫秒发送 Runnable 对象
sendEmptyMessage(int what)	发送空消息
sendMessage(Message msg)	立即发送消息
sendMessageAtTime(Message msg,long uptimeMillis)	定时发送消息
sendMessageDelayed(Message msg,long delayMillis)	延迟多少毫秒发送消息

关于 Handler 使用的示例代码如下。

```java
public class MyHandlerActivity extends AppCompatActivity
{
    TextView textView;
    MyHandler myHandler;
    protected void onCreate(Bundle savedInstanceState) {
        super.onCreate(savedInstanceState);
        setContentView(R.layout.handlertest);
        textView = (TextView) findViewById(R.id.textView);
        //当创建一个新的 Handler 实例时，它会绑定到当前线程和消息的队列中
        myHandler = new MyHandler();
        MyThread m = new MyThread();
        new Thread(m).start();
    }
    // 接收消息，处理消息，此 Handler 会与当前主线程一起运行
    class MyHandler extends Handler {
        public MyHandler() {
        }
        public MyHandler(Looper L) {
            super(L);
        }
        // 子类必须重写此方法，接收数据
        @Override
        public void handleMessage(Message msg) {
            // TODO Auto-generated method stub
            Log.d("MyHandler", "handleMessage......");
            super.handleMessage(msg);
            // 此处可以更新 UI
            Bundle b = msg.getData();
            String color = b.getString("color");
            MyHandlerActivity.this. textView.setText(color);
        }
    }
    class MyThread implements Runnable {
        public void run() {
            try {
                Thread.sleep(10000);
            } catch (InterruptedException e) {
                // TODO Auto-generated catch block
                e.printStackTrace();
            }
            Log.d("thread.......", "mThread........");
            Message msg = new Message();
            Bundle b = new Bundle();// 存放数据
            b.putString("color", "我的");
            msg.setData(b);
            // 向 Handler 发送消息,更新 UI
            MyHandlerActivity.this.myHandler.sendMessage(msg);
        }
    }
}
```

5.3.3 Message 对象

Message 是线程之间传递信息的载体，包含了对消息的描述和任意的数据对象。Message 被存放在 MessageQueue 中，一个 MessageQueue 可以包含多个 Message 对象。Message 中包含了两个额外的 int 字段和一个 object 字段，这样在大部分情况下，用户就不需要再做内存分配工作了。虽然 Message 的构造函数是公有的，但是最好使用 Message.obtain()或 Handler.obtainMessage()函数来获取 Message 对象，因为 Message 的实现中包含了回收再利用的机制，可以提高效率。尽可能使用 Message.what 来标识消息，以便用不同方式处理 Message。Message 类的属性如表 5-13 所示。

表 5-13 Message 类的属性

属性	类型	描述
arg1	int	存放整型数据
agr2	int	存放整型数据
obj	Object	存放发送给接收器的 Object 类型的任意对象
replyTo	Messenger	指定此 Message 发送到何处的可选 Messenger 对象
what	int	指定用户自定义的消息代码

5.3.4 实例 3：打地鼠

1. 新建项目，设置基本信息

新建一个项目，取名"打地鼠"，入口 Activity 保留默认名称"MainActivity"；将事先准备好的背景图片文件 background.png 和地鼠图片文件 mouse.png 添加到 Drawable 资源目录中；修改项目 res\layout 目录下的 activity_main.xml 文件，删除其中默认添加的布局管理和 TextView 组件，添加一个帧布局管理器，设置其背景图片为刚才添加的背景资源图片；在帧布局管理器中添加一个用于显示地鼠的 ImageView 组件，并设置其显示一张地鼠图片。形成的布局文件的代码如下。

```
<?xml version="1.0" encoding="utf-8"?>
<FrameLayout xmlns:android="http://schemas.android.com/apk/res/android"
    android:id="@+id/fl"
    android:background="@drawable/background"
    android:layout_width="fill_parent"
    android:layout_height="fill_parent">
    <ImageView
        android:id="@+id/imageView1"
        android:layout_width="wrap_content"
        android:layout_height="wrap_content"
        android:src="@drawable/mouse" />
</FrameLayout>
```

2. 编写处理代码

打开 MainActivity.java 文件，首先声明程序中所需的成员变量，在覆盖的 OnCreate()方法中，首先获取页面上的地鼠图片 ImageView 对象，为其添加事件监听对象，在 OnTouch()方法中处理其被触摸后隐藏显示以及消息的显示；创建并开启一个线程，在这个线程的 run()方法中，实现地鼠随机显示/隐藏的处理，并将信息保存到 Message 对象中并发送消息；创建一个 Handler 对象，在重写的 handleMessage()方法中处理 Message 消息。代码如下。

137

```java
public class MainActivity extends AppCompatActivity {
    private int i = 0; // 记录打到了几只地鼠
    private ImageView mouse; // 声明一个 ImageView 对象
    private Handler handler; // 声明一个 Handler 对象
    public int[][] position = new int[][] { { 15, 244 }, { 329, 227 },
            { 230, 209 }, { 200, 229 }, { 282, 203 }, { 310, 261 },
            { 141, 256 } }; // 创建一个表示地鼠位置的数组,注意根据屏幕情况适当调整坐标值
    @Override
    public void onCreate(Bundle savedInstanceState) {
        super.onCreate(savedInstanceState);
        setContentView(R.layout.activity_main);
        mouse = (ImageView) findViewById(R.id.imageView1);//ImageView 对象
        mouse.setOnTouchListener(new OnTouchListener() {
            @Override
            public boolean onTouch(View v, MotionEvent event) {
                v.setVisibility(View.INVISIBLE); // 设置地鼠不显示
                i++;
                Toast.makeText(MainActivity.this, "打到[ "+i+" ]只地鼠! ",
                        Toast.LENGTH_SHORT).show(); // 显示消息提示框
                return false;
            }
        });
        handler = new Handler() {
            @Override
            public void handleMessage(Message msg) {
                int index = 0;
                if (msg.what == 0x101) {
                    index = msg.arg1; // 获取位置索引值
                    mouse.setX(position[index][0]); // 设置 X 轴位置
                    mouse.setY(position[index][1]); // 设置 Y 轴位置
                    mouse.setVisibility(View.VISIBLE); // 设置地鼠显示
                }
                super.handleMessage(msg);
            }
        };
        Thread t = new Thread(new Runnable() {
            @Override
            public void run() {
                int index = 0; // 创建一个记录地鼠位置的索引值
                while (!Thread.currentThread().isInterrupted()) {
                    index = new Random().nextInt(position.length);//随机数
                    Message m = handler.obtainMessage(); // 获取一个 Message
                    m.what = 0x101; // 设置消息标识
                    m.arg1 = index; // 保存地鼠位置的索引值
                    handler.sendMessage(m); // 发送消息
                    try {
                        Thread.sleep(new Random().nextInt(500) + 500); //休眠
                    } catch (InterruptedException e) {
                        e.printStackTrace();
                    }
                }
            }
        });
        t.start(); // 开启线程
```

            }
        }

本章小结

　　Intent 对象用于实现不同组件之间的连接。一个 Intent 对象中包含了组件名称、动作、数据、种类等内容。Android 可以根据 Intent 中设置的内容选择合适的组件进行处理。使用时需要注意显式 Intent 和隐式 Intent 的应用场合。广播接收器用于接收、处理系统和应用程序发送的消息。Android 中预定义了多种广播，读者应认真掌握。

　　由于不能在子线程（工作线程）中更新主线程（UI 线程）中的 UI 组件，因此 Android 引入了消息传递机制，通过使用 Looper、Handler 和 Message 实现多线程中更新 UI 页面的功能。这与 Java 中的多线程不同，希望引起读者注意。多线程特别是在游戏开发中用处很大。

练习题

1. 编写一个程序，使用 Intent 实现视频播放。
2. 编写一个程序，使用 Intent 打开网页。
3. 开发一个程序，实现当电池电量低于 5%时给出提示。
4. 开发一个程序，实现当安装新应用程序时给出提示。
5. 编写一个程序，使用线程实现每隔一分钟更换一次窗体背景。
6. 编写一个程序，使用线程和消息传递机制实现水平移动的图标。
7. 开发一个程序，使用线程和消息传递机制实现一个来回飘动的气球。

第 6 章　Service 应用

知识提要：

Service（服务）是 Android 提供的四种组件之一，其地位和 Activity 是并列的，但是没有 Activity 的使用频率高。服务是可以长期运行在后台的一种服务程序，一般很少和用户交互，没有可视化界面，其他应用程序组件能启动服务并且当用户切换到另一个应用程序时，服务还可以在后台继续运行，并且组件能够绑定到服务并与之交互，甚至执行进程间通信（IPC）。

教学目标：

◆ 掌握服务的概念和用途
◆ 掌握创建 StartService 的方法
◆ 掌握创建 BindService 的方法
◆ 掌握服务的生命周期管理

16　Service 服务

6.1　直接启动服务

本节完成一个简易音乐播放器，如图 6-1 所示。这个播放器提供"开始"和"结束"按钮，使用服务实现音乐的后台播放。在单击"开始"按钮后开始播放，单击"结束"按钮后结束播放，并且在音乐播放时，即便退出程序，播放还在继续，即实现后台播放效果。

6.1.1　服务概述

图 6-1　简易音乐播放器

服务有两种类型。

> 启动服务（Start Service）：用于应用程序内部，应用程序组件（例如 Activity）通过调用 startService()方法启动服务。一旦启动，服务能在后台长期运行，即使启动它的组件已经销毁。通常，启动服务执行单个操作并且不会向调用者返回结果。

> 绑定服务（Bind Service）：用于 Android 系统内部的应用程序之间，应用程序组件通过调用 bindService()方法绑定服务。此种类型提供客户端-服务器接口以允许组件与服务交互、发送请求、获得结果甚至使用进程间通信（Inter-Process Communication，IPC）跨进程完成操作。仅当其他应用程序组件与之绑定时，绑定服务才运行。多个组件可以一次绑定到一个服务上，但是当它们都解除绑定时，服务被销毁。

服务可以同时属于两种类型，其重点在于是否实现一些回调方法：onStartCommand()方法允许组件启动服务，onBind()方法允许组件绑定服务。不管应用程序是哪种，都能通过 Intent 使用服务。开发人员可以在配置文件中将服务声明为私有，从而阻止其他应用程序访问。

创建一个服务很简单，只要创建一个继承自 IntentService 或 Service 的类，实现其生命周期中的几个方法即可。Service 的常用方法如表 6-1 所示。

表 6-1 Service 常用方法

方法名称	说明
onBind（Intent intent）	当其他组件调用 bindService()时，系统调用此方法，此方法是一个必须实现的一个方法，返回一个绑定的接口 IBinder 给 Service
onCreate()	当第一次创建服务时，系统调用此方法
onStartCommand（Intent intent，int startID）	当通过 startService()方法启动服务时，该方法被调用。如果实现了此方法，则当任务完成时须调用 stopSelf()或 stopService()方法停止服务
onDestroy()	当服务不再使用时，系统调用该方法
unbindService()	解除绑定服务
onUnbind()	当绑定服务解除时，系统调用此方法

值得说明的是，服务不能自己运行，需要通过调用 Context.startService()或 Context.bindService() 方法启动服务。这两个方法都可以启动服务，但是它们的使用场合有所不同。使用 Context.startService()方法启动服务（本地服务），调用者与服务之间没有关联，即使调用者退出了，服务仍然运行。使用 Context.bindService()方法启动服务（远程服务），调用者与服务绑定在了一起，一旦调用者退出，服务也就终止。

采用 Context.startService()方法启动服务，在服务未被创建时，系统会先调用服务的 onCreate()方法，接着调用 onStartCommand()方法。如果调用 startService()方法前服务已经被创建，多次调用 startService()方法并不会导致多次创建服务，但会导致多次调用 onStartCommand()方法。采用 startService()方法启动的服务，只能调用 Context.stopService()方法结束服务，服务结束时会调用 onDestroy()方法。本地服务的生命周期如图 6-2 所示。

采用 Context.bindService()方法启动服务，在服务未被创建时，系统会先调用服务的 onCreate()方法，接着调用 onBind()方法。这时调用者和服务绑定在一起，调用者退出时，系统先调用服务的 onUnbind()方法，接着调用 onDestroy()方法。如果调用 bindService()方法前服务已经被绑定，多次调用 bindService()方法并不会导致多次创建服务及绑定（也就是说 onCreate()和 onBind() 方法并不会被多次调用）。如果调用者希望与正在绑定的服务解除绑定，可以调用 unbindService()方法，调用该方法也会导致系统调用服务的 onUnbind()以及 onDestroy()方法。

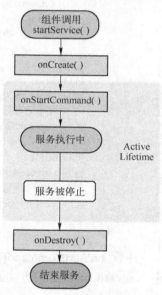

图 6-2 本地服务的生命周期

类似 Android 的 Activity 以及其他组件，服务的使用需要在项目的 AndroidManifest.xml 配置文件中在<application>标记中通过<service>元素进行声明，如下所示。

```
<service android:name="MyService">
    <intent-filter>
        <action android:name="com.cqcet.MyService"/>
    </intent-filter>
</service>
```

6.1.2 创建启动服务

Android 提供了两个类供开发人员继承以创建服务。

1．Service

所有服务的基类。当继承该类时，最好创建新线程来执行服务的全部工作，因为服务默认使用应用程序的主线程，不在新线程中处理则可能导致性能下降，出现系统无反应的现象。示例代码如下。

```java
public class ServiceSample extends Service {
    @Override
    public void onCreate() {
        super.onCreate();
        //在新线程中处理
        Thread thr = new Thread(null, new ServiceWorker(), "BackgroundSercie");
        thr.start();
    }
    @Override
    public IBinder onBind(Intent intent) {
        return null;
    }
    class ServiceWorker implements Runnable {
        @Override
        public void run() {
            // 处理事务
        }
    }
    @Override
    public void onDestroy() {
        //处理事务
        super.onDestroy();
    }
    @Override
    public int onStartCommand(Intent intent,int flags, int startId) {
        //处理事务
        return super.onStartCommand(intent, flags, startId);
    }
}
```

注意 onStartCommand()方法必须返回一个整数，该值用来描述系统停止服务后如何继续服务。onStartCommand()方法返回值的意义如表 6-2 所示。

表 6-2 onStartCommand()方法返回值的意义

常量值	意义
START_NOT_STICKY	方法完成后停止服务，不重新创建服务，除非有 PendingIntent 要发送
START_STICKY	方法完成后停止服务，然后重新创建服务并调用 onStartCommand()，但是不重新发送最后的 Intent。系统使用空 Intent 调用方法，除非有 PendingIntent 来启动服务
START_REDELIVER_INTENT	方法完成后停止服务，重新创建服务并使用发送给服务的最后 Intent 再次调用 onStartCommand()，全部 PendingIntent 依次发送

2．IntentService

IntentService 是 Service 的子类，它每次使用一个工作线程来处理全部启动请求。在不需要同时处理多个请求时，这是最佳选择。开发人员仅需要实现 onHandleIntent()方法，该方法接收每次启动请求的 Intent 以便完成后台任务。IntentService 主要完成以下处理。

> 生成一个默认的且与主线程互相独立的工作者线程来执行所有传送至 onStartCommand()方法的 Intetnt。

> 生成一个工作队列来传送 Intent 对象给 onHandleIntent()方法，同一时刻只传送一个

Intent 对象，不必处理多线程的问题。
- 在所有的请求（Intent）都被执行完成后会自动停止服务，所以不需要调用 stopSelf()方法来停止该服务。
- 提供了一个 onBind()方法的默认实现，返回 null。
- 提供了一个 onStartCommand()方法的默认实现，它将 Intent 先传送至工作队列，然后从工作队列中每次取出一个传送至 onHandleIntent()方法，在该方法中对 Intent 做相应的处理。

基于以上特点，使用 IntenService 需要注意以下几点。

1）只需实现 onHandleIntent()方法来处理客户端的任务。
2）由于 IntentService 没有提供空参数的构造方法，因此使用时还需要提供一个构造方法。
3）如果需要重写其他回调方法，例如 onCreate()、onStartCommand()、onDestory()等，则需要调用父类实现，这样 IntentService 能正确处理工作线程的生命周期。

IntentService 的使用示例如下。

```
public class IntentSample extends IntentService {
    //构造函数
    public IntentSample() {
        super("HelloIntentService");
    }
    @Override
    protected void onHandleIntent(Intent intent) {
        // 对 Intent 进行处理
    }
    @Override
    public int onStartCommand(Intent intent,int flags,int startId){
        Toast.makeText(this, "服务开始", Toast.LENGTH_LONG).show();
        //调用父类实现
        return super.onStartCommand(intent, flags, startId);
    }
}
```

6.1.3 使用启动服务

开发人员可以从 Activity 或者其他应用程序组件向 startService()方法传递 Intent 对象以启动服务。此时如果服务没有运行，系统首先执行 onCreate()方法，接着执行 onStartCommand()方法并将 Intent 传递给它，如下代码所示。

```
Intent intent=new Intent(this, ServiceSample.class);
startService(intent);
```

如果服务没有提供绑定，startService()方法发送的 Intent 是应用组件和服务之间唯一的通信模式。如果需要服务返回结果，则启动该服务的客户端能为广播创建 PendingIntent 并通过启动服务的 Intent 发送 PendingIntent，服务就可使用广播来发送消息。

本地服务必须管理自己的生命周期。系统不会停止或销毁服务，除非系统回收内存而且在 onStartCommand()方法返回后服务继续运行。因此，服务必须调用 stopSelf()方法停止自身，或者其他组件调用 stopService()方法停止服务。

如果服务同时处理多个 onStartCommand()方法调用请求，则处理完一个请求后，不应该停止服务，因为可能收到一个新的启动请求（在第一个请求结束后停止会终止第二个请求）。为了避免出现这种问题，开发人员可以使用 stopSelf(int)方法来确保终止服务的请求总是基于最近收到的启动请求。即当调用 stopSelf()方法时，同时将启动请求的 ID（发送给 onStartCommand()方法的 startid）传递给停止请求。这样如果服务在能够调用 stopSelf()方法前接收到启动请求，会因为 ID 不匹配而服务不停止。

其他组件停止服务的示例代码如下。

```java
Intent intent=new Intent(this, ServiceSample.class);
stopService(intent);
```

6.1.4 实例 1：后台播放

1．创立项目，设置资源

在 AS 中创建一个 Android 项目，项目名称设为"后台播放"，包命名为"ch06_01"。然后在项目的 String 资源中添加三个字符串资源如下。

```xml
<string name="msg">后台播放音乐</string>
<string name="beginCaption">开始</string>
<string name="endCaption">结束</string>
```

在 res 目录下创建 raw 文件夹，放置一个 MP3 媒体文件，这里使用 korea_jiangnanstyle.mp3 文件。

打开默认的布局文件 activity_main.xml，删除默认的布局方式，添加线性布局，在线性布局中依次添加一个 TextView、两个 Button 组件。布局文件代码如下。

```xml
<LinearLayout xmlns:android="http://schemas.android.com/apk/res/android"
    android:layout_width="fill_parent"
    android:layout_height="fill_parent"
    android:layout_alignParentRight="true"
    android:layout_alignParentTop="true"
    android:orientation="vertical" >
    <TextView
        android:id="@+id/tv_msg"
        android:layout_width="match_parent"
        android:layout_height="wrap_content"
        android:text="@string/msg" />
    <Button
        android:id="@+id/btn_begin"
        android:layout_width="wrap_content"
        android:layout_height="wrap_content"
        android:text="@string/beginCaption" />
    <Button
        android:id="@+id/btn_end"
        android:layout_width="wrap_content"
        android:layout_height="wrap_content"
        android:text="@string/endCaption" />
</LinearLayout>
```

2．创建 Service 代码

在项目的 src 目录下添加一个类文件，文件名为 MusicService，继承自 android.app.Service，代码如下。

```java
public class MusicService extends Service {
    //为日志工具设置标签
```

```java
    private static String TAG = "MusicService";
    //定义音乐播放器变量
    private MediaPlayer mPlayer;
    @Override
    public void onCreate() {
        Toast.makeText(this, "MusicSevice onCreate()" , Toast.LENGTH_SHORT).show();Log.e(TAG, "MusicSerice onCreate()");
        mPlayer = MediaPlayer.create(getApplicationContext(),R.raw.korea_jiangnanstyle);
        //设置可以重复播放
        mPlayer.setLooping(true);
        super.onCreate();
    }
    @Override
    public int onStartCommand(Intent intent,int flags, int startId) {
        Toast.makeText(this, "MusicSevice onStart()",Toast.LENGTH_SHORT).show();Log.e(TAG, "MusicSerice onStart()");
        mPlayer.start();
        return super.onStartCommand(intent, flags, startId);
    }
    @Override
    public void onDestroy() {
        Toast.makeText(this, "MusicSevice onDestroy()",Toast.LENGTH_SHORT).show();Log.e(TAG, "MusicSerice onDestroy()");
        mPlayer.stop();
        super.onDestroy();
    }
    //其他对象通过 bindService()方法通知该服务时,该方法被调用
    @Override
    public IBinder onBind(Intent intent) {
        return null;
    }
}
```

3. 创建 MainActivity 代码

打开默认创建的 MainActivity.java 代码文件,在 onCreate()方法中先调用 setContentView()方法使用 activity_main 布局,再添加一个 Toast 作一个界面提示;自定义一个 initlizeViews()方法,在这个方法中,针对界面上的两个 Button 组件分别添加单击事件监听器。在单击事件监听器中首先创建一个 Intent 为使用 MusicService 做好准备,然后分别调用 startService()和 stopService()方法启动和停止服务。代码如下。

```java
public class MainActivity extends AppCompatActivity {
    //为日志工具设置标签
    private static String TAG = "MusicService";
    @Override
    public void onCreate(Bundle savedInstanceState) {
        super.onCreate(savedInstanceState);
        setContentView(R.layout.activity_main);
        //输出 Toast 消息和日志记录
        Toast.makeText(this,"MusicServiceActivity",Toast.LENGTH_SHORT).show();
        Log.e(TAG, "MusicServiceActivity");
        initlizeViews();
    }
    private void initlizeViews(){
```

```java
            Button btnStart = (Button)findViewById(R.id.btn_begin);
            Button btnStop = (Button)findViewById(R.id.btn_end);
            //定义单击事件监听器
            OnClickListener ocl = new OnClickListener() {
                @Override
                public void onClick(View v) {
                    //显示指定 intent 所指的对象是服务
                    Intent intent = new Intent(MainActivity.this,MusicService.class);
                    switch(v.getId()){
                    case R.id.btn_begin:
                        //开始服务
                        startService(intent);
                        break;
                    case R.id.btn_end:
                        //停止服务
                        stopService(intent);
                        break;
                    }
                }
            };
            //绑定单击事件监听器
            btnStart.setOnClickListener(ocl);
            btnStop.setOnClickListener(ocl);
        }
    }
```

4. 修改配置文件

打开 AndroidMainifest.xml 文件，须在<aplicaiton>标记中添加 MusicService 的配置，这样前面的服务才能使用，代码如下：

```xml
<?xml version="1.0" encoding="utf-8"?>
<manifest xmlns:android="http://schemas.android.com/apk/res/android"
    package="com.example.ch06_01">
    <application
        android:allowBackup="true"
        android:icon="@mipmap/ic_launcher"
        android:label="@string/app_name"
        android:roundIcon="@mipmap/ic_launcher_round"
        android:supportsRtl="true"
        android:theme="@style/AppTheme">
        <activity android:name=".MainActivity">
            <intent-filter>
                <action android:name="android.intent.action.MAIN" />
                <category android:name="android.intent.category.LAUNCHER" />
            </intent-filter>
        </activity>
        <service android:enabled="true" android:name=".MusicService" />
    </application>
</manifest>
```

图 6-3　音乐播放器运行效果

最后程序的运行效果如图 6-3 所示，在系统调用到某个过程方法时，有相应的消息提示。特别地，即使退出程序，音乐播放仍在继续。

6.2 绑定服务

17 绑定 Service 服务

本节仍然实现一个播放器，与上节的播放器不同的是，本节的播放器通过绑定服务实现，当退出程序时，音乐播放也停止。播放器界面如图 6-4 所示。

6.2.1 使用绑定服务

绑定服务就像 C/S 架构中的服务端，一般使用 bindService()方式启动服务，其他组件（比如 Activity）绑定到服务后可以向它发送请求，可以接收从它返回的响应，甚至还提供了进程间通信的功能。

一个服务要想能够被其他组件绑定，那么必须实现服务的 onBind()方法，且必须返回一个 IBinder 对象，然后其他组件可以通过这个 IBinder 对象与该服务进行通信。

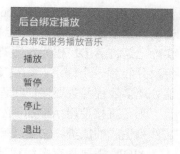

图 6-4 播放器界面

客户端通过 bindService()方法绑定到服务，传递 ServiceConnection 的实现对象。这样客户端必须提供 SerciceConnection 接口的实现类（重写其中的 onServiceConnected()、onServiceDisconnected()方法），它监视客户端与服务端之间的连接。bindService()方法返回后，当 Android 创建客户端与服务之间的连接时，系统调用 ServiceConnection 接口的 onServiceConnection()方法，发送 IBinder 对象实现客户端与服务之间的通信。客户端可以调用 unbindService()方法解除绑定。

多个客户端可以绑定至同一个服务上，但该服务的 onBind()方法只会在第一个客户端绑定的时候被调用，当其他客户端再次绑定到它的时候，并不会调用 onBind()方法，而是直接返回第一次被调用时产生的 IBinder 对象。也就是说，在其生命周期内，onBind()只会被调用一次。

绑定服务的生命周期如图 6-5 所示。

绑定服务不会在后台无限期地一直运行，当所有绑定的组件都调用了 unbindService()方法解除绑定之后，系统就会将服务销毁并回收资源。

要实现一个绑定服务，最重要的就是实现服务的 onBind()方法以返回一个 IBinder 接口对象，共有三种实现方式。

（1）继承 Binder 类

当服务对应用程序私有，并且同客户端运行于相同的进程时，适合使用继承自 Binder 的类来创建接口，并且从 onBind()方法返回一个实例。客户端接收 Binder 对象，并使用它来直接访问 Service 类中可用的公共方法。

当服务仅用于私有应用程序时，建议使用此方法；当服务可以用于其他应用程序或者访问独立进程时，不能使用此方法。

（2）使用 Messenger

当接口需要跨不同的进程工作时，一般使用 Messenger 来为

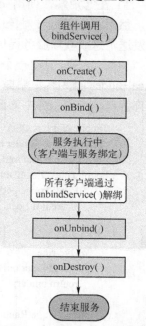

图 6-5 绑定服务的生命周期

服务创建接口。此时，服务定义 Handler 对象来响应不同类型的 Messenger 对象。Handler 是 Messenger 的基础，它能与客户端分享 IBinder 对象，允许客户端使用 Messenger 对象向服务发送消息，同时客户端可以定义自己的 Messenger 对象，这样服务也能向客户端回送消息。

使用 Messenger 接口是执行进程间通信的最简单方式，因为 Messenger 类将所有请求队列化到单独的线程，这样开发人员就不必将服务设计为线程安全。

（3）使用 AIDL

AIDL（Android Interface Definition Language，Android 接口定义语言）执行分解对象到原语的全部工作，以便操作系统能理解并且跨进程执行进程间通信。使用 Messenger 创建接口，实际上是将 AIDL 作为底层架构。Messenger 在单个线程中将所有客户端请求队列化，这样服务每次只收到一个请求。如果服务需要同时处理多个请求，可以直接使用 AIDL，同时服务必须能处理多线程并且要保证线程的安全。

为了直接使用 AIDL，必须创建定义编程接口的 AIDL 文件。Android SDK 工具使用 AIDL 文件来生成抽象类，它实现接口并处理进程间通信，然后才可以在服务中使用。

AIDL 需要具有多线程处理能力，同时又会导致更加复杂的实现。对绝大部分应用程序而言，可以直接使用 Messenger 实现，不需要 AIDL，所以本章不对此种方法做详细的介绍。

6.2.2 继承 Binder 类接口的实现

继承 Binder 类接口的实现分为以下几个步骤。

1）在 Service 类中声明一个继承自 Binder 类的内部类。在该内部类中，一般提供一个公共方法返回当前的服务实例；或者提供其他的公共方法，提供给客户端访问。

2）在 Service 类中声明一个上一步创建的内部类的实例，以供在 onBind()方法中作为 IBinder 对象返回。

3）在客户端，使用 onServiceConnected()方法中得到从 onBind()方法中返回的 IBinder 对象，然后可以通过该对象中获得相应的服务实例，依据服务实例中提供的公共方法就可以向服务发送消息或获取服务提供的资源了。

例如，下面创建一个服务通过 Binder 实现类为客户端提供访问服务的公共方法。其中 LocalBinder 类为客户端提供了 getService()方法以获得当前 LocalService 的实例。通过这个实例允许客户端调用服务中的公共方法，比如调用服务的 getRandomNumber 方法。

```
public class localService extends Service {
private final IBinder binder=new LocalBinder();
private final Random generator=new Random();
public class LocalBinder extends Binder {
    localService getService() {
        return LocalService.this;
    }
}
@Override
public IBinder onBind(Intent intent) {
   return binder;
 }
public int getRandomNumber() {
    return generator.nextInt(100);
}
```

有了服务端后,客户端 Activity 绑定到 LocalService,并且在单击按钮时调用 getRandomNumber() 方法,如下代码所示。

```java
public class BindingActivity extends Activity {
    localService localService;
    boolean bound=false;
    @Override
    protected void onCreate(Bundle saveInstanceState) {
        super.onCreate(saveInstanceState);
        setContentView(R.layout.main);
    }
    @Override
    protected void onStart() {
      super.onStart();
      Intent intent=new Intent(this,LocalService.class);
      //绑定服务,须传递 ServiceConnection 对象实现
      bindService(intent,connection,Context.BIND_AUTO_CREATE);
    }
    @Override
    protected void onStop() {
      super.onStop();
      if(bound) {
        unbindService(connection);
        bound=false;
      }
    }
    public void onButtonClick(View v) {
      if(bound) {
        Int num=localService.getRandomNumber();
        Toast.makeText(this,"获得随机数:"+num,Toast.LENGTH_SHORT).show();
      }
    }
    //实现 ServiceConnection 接口类
    private ServiceConnection connection=new ServiceConnection(){
      public void onServiceConnection(ComponentName className,IBinder services) {
        localBinder binder=(LocalBinder)service;
        localService=binder.getService();
        bound=true;
      }
      public void onServiceDisconnected(ComponentName arg0){
          bound=false;
      }
    };
}
```

6.2.3 使用 Messenger 类的实现

Messenger 类的实现分以下几个步骤。

1)在服务内部定义一个 Handler 类或子类的实现,用来处理从每一个客户端发送的请求。
2)通过 Handler 类生成一个 Messenger 实例。

3）在服务的 onBind()方法中，需要向客户端返回由该 Messenger 生成的一个 IBinder 实例。

4）客户端使用从服务返回的 IBinder 实例来初始化一个 Messenger，然后使用该 Messenger 与服务进行通信。

5）服务通过它自身内部的 Handler 类实现（handleMessage()方法）来处理从客户端发送的请求。

例如创建两个独立工程（两个独立应用程序），分别运行，使用 Messenger 实现两个进程间的通信，在一个工程中仅包含一个服务来实现一个 Handler 处理类，对消息进行处理，代码如下。

```
// 服务端的 Handler 实现
private class IncomingHandler extends Handler {
    @Override
    public void handleMessage(Message msg) {
        int value = msg.arg1;
        super.handleMessage(msg);
    }
}
```

当然还要实现服务的 onBind()接口方法，返回 IBinder 对象。

```
@Override
public IBinder onBind(Intent intent) {
    return messenger.getBinder();
}
```

在另一个工程中也定义一个继承自 Handler 的内部类，用来实现对服务返回的 Messenger 的处理，代码如下。

```
// 客户端的 Handler 实现
private class IncomingHandler extends Handler {
    //处理从服务发送至该 Activity 的消息
    @Override
    public void handleMessage(Message msg) {
        Toast.makeText(this, "service msg is: " + msg.arg1, Toast.LENGTH_SHORT)
        super.handleMessage(msg);
    }
}
```

同时实现 ServiceConnection 接口类的定义，它在对服务连接成功后，实现向服务发送消息等事务，代码如下。

```
// 客户端 ServiceConnection 的实现
private ServiceConnection myRemoteServiceConnection = new ServiceConnection() {
    public void onServiceConnected(ComponentName name, IBinder service) {
        updateLog("myServiceConnection.onServiceConnected");
        isBound = true;
        // 使用从服务返回的 IBinder 来生成一个 Messenger
        Messenger serviceMessenger = new Messenger(service);
        // 生成一个 Message
        Message msg = Message.obtain();
        msg.what ="ClientMsg";
        msg.replyTo = messenger;
```

```
        try { // 向 Service 发送 Message
            serviceMessenger.send(msg);
        } catch (RemoteException e) {
            e.printStackTrace();
        }
    }
};
```

6.2.4 实例 2：后台绑定播放

1. 创立项目，设置资源

在 AS 中创建一个 Android 项目，项目名称设为"后台绑定播放"，包命名为"ch06_02"；然后在项目的 String 资源中添加五个字符串资源如下。

```xml
<string name="msg">后台绑定服务播放音乐</string>
<string name="playCaption">播放</string>
<string name="stopCaption">停止</string>
<string name="pauseCaption">暂停</string>
<string name="exitCaption">退出</string>
```

在 res 目录下创建 raw 文件夹，放置一个 MP3 媒体文件，这里命名为"tianlu.mp3"。

打开默认的布局文件 activity_main.xml，删除默认的布局方式，添加线性布局，在线性布局中依次添加一个 TextView、四个 Button 组件。布局文件代码如下。

```xml
<LinearLayout xmlns:android="http://schemas.android.com/apk/res/android"
    android:layout_width="fill_parent"
    android:layout_height="fill_parent"
    android:layout_alignParentRight="true"
    android:layout_alignParentTop="true"
    android:orientation="vertical" >
    <TextView
        android:id="@+id/tv_msg"
        android:layout_width="match_parent"
        android:layout_height="wrap_content"
        android:text="@string/msg" />
    <Button
        android:id="@+id/btn_Play"
        android:layout_width="wrap_content"
        android:layout_height="wrap_content"
        android:text="@string/playCaption" />
    <Button
        android:id="@+id/btn_Pause"
        android:layout_width="wrap_content"
        android:layout_height="wrap_content"
        android:text="@string/pauseCaption" />
    <Button
        android:id="@+id/btn_Stop"
        android:layout_width="wrap_content"
        android:layout_height="wrap_content"
        android:text="@string/stopCaption" />
    <Button
        android:id="@+id/btn_Exit"
        android:layout_width="wrap_content"
        android:layout_height="wrap_content"
```

```
                    android:text="@string/exitCaption" />
    </LinearLayout>
```

2. 创建 Service 代码

在项目中添加一个服务类文件,名称设为"MusicBindService",并继承 android.app.Service 类。在这个服务类中首先定义一个继承 Binder 的内部类,命名为 MusicBinder。在这个自定义的内部类中,创建一个返回服务对象实例的方法以供客户端调用,通过 onBind()接口方法返回给客户端这个内部类对象的实例。再定义几个可供客户端调用的公共方法:play()、stop()、pause()等。代码如下。

```
public class MusicBindService extends Service {
    private MediaPlayer mediaPlayer;
    private final IBinder binder = new MusicBinder();
    //构建继承 Binder 的类
    public class MusicBinder extends Binder {
        MusicBindService getService() {
            return MusicBindService.this;
        }
    }
    @Override
    public IBinder onBind(Intent intent) {
        //返回 IBinder 对象
        return binder;
    }
    @Override
    public void onCreate() {
        super.onCreate();
        Toast.makeText(this, "创建服务对象!", Toast.LENGTH_SHORT).show();
    }
    @Override
    public void onDestroy() {
        super.onDestroy();
        Toast.makeText(this, "停止服务", Toast.LENGTH_SHORT).show();
        if(mediaPlayer != null){
            mediaPlayer.stop();
            mediaPlayer.release();
        }
    }
    //可以给客户端调用的 play()方法
    public void play() {
        if (mediaPlayer == null) {
            Toast.makeText(this, "开始播放!", Toast.LENGTH_SHORT).show();
            mediaPlayer = MediaPlayer.create(this, R.raw.tianlu);
            mediaPlayer.setLooping(false);
        }
        if (!mediaPlayer.isPlaying()) {
            mediaPlayer.start();
        }
    }
    //可以给客户端调用的 pause()方法
    public void pause() {
```

```java
            Toast.makeText(this, "暂停播放！", Toast.LENGTH_SHORT).show();
            if (mediaPlayer != null && mediaPlayer.isPlaying()) {
                mediaPlayer.pause();
            }
        }
        //可以给客户端调用的 stop()方法
        public void stop() {
            if (mediaPlayer != null) {
                Toast.makeText(this, "停止播放！", Toast.LENGTH_SHORT).show();
                mediaPlayer.stop();
                try {
                    mediaPlayer.prepare();// 在调用 stop()方法后如果需要再次通过 start 进行播放，需要先调用 prepare 函数
                } catch (IOException ex) {
                    ex.printStackTrace();
                }
            }
        }
    }
```

3．创建 MainActivity 代码

打开默认创建的 MainActivity.java 代码文件，添加继承接口 OnClickListener；在 onCreate()方法中首先调用 setContentView()方法使用 activity_main 布局，接着获取界面上的按钮控件，分别添加事件监听对象；自定义一个 connection 方法，在这个方法中，首先创建一个 Intent，然后绑定 MusicBindService 服务；在 ServiceConnection 定义中分别实现 OnServiceConnected()和 OnServiceDisconnected()方法；在最后的 OnDestroy()接口方法中通过 unbindService()结束服务绑定。代码如下。

```java
public class MainActivity extends AppCompatActivity implements OnClickListener {
    private Button btn_Play;
    private Button btn_Stop;
    private Button btn_Pause;
    private Button btn_Exit;
    private MusicBindService musicService;
    @Override
    public void onCreate(Bundle savedInstanceState) {
        super.onCreate(savedInstanceState);
        setContentView(R.layout.activity_main);
        btn_Play = (Button) findViewById(R.id.btn_Play);
        btn_Stop = (Button) findViewById(R.id.btn_Stop);
        btn_Pause = (Button) findViewById(R.id.btn_Pause);
        btn_Exit = (Button) findViewById(R.id.btn_Exit);
        //为按钮添加事件监听器
        btn_Play.setOnClickListener(this);
        btn_Stop.setOnClickListener(this);
        btn_Pause.setOnClickListener(this);
        btn_Exit.setOnClickListener(this);
        connection();
    }
    private void connection() {
        Intent intent = new Intent(this,MusicBindService.class);
        bindService(intent, sc, Context.BIND_AUTO_CREATE);
```

```java
            }
            @Override
            public void onClick(View v) {
                switch (v.getId()) {
                    case R.id.btn_Play:
                        musicService.play();
                        break;
                    case R.id.btn_Stop:
                        if (musicService != null) {
                            musicService.stop();
                        }
                        break;
                    case R.id.btn_Pause:
                        if (musicService != null) {
                            musicService.pause();
                        }
                        break;
                    case R.id.btn_Exit:
                        this.finish();
                        break;
                }
            }
            private ServiceConnection sc = new ServiceConnection() {
                @Override
                public void onServiceConnected(ComponentName name, IBinder service) {
                    musicService = ((MusicBindService.MusicBinder) (service)).getService();
                    if (musicService != null) {
                        musicService.play();
                    }
                }
                @Override
                public void onServiceDisconnected(ComponentName name) {
                    musicService = null;
                }
            };
            @Override
            public void onDestroy(){
                super.onDestroy();
                if(sc != null){
                    unbindService(sc);
                }
            }
        }
```

4. 修改配置文件

打开 AndroidMainifest.xml 文件，在<aplicaiton>标记中添加 MusicBindService 的配置，这样前面的服务才能使用，代码如下。

```xml
<?xml version="1.0" encoding="utf-8"?>
<manifest xmlns:android="http://schemas.android.com/apk/res/android"
    package="com.example.ch06_02">
    <application
        android:allowBackup="true"
        android:icon="@mipmap/ic_launcher"
```

```xml
android:label="@string/app_name"
android:roundIcon="@mipmap/ic_launcher_round"
android:supportsRtl="true"
android:theme="@style/AppTheme">
    <activity android:name=".MainActivity">
        <intent-filter>
            <action android:name="android.intent.action.MAIN" />
            <category android:name="android.intent.category.LAUNCHER" />
        </intent-filter>
    </activity>
    <service android:enabled="true" android:name=".MusicBindService" />
</application>
</manifest>
```

最后程序的运行效果如图 6-6 所示，可通过界面上的按钮控制播放，在程序退出时，播放停止。

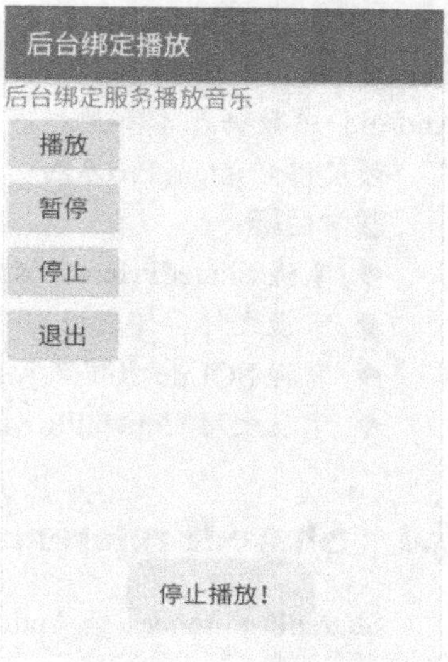

本章小结

本章详细介绍了 Android 四大组件之一的服务。服务可以分成启动服务（Start Service）和绑定服务（Bind Service）两大类。启动服务有两种实现方式：继承 IntentService 类和继承 Service 类。对于绑定服务，有三种接口实现方式：继承 Binder 类、使用 Messenger 类和使用 AIDL。它们在不同的场合和应用环境各有优势，读者应能灵活使用。

图 6-6 绑定服务方式的播放器

练习题

1. 编写一个继承 IntentService 类的服务类，在启动 10s 后停止服务，并在 LogCat 中输出停止服务信息。
2. 编写一个继承 Service 类的服务类，在启动 10min 后，以通知的方式提示用户。
3. 编写一个程序，以列表的形式显示当前运行服务的详细信息。
4. 编写一个程序，查看本地服务或远程服务的声命周期。

第7章 Android 数据存储

知识提要：

数据存储是应用程序最基本的问题，任何企业系统、应用软件都必须解决这一问题。数据必须以某种方式保存，不能丢失，并且能够有效、简便地使用和更新这些数据。Android 提供了五种数据存储方式，分别是 SharedPreferences、Internal Storage、External Storage、Network Connection、SQLite 数据库，其中 Internal Storage 和 External Storage 统称文件存储。由于 Android 中数据基本都是私有的，都存放于"data\data\程序包名"目录下，因此要实现数据共享，须使用 Content Provider。

教学目标：
- ◆ 掌握 SharedPrferences 对文件的读写
- ◆ 掌握文件存储数据
- ◆ 掌握 SQLite 数据库存储数据
- ◆ 掌握使用 ContentProvider 存储数据

18 Shared-Preferences

7.1 SharedPreferences

SharedPreferences 是 Android 平台上一个轻量级的存储类，主要用于保存一些常用的配置，比如窗口状态。通常在 Activity 中实现重载窗口状态的 onSaveInstanceState 信息一般使用 SharedPreferences 完成，它提供了 long、int、string 等基本数据类型的保存。

本节将编制一个 Android 应用系统，将自身的基本信息保存在本地的配置文件中，以在需要时方便读取。

7.1.1 获取 SharedPreferences 对象

SharedPreferences 主要用于保存系统配置信息，类似于 Windows 系统上的 ini 配置文件。Android 以 XML 格式保存，整体效率虽然不高，但对于常规的基础数据而言比 SQLite 要好。SharedPreferences 的本质是使用 XML 文件存储键值对数据，通常用来存储一些简单的配置信息，其存储位置在\data\data\<包名>\shared_prefs 目录下，并且所保存的数据在应用程序结束后依然被保存。例如，可以通过它保存上一次所做的修改或者自定义的参数设置，当再次启动程序后依然保持原有的设置。

有两种方式获取 SharedPreferences 对象。

1）public SharedPreferences getSharedPreferences(String name, int mode)：如果需要多个文件名来区分不同的共享文件，则使用此方法。这个方法主要指定了读写的文件名以及读写方式，其中 name 为 Preferences 的文件名，mode 是读写方式。

2）public SharedPreferences getPreferences(int mode)：如果 Activity 仅需要一个共享文件，可以使用该方法。因为只有一个共享文件，所以不需要提供名称，其中 mode 是读写方式。

mode 有以下三种形式。

- MODE_PRIVATE 表示当下应用程序专用。
- MODE_WORLD_READABLE 表示数据能被其他应用程序读，但是不能写。
- MODE_WORLD_WRITEABLE 表示数据能被其他应用程序读、写。

7.1.2 操作 SharedPreferences 数据

存储数据到 SharedPreferences 中，需要使用 SharedPreferences.Editor 对象。

```
SharedPreferences.Editor editor = preferences.edit();
```

然后利用 SharedPreferences.Editor 对象的 putInt()、putBoolean()、putFloat()、putLong()、putString()等 put×××()方法实现数据的写入。

最后执行 SharedPreferences.Editor 的 commit()方法，提交新值。

存储 SharedPreferences 数据的代码示例如下。

```
SharedPreferences preferences = getSharedPreferences("myfile", MODE_PRIVATE);
SharedPreferences.Editor editor = preferences.edit();
editor.putString("userName","jake");
editor.commit();
```

对于 SharedPreferences 而言，使用 XML 文件来保存数据，文件名与指定的名称相同。其实每安装一个应用程序，在\data\data\<packagename>目录下都会产生一个文件夹。如果应用程序中使用了 Preferences，那么便会在该文件夹下产生一个 Shared-prefs 文件夹。

启动模拟器，打开 Device File Explorer 视图，打开\data\data\com.example.example07_01\shared_prefs 文件夹（假定当前项目的包名为 com.example.example07_01），可以看到创建的 myfile.xml 文件。

从 SharedPreferences 中读取数据时，主要使用 SharedPreferences 类提供的 get×××()函数。如下代码演示了读取数据的处理。

```
SharedPreferences preferences = getSharedPreferences("myfile", MODE_PRIVATE);
String result = preferences.getString("userName", null);
```

7.1.3 实例1：读写 SharedPreferences 数据

1. 新建项目，设置基本信息

打开 AS，并新建一个 Android 项目，程序名称设为"读写 SharedPreferences"，项目名称设为"ch07_01"，其他项保留默认值。

打开默认创建的 activity_main.xml 布局文件，改为相对布局，在其中添加几个 TextView 组件，最后的 XML 代码如下。

```xml
<RelativeLayout xmlns:android="http://schemas.android.com/apk/res/android"
    android:layout_width="fill_parent"
    android:layout_height="fill_parent" >
    <TextView
        android:id="@+id/xh"
        android:layout_width="wrap_content"
        android:layout_height="wrap_content"
        android:layout_alignParentLeft="true"
        android:layout_alignParentRight="true"
```

157

```xml
            android:layout_alignParentTop="true"
            android:text="TextView" />
        <TextView
            android:id="@+id/name"
            android:layout_width="wrap_content"
            android:layout_height="wrap_content"
            android:layout_alignParentLeft="true"
            android:layout_alignParentRight="true"
            android:layout_below="@+id/xh"
            android:text="TextView" />
        <TextView
            android:id="@+id/age"
            android:layout_width="wrap_content"
            android:layout_height="wrap_content"
            android:layout_alignParentLeft="true"
            android:layout_alignParentRight="true"
            android:layout_below="@+id/name"
            android:text="TextView" />
</RelativeLayout>
```

2. 创建处理代码

打开 MainActivity.java 文件，修改其中的代码。在其中添加了两个函数：writePreferences()实现数据的保存，readPreferences()实现保存数据的读取。最后将保存的数据显示处理。程序代码如下。

```java
public class MainActivity extends AppCompatActivity {
    final String FILENAME = "file";          // 文件名称
    @Override
    protected void onCreate(Bundle savedInstanceState) {
        super.onCreate(savedInstanceState);
        setContentView(R.layout.activity_main);// 定义布局管理器
        writePreferences();//保存文件
        readPreferences();//读取文件
    }
    protected void writePreferences(){
        SharedPreferences share = super.getSharedPreferences(FILENAME,
                    AppCompatActivity.MODE_PRIVATE); // 指定操作的文件名称
        SharedPreferences.Editor edit = share.edit();    // 编辑文件
        edit.putString("xh", "20121220") ;       // 保存字符串型数据
        edit.putString("name", "cqdz") ;         // 保存字符串型数据
        edit.putInt("age", 30);                  // 保存整型型数据
        edit.commit() ;
    }
    protected void readPreferences()
    {
        SharedPreferences share = super.getSharedPreferences(FILENAME,
                    AppCompatActivity.MODE_PRIVATE); // 指定操作的文件名称
        ((TextView) super.findViewById(R.id.xh)).setText("学号：" + share.getString("xh", "没有学号信息。"));
        ((TextView) super.findViewById(R.id.name)).setText("姓名：" + share.getString("name", "没有姓名信息。"));
        ((TextView) super.findViewById(R.id.age)).setText("年龄：" + share.getInt("age", 0));
    }
}
```

最后的运行结果如图 7-1 所示。

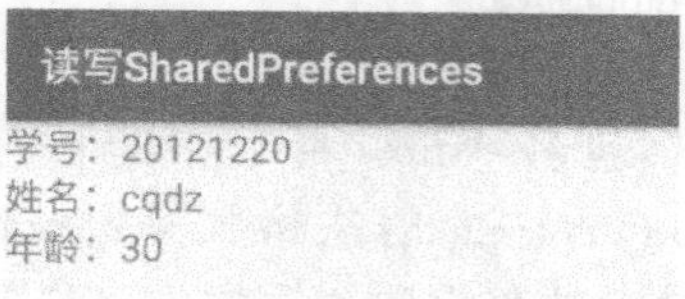

图 7-1　SharedPreferences 读写示例

19　文件存储

7.2　文件存储

Android 使用的是基于 Linux 的文件系统，程序开发人员可以建立和访问程序自身的私有文件，也可以访问保存在资源目录中的原始文件和 XML 文件，还可以在 SD 卡等外部存储设备中读取文件。Android 的文件存储分为内部存储和外部存储，内部存储是指读写内部存储器（也就是常说的机身内存）上的文件，而外部存储是指读写 SD 卡存储器上的文件。

本节准备编制一个 Android 应用程序，将自己的基本信息保存在本地的文本文件中，以方便需要时读取。

7.2.1　内部存储

Android 允许应用程序创建仅能够被自身访问的私有文件，文件保存在设备的内部存储器上，在系统的\data\data\<包名>\files 目录中（可以使用"Device File Explorer"视图查看）。Android 系统不仅支持标准 Java 的 IO 类和方法，还提供了能够简化读写流式文件过程的工具。

Activity 提供了 openFileOutput()方法，该方法用于把数据输出到文件中，具体的实现过程与在 J2SE 环境中保存数据到文件中类似。openFileOutput()方法为写入数据做准备而打开应用程序的私有文件，如果指定的文件不存在，则创建一个新的文件。openFileOutput()方法的语法格式是：public FileOutputStream openFileOutput(String name, int mode)。其中，name 参数是文件名称，这个参数不可以包含描述路径的斜杠字符；mode 参数是操作模式，可用的操作模式如表 7-1 所示。方法的返回值是 FileOutputStream 类型对象。

表 7-1　Android 支持的四种文件操作模式

模式	说明
MODE_PRIVATE	私有模式，缺陷模式，文件仅能够被文件创建程序或具有相同 UID 的程序访问
MODE_APPEND	追加模式，如果文件已经存在，则在文件的结尾处添加新数据
MODE_WORLD_READABLE	全局读模式，允许任何程序读取私有文件
MODE_WORLD_WRITEABLE	全局写模式，允许任何程序写入私有文件

在获取了 FileOutputStream 对象后，使用这个对象的 write()方法写入数据，使用 close()方法关闭文件流。使用 openFileOutput()方法创建新文件的示例代码如下所示。

```
/**
*写入文件内容
*filename 为文件名称，content 为要写入的内容    */
public void save(String filename, String content) throws Exception {
    //以私有模式建立文件
    FileOutputStream fos=openFileOutput(filename, Context.MODE_PRIVATE);
    fos.write(content.getBytes());   //向文件中写入数据，将字符串转换为字节
```

```
        fos.flush();      //将所有剩余的数据写入文件
        fos.close();      //关闭 FileOutputStream
    }
```

如果要打开存放在\data\data\<包名>\files 目录中的私有文件，可以使用 Activity 提供 openFileInput()方法。openFileInput()方法的语法格式是：public FileInputStream openFileInput (String name)。其中，name 参数也是文件名称，同样不允许包含描述路径的斜杠字符。该方法返回一个 FileInputStream 对象。

在获取了 FileInputStream 对象后，可以使用这个对象提供的 read()方法读取数据，使用 close()方法关闭输入流。使用 openFileInput ()方法打开已有文件的示例代码如下。

```
/**
 * 读取文件内容
 * @param filename  文件名称   */
public String read(String filename) throws Exception{
    FileInputStream fis = openFileInput(filename);   //创建输入流
    byte[] input = new byte[fis.available()];    //依据文件的大小创建数组
    while(fis.read(input) != -1){}    //调用 read()方法读取字节
    fis.close();//关闭 FileInputStream
    return new String(input);
}
```

7.2.2 外部存储

使用 Activity 的 openFileOutput()方法保存的文件，是存放在手机内存上的，由于手机的存储空间有限，视频等大文件，是不可行的。对于大文件的处理，可以将其存放在 SD 卡中。

Android 支持的外部存储，可以是 SD 卡等可以移除的存储介质（外部存储的文件通常位于 mnt\sdcard 目录下），也可以是手机内存等不可以移除的存储介质（属于永久性的存储方式）。保存于外部存储的文件都是全局可读的，而且在用户使用 USB 数据线连接计算机后，可以修改这些文件。

例如要实现文件在 SD 卡上的存取处理，首先要在项目配置文件 AndroidManifest.xml 中加入如下访问 SD 卡的权限。

```
<!-- 在 SD 卡中创建与删除文件权限  -->
<uses-permission android:name="android.permission.MOUNT_UNMOUNT_FILESYSTEMS"/>
<!-- 往 SD 卡写入文件权限  -->
 <uses-permission android:name="android.permission.WRITE_EXTERNAL_STORAGE"/>
<!-- 从 SD 卡读取文件权限  -->
 <uses-permission android:name="android.permission.READ_EXTERNAL_STORAGE"/>
```

然后就可以访问 SD 卡上的文件了（注意：对 Android 6.0 及以后的版本，还须在系统中动态申请访问权限）。在 SD 卡上建立新文件的示例代码如下。

```
/**
 * 写入文件内容
 *filename 为文件名称，content 为要写入的内容     */
public void sdsave(String filename, String content) throws Exception {
    //判断 SD 卡是否存在
    if(Environment.getExternalStorageState().equals(Environment.MEDIA_MOUNTED)){
        //Environment.getExternalStorageDirectory().getPath 表示找到 SD 卡目录
        File file1 =new File(Environment.getExternalStorageDirectory().getPath(),filename);
        if (!file1.exists()) {       //检查文件是否存在
```

```
            file1.createNewFile();}              //如不存在则新建
        }
        FileOutputStream fos=new FileOutputStream(file1); //创建输出流
        fos.write(content.getBytes());      //向文件中写入数据,将字符串转换为字节
        fos.flush();                //将所有剩余的数据写入文件
        fos.close();    //关闭 FileOutputStream
    }
}
```

从 SD 卡上读取文件的示例代码如下。

```
/**  读取文件内容
* @param filename   文件名称   */
public String sdread(String filename) throws Exception{
    //判断 SD 卡是否存在
    if(Environment.getExternalStorageState().equals(Environment.MEDIA_MOUNTED)){
        //Environment.getExternalStorageDirectory().getPath()表示 sdcarf 目录
        FileInputStream fis =
new FileInputStream( Environment.getExternalStorageDirectory().getPath()+"/"+filename);
        byte[] input = new byte[fis.available()]; //返回实文件的大小
        while(fis.read(input) != -1){} //调用 read()方法读取字节
        fis.close(); //关闭 FileInputStream
        return new String(input);
    }
    else {
            return "";//无 SD 卡则返回空
        }
}
```

7.2.3 实例 2: 文件存取

1. 新建项目,设置信息

打开 AS,并新建一个 Android 项目,程序名称设为"文件存取",项目名称设为"ch07_02",其他项保留默认值。

打开默认创建的布局文件 activity_main.xml,稍作修改代码如下。

```xml
<RelativeLayout xmlns:android="http://schemas.android.com/apk/res/android"
    xmlns:tools="http://schemas.android.com/tools"
    android:layout_width="match_parent"
    android:layout_height="match_parent">
    <TextView
        android:id="@+id/textView1"
        android:layout_width="wrap_content"
        android:layout_height="wrap_content"
        android:layout_alignParentLeft="true"
        android:layout_alignParentRight="true"
        android:layout_alignParentTop="true"
        android:text="TextView"
        android:textSize="20sp" />
</RelativeLayout>
```

2. 修改代码,实现功能

打开 MainActivity.java 代码文件,修改其中的代码:添加用户读写内部存储文件的两个方法,即读取文件内容的 read()方法和写入文件内容的 save()方法;再添加读写外部存储文件的两个对应方法,即读取外部存储文件的 readSDCard()方法和写入外部存储文件的 saveSDCard()方

法；最后将写入的文件显示出来。程序代码如下。

```java
public class MainActivity extends AppCompatActivity {
    protected void onCreate(Bundle savedInstanceState) {
        super.onCreate(savedInstanceState);
        setContentView(R.layout.activity_main);
        // 对 Android 6.0 以上的版本，权限分为正常权限和危险权限。对正常权限，如网络访问等不会给用户隐私带来风险的权限，只须在清单配置文件中申请即可
        // 对危险权限（用户隐私权限）除了需要在清单配置文件中申请外，还须在代码中动态申请访问权限
        if(Build.VERSION.SDK_INT>=Build.VERSION_CODES.M)
            ActivityCompat.requestPermissions(MainActivity.this,new String[]{"android.permission.WRITE_EXTERNAL_STORAGE","android.permission.READ_EXTERNAL_STORAGE"},1);
        try {       //开始写文件
            //以内部存储方式保存文件
            //save("file0802.txt","学号：20121220；姓名：张三；年龄：20");
            //以外部存储方式保存文件
            saveSDCard("data.txt","学号：20121220；姓名：张三；年龄：20");
        } catch (Exception e) {
            e.printStackTrace();
        }
        try {       //开始读方件
            //以内部存储方式读文件
            //((TextView) super.findViewById(R.id.textView1)).setText(read("file0802.txt"));
            //以外部存储方式读文件
            ((TextView) super.findViewById(R.id.textView1)).setText(readSDCard("data.txt"));
        } catch (Exception e) {
            e.printStackTrace();
        }
    }
    /** 以内部存储方式写入文件内容
     *filename 为文件名称，content 为要写入的内容    */
    public void save(String filename, String content) throws Exception {
        FileOutputStream fos=openFileOutput(filename, Context.MODE_PRIVATE);       //以私有模式创建文件
        fos.write(content.getBytes());//向文件中写入数据，将字符串转换为字节
        fos.flush();//将所有剩余的数据写入文件
        fos.close();   //关闭 FileOutputStream
    }
    /** 以外部存储方式写入文件内容
     *filename 为文件名称，content 为要写入的内容    */
    public void saveSDCard(String filename,String content) throws Exception{
        String state= Environment.getExternalStorageState(); //获取外部设备的状态
        if(state.equals(Environment.MEDIA_MOUNTED)){   //判断外部设备是否可用
            File SDPath=Environment.getExternalStorageDirectory(); //获取 SD 卡目录
            File file=new File(SDPath,filename);
            FileOutputStream fos=new FileOutputStream(file);
            fos.write(content.getBytes());
            fos.flush();
            fos.close();
        }
    }
    /** 以内部存储方式读取文件内容
     * @param filename    文件名称    */
    public String read(String filename) throws Exception{
```

```java
            FileInputStream fis = openFileInput(filename); //创建输入流
            byte[] input = new byte[fis.available()]; //返回实体文件的大小
            while(fis.read(input) != -1){} //调用 read()方法读取字节
            fis.close(); //关闭 FileInputStream
            return new String(input);
    }
    /** 外部存储方式读取文件内容
     * @param filename   文件名称    */
    public String readSDCard(String filename)throws Exception{
            String state= Environment.getExternalStorageState(); //获取外部设备的状态
            if(state.equals(Environment.MEDIA_MOUNTED)){   //判断外部设备是否可用
                    File SDPath=Environment.getExternalStorageDirectory(); //获取 SD 卡目录
                    File file=new File(SDPath,filename);
                    FileInputStream fis=new FileInputStream(file);
                    byte[] input = new byte[fis.available()]; //返回实体文件的大小
                    while(fis.read(input) != -1){} //调用 read()方法读取字节
                    fis.close();
                    return new String(input);
            }
            else   return "";
    }
    /***申请权限的回调方法**/
    @Override
    public void onRequestPermissionsResult(int requestCode,String[] permissions,int[] grantResults){
            super.onRequestPermissionsResult(requestCode,permissions,grantResults);
            if(requestCode==1){
                    for(int i=0;i<permissions.length;i++){
                            if((permissions[i].equals("android.permission.WRITE_EXTERNAL_STORAGE") || permissions[i].equals("android.permission.READ_EXTERNAL_STORAGE"))&& grantResults[i]== PackageManager.PERMISSION_GRANTED){
                                    Toast.makeText(this,""+"权限"+permissions[i]+"申请成功",Toast.LENGTH_LONG).show();
                            }
                            else{
                                    Toast.makeText(this,""+"权限"+permissions[i]+"申请失败",Toast.LENGTH_LONG).show();
                            }
                    }
            }
    }
}
```

3. 修改配置文件,添加 SD 卡访问权限

打开 AndroidManifest 清单文件,添加对 SD 卡的文件读写权限。示例代码如下。

```xml
<?xml version="1.0" encoding="utf-8"?>
<manifest xmlns:android="http://schemas.android.com/apk/res/android"
    xmlns:tools="http://schemas.android.com/tools"
    package="com.example.ch07_02">
    <uses-permission android:name="android.permission.WRITE_EXTERNAL_STORAGE" />
    <uses-permission android:name="android.permission.READ_EXTERNAL_STORAGE" />
    <application
        android:allowBackup="true"
        android:icon="@mipmap/ic_launcher"
        android:label="@string/app_name"
```

```xml
            android:roundIcon="@mipmap/ic_launcher_round"
            android:supportsRtl="true"
            android:theme="@style/AppTheme">
            <activity android:name=".MainActivity">
                <intent-filter>
                    <action android:name="android.intent.action.MAIN" />
                    <category android:name="android.intent.category.LAUNCHER" />
                </intent-filter>
            </activity>
        </application>
    </manifest>
```

最后的运行效果如图 7-2 所示。

第 7.1 节中通过 SharedPreferences 存储的数据保存在 shared-prefs 文件夹下，本例中若采用内部存储方式存取文件，在没用指定路径的情况下，系统会在本包目录中产生一个名为 files 的文件夹，其中的文件就是通过 Files 方式存储数据的文件。例如本节实例项目 ch07_02 所存储的数据保存在如图 7-3 所示的文件目录中（通过 Device File Explorer 查看，在模拟器的 data\data 文件下找到对应包目录）。

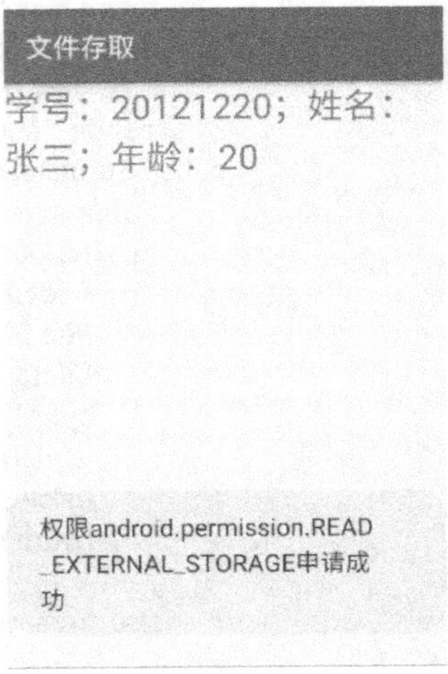

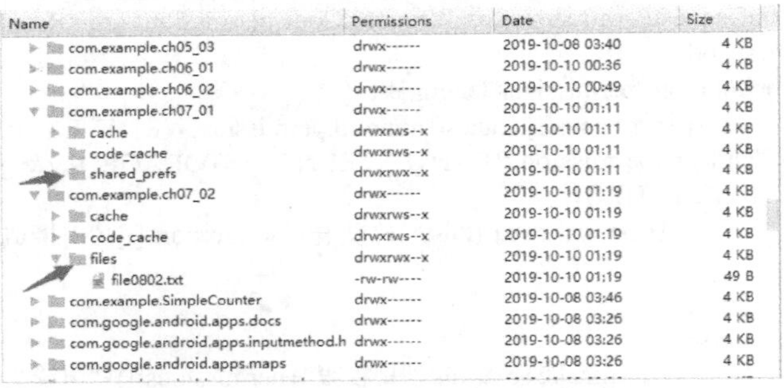

> **文件存取**
>
> 学号：20121220；姓名：张三；年龄：20
>
> 权限android.permission.READ_EXTERNAL_STORAGE申请成功

图 7-2 外部存取示例

图 7-3 Files 方式存储数据的文件目录

如果将这个文件保存到 SD 卡中，除访问方法有所不同外，还须修改清单文件 AndroidManifest.xml 中访问 SD 卡的权限。SD 卡中存储的数据保存在如图 7-4 所示的文件目录中。

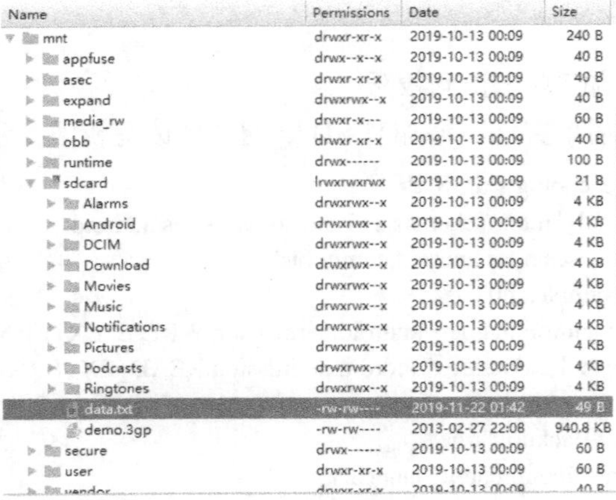

图 7-4 Files 访问方式存储数据对应的 SD 卡文件目录

164

7.3 SQLite 数据库存储

前面已经讲述了在 Android 平台中数据存储的几种方式，可以看出这几种方式都可以存储一些简单的、数据量较小的数据。如果需要对大量的数据进行存储、管理以及升级维护（比如实现一个理财工具），可能就需要随时添加数据、查看数据、更新数据，这时前面介绍的几种方式就不能满足需要了。Google 也考虑到了这些问题，因此提供了 SQLite 数据库存储方式，专门用来处理数据量较大的数据。SQLite 数据库在数据的存储、管理、维护等各个方面都更加合理，功能更加强大。

20　SQLite 存储

本节准备编制一个 Android 应用程序，将某班同学的基本信息保存在本地的 SQLite 数据库中，以方便需要时查询。运行界面如图 7-5 所示。

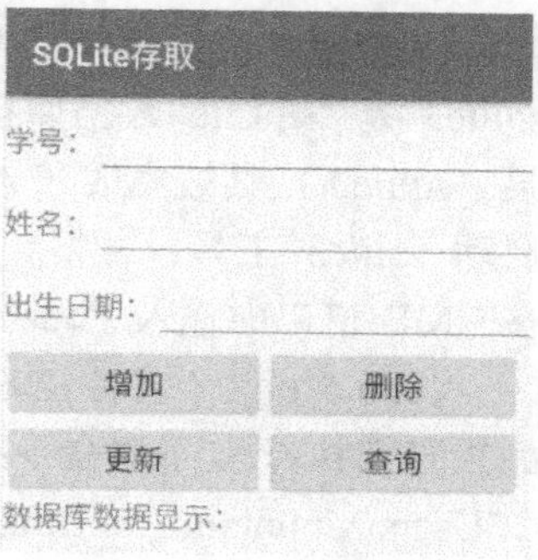

7.3.1 SQLite 数据库介绍

SQLite 数据库的第一个版本——Alpha 版本诞生于 2000 年 5 月。它是一款轻型数据库，它的设计目标是适用于嵌入式设备。目前，SQLite 已经在很多嵌入式产品中使用，它占用的资源非常少，在嵌入式设备中只占用几百千字节的内存。这是 Android 系统采用 SQLite 数据库的原因之一。

图 7-5　SQLite 存取界面

SQLite 数据库是由 D.Richard Hipp 用 C 语言编写的开源嵌入式数据库，支持的数据库大小为 2TB。它具有如下特征。

- 独立性：SQLite 数据库的核心引擎本身不依赖第三方软件，使用它也不需要"安装"，所以在部署的时候能够省去不少麻烦。
- 轻量级：C/S 模式的数据库存储软件不同，SQLite 数据库是进程内的数据库引擎，因此不存在数据库的客户端和服务器。使用 SQLite 数据库，一般只需要带上它的一个动态库，就可以使用它的全部功能，而且这个动态库的尺寸相当小。
- 隔离性：SQLite 数据库中所有的信息（比如表、视图、触发器等）都包含在一个文件内，方便管理和维护。
- 安全性：SQLite 数据库通过数据库级上的独占性和共享锁来实现独立事务处理。这意味着多个进程可以在同一时间从同一数据库读取数据，但只有一个进程可以写入数据。在某个进程或线程向数据库执行写操作之前，必须获得独占锁定。在发出独占锁定后，其他的读写操作将不会再发生。
- 跨平台：SQLite 数据库支持大部分操作系统，除了在计算机上使用的操作系统之外，很多手机操作系统同样可以运行，比如 Android、Windows Mobile、Symbin、Palm 等。
- 多语言接口：SQLite 数据库支持很多语言编程接口，比如 C/C++、Java、Python、dotNet、Ruby、Perl 等，因此得到较多开发者的喜爱。

有关 SQLite 数据库的优点很多。如果需要了解更多，请参考 SQLite 官方网站（http://www.sqlite.org/）。

SQLite 数据库使用 SQL 命令提供了完整的关系型数据库能力。每个使用 SQLite 的应用程序都有一个该数据库的实例，并且在默认情况下仅限当前应用使用。数据库存储在 Android 设备的\data\data\<包名>\databases 目录中。使用 SQLite 数据库的一般操作步骤是：1）创建数据库。2）打开数据库。3）创建表。4）完成数据的各种操作，包括向表中添加数据、从表中删除数据、修改表中的数据、删除指定表、查询表中的某条数据等；5）关闭数据库、删除数据库等。

7.3.2 手动建库

手动建立数据库指的是使用 sqlite3 工具，通过手工输入命令行完成数据库的建立过程。sqlite3 是 SQLite 数据库自带的一个基于命令行的 SQL 命令执行工具，可以显示命令执行结果。sqlite3 工具被集成在 Android SDK 的 Tools 目录中，用户在命令行界面中输入"sqlite3"可启动 sqlite3 工具，并得到工具的版本信息。启动命令行界面的方法是在启动模拟器的情况下，在 CMD 窗口中输入"adb shell"。

（adb.exe 这个文件在 SDK 的 platform-tools 目录下，在执行这个命令时必须先启动模拟器，如果直接执行上面的命令提示文件不存在，则加上 adb 所在完整目录来执行这个命令，如：C:\Users\Mountain\AppData\Local\Android\Sdk\platform-tools\adb.exe shell）。之后用下面的命令进入应用 data 目录。

    # cd /data/data

此时可用 ls 命令查看当前目录，找到当前的项目目录并进入，再查看有无"databases"目录。如果没有，则使用以下命令创建一个，同时进入这个目录。

    # mkdir databases
    #cd databases

在 SQLite 数据库中，每个数据库保存在一个独立的文件中，使用 sqlite3 命令后加文件名参数的方式打开数据库文件。如果指定文件不存在，sqlite3 工具自动创建新文件。

下面的示例代码将创建名为 mydb.db 的数据库，如图 7-6 所示。

按〈Ctrl+D〉组合键退出 sqlite 提示符，此时使用"ls"命令还查不到数据库文件，要在创建表成功后才可见有一个文件被创建。接着可以使用以下命令来建表、新增记录和查询记录。

    create table user(code varchar(15),name varchar(16));
    insert into user(code,name) values('20130220','张某某');
    select * from user;

图 7-6 创建 SQLite 数据

注意：SQLite 中的命令一般要以分号结束，否则系统会一直等待，直到接收到分号才认为命令输入结束。

可以使用".tables"命令显示当前数据库中的所有表以查看数据表是否创建成功，也可以使用".schema"命令查看建立表时使用的 SQL 命令。如果当前数据库中有多个表，则可以使用".schema 表名"的形式显示指定表的建立命令。如果觉得默认的查询结果看起来不直观，可以使用".mode column"命令将结果输出形式更改为表格形式。".mode"命令除了支持常见的 column 格式外，还支持 csv 格式、html 格式、insert 格式、line 格式、list 格式、tabs 格式和 tcl 格式。

sqlite3 工具还支持大量的命令，可以使用 ".help" 命令查询 sqlite3 的命令列表，sqlite 3 工具的常用命令如表 7-2 所示。

表 7-2　sqlite3 工具的常用命令

命令	说明
.bail ON|OFF	遇到错误时停止，默认为 OFF
.databases	显示数据库名称和文件位置
.dump ?TABLE? ...	将数据库以 SQL 文本形式导出
.echo ON|OFF	开启和关闭回显
.exit	退出
.explain ON|OFF	开启或关闭适当输出模式，如果开启模式，将进入 column 模式，并自动设置宽度
.header(s) ON|OFF	开启或关闭标题显示
.help	显示帮助信息
.import FILE TABLE	将数据从文件导入表中
.indices TABLE	显示表中所的列名
.load FILE ?ENTRY?	导入扩展库
.mode MODE ?TABLE?	设置输入格式
.nullvalue STRING	打印时使用 STRING 代替 NULL
.output FILENAME	将输入保存到文件
.output stdout	将输入显示在屏幕上
.prompt MAIN CONTINUE	替换标准提示符
.quit	退出
.read FILENAME	在文件中执行 SQL 语句
.schema ?TABLE?	显示表的创建语句
.separator STRING	更改输入和导入的分隔符
.show	显示当前设置变量值
.tables ?PATTERN?	显示符合匹配模式的表名
.timeout MS	尝试打开被锁定的表 MS 毫秒
.timer ON|OFF	开启或关闭 CPU 计时器
.width NUM NUM ...	设置 column 模式的宽度

7.3.3　代码建库

Android 自身不提供数据库。在 Android 应用程序中使用 SQLite 数据库，必须自己创建数据库。Android 提供了 SQLiteOpenHelper 类来创建一个数据库，只要继承 SQLiteOpenHelper 类，就可以轻松地创建数据库。SQLiteOpenHelper 类根据开发应用程序的需要，封装了创建和更新数据库使用的逻辑处理。设计 SQLiteOpenHelper 的子类，至少需要实现三个方法。

- 构造函数：调用父类 SQLiteOpenHelper 的构造函数。这个方法需要四个参数，即上下文环境（例如 Activity）、数据库名称、可选的游标工厂（通常是 NULL），以及代表正在使用的数据库模型版本的整数。
- onCreate()方法：它需要一个 SQLiteDatabase 对象作为参数，根据需要对这个对象填充表和初始化数据。
- onUpgrade()方法：它需要三个参数，即 SQLiteDatabase 对象、旧的版本号和新的版本号。

例如，以下的代码示例创建了一个继承自 SQLiteOpenHelper 的子类，代码分别重载了 onCreate()函数和 onUpgrade()函数。onCreate()函数在第一次建立数据库时被调用，一般用来创建数据库中的表，并做适当的初始化工作。通过调用 SQLiteDatabase 对象的 execSQL()方法，执行创建表的 SQL 命令。onUpgrade()函数在数据库需要升级时被调用，一般用来删除旧的数据库表，并将数据转移到新版本的数据库表中。这里为了简单起见，这里并没有做任何的数据转移，而仅仅是删除原有的表后建立新的数据库表。

```java
public class MyDBHelper extends SQLiteOpenHelper {
    private static final String DATABASENAME="mydb.db";     // 数据库名称
    private static final int DATABASEVERSION = 1 ;          // 数据库版本
    private static final String TABLENAME = "user" ;        // 数据表名称
    public MyDBHelper(Context context) {                    // 定义构造
        super(context,DATABASENAME,null,DATABASEVERSION);// 调用父类构造
    }
    /**
     * 当数据库首次创建时执行该方法，一般将创建表等初始化操作放在该方法中执行
     * 重写 onCreate()方法，调用 execSQL()方法创建表
     **/
    public void onCreate(SQLiteDatabase db) {               // 创建数据表
        String sql = "CREATE TABLE " + TABLENAME + " (" +
            "code         VARCHAR(14)        PRIMARY KEY ," +
            "name         VARCHAR(14)        NOT NULL ," +
            "birthday     DATE               NOT NULL)";    // SQL 语句
        db.execSQL(sql) ;                                   // 执行 SQL 语句
    }
    //当打开数据库时传入的版本号与当前的版本号不同时会调用该方法
    public void onUpgrade(SQLiteDatabase db,int oldVersion,int newVersion){
        String sql = "DROP TABLE IF EXISTS " + TABLENAME ;  // SQL 语句
        db.execSQL(sql);                                    // 执行 SQL 语句
        this.onCreate(db);                                  // 创建表
    }
}
```

类定义好后，在一个 Activity 类的 OnCreate()方法中进行调用。

```java
protected void onCreate(Bundle savedInstanceState) {
    super.onCreate(savedInstanceState); // 父类 onCreate()
    setContentView(R.layout.activity_main);// 默认布局管理器
    MyDBHelper helper = new MyDBHelper(this) ;    // 定义数据库辅助类
    helper.getWritableDatabase() ;       // 以修改方式打开数据库
}
```

SQLiteOpenHelper 类的 getWriteableDatabase()方法和 getReadableDatabase()方法是可以直接调用的。这两个方法用来建立或打开可读或写的数据库对象，一旦调用成功，数据库对象将被缓存。在任何需要使用数据库对象时，都可以调用这两个方法获取到数据库对象，但一定要在不再使用数据库对象时调用 close()方法关闭数据库。

这个 Activity 执行完成后，系统就会在\data\data\<包名>\databases 目录下生成一个 mydb.db 数据库文件。

7.3.4 数据操作

调用 getReadableDatabase()或 getWriteableDatabase()方法，可以得到 SQLiteDatabase 实例。

具体调用哪个方法，取决于是否需要改变数据库的内容。调用 getWriteableDatabase()方法会返回一个 SQLiteDatabase 类的实例对象，使用这个对象，可以查询或者修改数据库。当完成了对数据库的操作（例如 Activity 已经关闭），需要调用 SQLiteDatabase 的 Close()方法来释放掉数据库连接。创建表和索引需要调用 SQLiteDatabase 的 execSQL()方法来执行 DDL 语句。如果没有异常，这个方法没有返回值。

数据操作是指对数据的添加、删除、查找和更新的操作。有两种方法可以给表添加数据。一种方法就如前面创建表一样，使用 execSQL()方法执行 INSERT、UPDATE、DELETE 等语句来更新表的数据。execSQL()方法适用于所有不返回结果的 SQL 语句。示例代码如下。

```
db.execSQL("INSERT INTO user (code, name,birthday) VALUES ('20130221', '张三','1984.08.04')");
db.execSQL("update user set code='20130222', name='刘平', birthday='1985.02.09' where c_code='20130221'");
db.execSQL("delete user where c_code='20130221'");
```

另一种方法是使用 SQLiteDatabase 对象的 insert()、update()、delete()方法。这些方法把 SQL 语句的一部分作为参数。

1. 插入数据

首先构造一个 ContentValues 对象，然后调用 ContentValues 对象的 put()方法将每个属性的值写入 ContentValues 对象，最后使用 SQLiteDatabase 对象的 insert()方法，将 ContentValues 对象中的数据写入指定的数据库表。insert()方法的返回值是新数据插入的位置，即 ID 值。

ContentValues 类是一个数据承载容器，主要用来向数据库表中添加一条数据。ContentValues 类和 Hashmap/Hashtable 类似用于存储一些键值对数据，但是它存储的键值对当中的键是一个字符串，值都是基本类型。示例代码如下。

使用 7.3.3 节创建的 MyDBHelper 类创建一个 Activity 类，将 Activity 类的 onCreate()方法做适当修改，代码如下。

```java
public class SampleActivity extends Activity {
    private SQLiteDatabase db=null;
    @Override
    protected void onCreate(Bundle savedInstanceState) {
        super.onCreate(savedInstanceState);
        setContentView(R.layout.activity_main);
        MyDBHelper helper = new MyDBHelper(this) ;    // 定义数据库辅助类
        db=helper.getWritableDatabase() ;  // 以修改方式打开数据库
        db.execSQL("INSERT INTO user (code, name,birthday) VALUES ('20121208', '张三','1993.01.02')");//直接执行方式
        ContentValues cv=new ContentValues();// 定义 ContentValues 对象
        cv.put("code", "20121209"); // 设置 code 字段内容
        cv.put("name", "张五"); // 设置 name 字段内容
        cv.put("birthday", "1993-01-01"); // 设置 birthday 字段内容
        db.insert("user", null, cv);//插入操作
        db.close();// 关闭数据库操作
    }
}
```

2. 更新数据

更新数据同样要使用 ContentValues 对象。首先构造 ContentValues 对象，然后调用 put()方法将属性的值写入 ContentValues 对象，最后使用 SQLiteDatabase 对象的 update()方法，并指定数据的更新条件。

update()方法有四个参数，分别是表名、表示列名和值的 ContentValues 对象、可选的 WHERE 条件、可选的填充 WHERE 语句的字符串（这些字符串会替换 WHERE 条件中的"？"标记）。update()根据条件更新指定列的值，所以用 execSQL()方法可以达到同样的目的。

WHERE 条件及其参数同其他用过的 SQL 语句类似，示例代码如下。

```
ContentValues cv=new ContentValues();// 定义 ContentValues 对象
cv.put("code", "20121209"); // 设置 code 字段内容
cv.put("name", "张五"); // 设置 name 字段内容
cv.put("birthday", "1993-01-01"); // 设置 birthday 字段内容
db.insert("user", null, cv); // 插入操作
db.update("user",cv, "code=?", "20121224");
```

使用 7.3.3 节创建的 MyDBHelper 类，创建一个 Activity 类，将类的 onCreate()方法做适当修改，代码如下。

```
public class SampleActivity extends Activity {
    private SQLiteDatabase db=null;
    private Integer li_errcode;
    @Override
    protected void onCreate(Bundle savedInstanceState) {
        super.onCreate(savedInstanceState);
        setContentView(R.layout.activity_main);
        MyDBHelper helper = new MyDBHelper(this) ;        // 定义数据库辅助类
        db=helper.getWritableDatabase() ; // 以修改方式打开数据库
        ContentValues cv=new ContentValues();// 定义 ContentValues 对象
        //为了避免主键报错，插入记录之前删除原记录
        db.execSQL("delete from student");
        //使用 execSQL()方法插入一条记录
        db.execSQL("INSERT INTO user (code, name,birthday) VALUES ('20121208','张三','1993.01.02')");
        cv.put("code", "20121209");
        cv.put("name", "张五");
        cv.put("birthday", "1993-01-01");
        db.insert("student", null, cv);                    //使用 db.insert 插入一条记录
        //使用 execSQL()方法更新一条记录
        db.execSQL("update student set code='20121210',name='李平',birthday='1994.01.01' where code='20121208'");
        //清空 ContentValues 对象
        cv.clear();
        cv.put("code", "20121211");
        cv.put("name", "张六");
        cv.put("birthday", "1995-01-01");
        db.update("student",cv, "code=20121209", null);    //使用 db. update 更新一条记录
        db.close();
    }
}
```

3．删除数据

删除数据比较简单，只需要调用当前数据库对象的 delete()方法，并指明表名称和删除条件即可。delete()方法的使用和 update()方法类似，方法的第 1 个参数是数据库的表名称，第 2、3 个参数是删除条件（可选的 WHERE 条件和符合 WHERE 条件的字符串）。例如：

```
// 删除条件为 null,表示删除表中的所有数据
db.delete("user", null, null);
// 指明需要删除数据的 code 值,此时 delete()函数的返回值表示被删除的记录数
db.delete("user", "code='20121224'", null);
```

4. 查询功能

在 Android 中查询数据是通过 Cursor 类来实现的。有两种方法使用 SELECT 语句从 SQLite 数据库检索数据,一种是使用 rawQuery()直接调用 SELECT 语句,另一种是使用 query()方法构建一个查询。

使用 rawQuery()直接调用 SELECT 语句是最简单的解决方法。通过这个方法可以调用 SQL SELECT 语句,示例代码如下。

```
Cursor c=db.rawQuery("SELECT code,name FROM user WHERE code='20121211'", null);
```

在上面这个例子中,查询 user 表的 code 和 name 字段的信息,返回值是一个 cursor 对象,第二个参数 null 表示不设置查询参数。

如果查询是动态的,使用这个方法就会非常复杂。例如,当需要查询的列在程序编译的时候不能确定,这时候使用 query()方法会方便很多。

query()方法用 SELECT 语句段构建查询。SELECT 语句内容作为 query()方法的参数,比如要查询的表名、要获取的字段名、WHERE 条件(包含可选的位置参数)、符合 WHERE 条件的参数值、GROUP BY 条件、HAVING 条件、ORDER BY 语句等。除了表名,其他参数可以是 null。所以,前面的代码段也可以写成如下格式。

```
String[] columns={"code", "name"};
String[] parms={"20121211"};
Cursor result=db.query("user", columns, "code=?",parms, null, null, null);
```

在 Android 中,数据库查询结果的返回值并不是完整的数据集合,而是返回数据集合的指针,这个指针就是 Cursor 类。Cursor 类支持在查询的数据集合中以多种方式移动,并能够获取数据集合的属性名称和序号。Cursor 类的常用方法如表 7-3 所示。

表 7-3　Cursor 类的常用方法

函数	说明
moveToFirst	将指针移动到第一条数据上
moveToNext	将指针移动到下一条数据上
moveToPrevious	将指针移动到上一条数据上
getCount	获取数据集合的数据数量
getColumnIndexOrThrow	返回指定属性名称的序号,如果属性不存在,则产生异常
getColumnName	返回指定序号的属性名称
getColumnNames	返回属性名称的字符串数组
getColumnIndex	根据属性名称返回序号
moveToPosition	将指针移动到指定的数据上
getPosition	返回当前指针的位置

使用 7.3.3 节创建的 MyDBHelper 类,创建一个 Activity 类,添加一个查询数据的 getData() 方法,将类的 onCreate()方法做适当修改,代码如下。

```
public class SampleActivity extends Activity {
    private SQLiteDatabase db=null;
```

```java
            private ListView listView;
            @Override
            protected void onCreate(Bundle savedInstanceState) {
                super.onCreate(savedInstanceState);
                setContentView(R.layout.activity_main);
                MyDBHelper helper = new MyDBHelper(this) ; // 定义数据库辅助类
                db=helper.getWritableDatabase() ;  // 以修改方式打开数据库
                //为了避免主键报错，插入记录之前删除原记录
                db.execSQL("delete from student");
                //使用 execSQL()方法插入两条记录
                db.execSQL("INSERT INTO user (code, name,birthday) VALUES ('20121210', '张三','1993.01.02')");
                db.execSQL("INSERT INTO user (code, name,birthday) VALUES ('20121211', '张四','1993.02.02')");
                listView = new ListView(this); // 定义 ListView
                // 将数据包装，每行显示一条数据
                listView.setAdapter((ListAdapter) new
      ArrayAdapter<String>(this, android.R.layout.simple_expandable_list_item_1,getData()));
                // 追加组件
                setContentView(listView);
                db.close();// 关闭数据库连接
            }
            /*
            **使用 rawQuery()方法查询数据库
            */
            public List<String> getData() {           // 查询数据表
                List<String> all = new ArrayList<String>() ;// 定义 List 集合
                String sql="SELECT code,name,birthday FROM student"; //SQL 语句
                Cursor result=this.db.rawQuery(sql, null);   //不设置查询参数
                for (result.moveToFirst(); !result.isAfterLast(); result.moveToNext() {
                    // 设置集合数据
                    all.add(" 【" + result.getInt(0) + "】 " + " " + result.getString(1) + ",  " + result.getString(2));
                }
                return all ;
            }
        }
```

上面的代码是使用 rawQuery()方法查询数据库，如果要使用 query()方法查询数据库，只需要将代码中的 getData()方法换为如下代码即可。

```java
        public List<String> getData() {              // 查询数据表
            List<String> all = new ArrayList<String>() ;// 定义 List 集合
            String columns[] = new String[] {"code","name","birthday"} ;   // 查询列
            Cursor result = this.db.query("student", columns, null, null, null,
                null, null);                                  // 查询数据表
            for (result.moveToFirst(); !result.isAfterLast(); result.moveToNext() {
                all.add(" 【" + result.getInt(0) + "】 " + " " + result.getString(1)+ ",  " + result.getString(2));
                // 设置集合数据
            }
            return all ;
        }
```

7.3.5 实例3：SQLite 存取

1. 创建项目，设置基本信息

在 AS 中创建 Android 工程，程序名称设为"SQLite 存取"，包名设为"com.example.ch07_

03", 其他项保留默认值。

2. 设计界面布局

打开项目默认创建的布局文件 activity_main.xml, 删除默认添加的布局方式及 TextView 组件, 添加线性布局管理器及几个 TextView、EditText 组件。布局文件代码如下。

```xml
<?xml version="1.0" encoding="utf-8"?>
<LinearLayout xmlns:android="http://schemas.android.com/apk/res/android"
    android:orientation="vertical"
    android:layout_width="fill_parent"
    android:layout_height="fill_parent">
<LinearLayout
    android:orientation="horizontal"
    android:layout_width="wrap_content"
    android:layout_height="wrap_content">
<!--学号  -->
<TextView
    android:layout_width="wrap_content"
    android:layout_height="wrap_content"
    android:text="学号: " />
<EditText
    android:id="@+id/ecode"
    android:layout_height="wrap_content"
    android:layout_width="278dp"   />
</LinearLayout>
<LinearLayout
    android:orientation="horizontal"
    android:layout_width="wrap_content"
    android:layout_height="wrap_content">
<!--姓名  -->
<TextView
    android:layout_width="wrap_content"
    android:layout_height="wrap_content"
    android:text="姓名: " />
<EditText
    android:id="@+id/ename"
    android:layout_height="wrap_content"
    android:layout_width="278dp"   />
</LinearLayout>
<!--出生日期  -->
<LinearLayout
    android:orientation="horizontal"
    android:layout_width="wrap_content"
    android:layout_height="wrap_content">
<TextView
    android:layout_width="wrap_content"
    android:layout_height="wrap_content"
    android:text="出生日期: " />
<EditText
    android:id="@+id/ebirth"
    android:layout_width="246dp"
    android:layout_height="wrap_content" />
</LinearLayout>
<!--按钮  -->
```

173

```xml
<LinearLayout
    android:orientation="horizontal"
    android:layout_width="wrap_content"
    android:layout_height="wrap_content">
<Button
    android:id="@+id/badd"
    android:layout_width="159dp"
    android:layout_height="wrap_content"
    android:text="增加" />
<Button
    android:id="@+id/bdel"
    android:layout_width="156dp"
    android:layout_height="wrap_content"
    android:text="删除" />
</LinearLayout>
<LinearLayout
    android:orientation="horizontal"
    android:layout_width="wrap_content"
    android:layout_height="wrap_content">
<Button
    android:id="@+id/bupdate"
    android:layout_width="159dp"
    android:layout_height="wrap_content"
    android:text="更新" />
<Button
    android:id="@+id/bsele"
    android:layout_width="156dp"
    android:layout_height="wrap_content"
    android:text="查询" />
</LinearLayout>
<!--按钮    -->
<LinearLayout
    android:orientation="horizontal"
    android:layout_width="wrap_content"
    android:layout_height="wrap_content" >
</LinearLayout>
<TextView
    android:text="数据库数据显示："
    android:layout_width="wrap_content"
    android:layout_height="wrap_content"/>
<TextView
     android:id="@+id/tedatashow"
    android:layout_width="fill_parent"
    android:layout_height="wrap_content"
    android:textSize="15dip"/>
<ListView
    android:id="@+id/datashow"
    android:layout_width="fill_parent"
    android:layout_height="wrap_content"
    android:textSize="15dip" />
</LinearLayout>
```

3. 设计数据库辅助类

新建一个 MyDBHelper 类，类的内容除包名外与 7.3.3 节中的 MyDBHelper 类相同。

4. 设计 Activity 处理代码

打开默认创建的 Activity 类，修改其中的 onCreate()方法，分别对界面上的几个按钮添加相应的事件相应处理，代码如下。

```java
public class MainActivity extends AppCompatActivity implements View.OnClickListener {
    private static final String TAG = "Add";
    private EditText ecode, ename, ebirth;// 录入框
    private Button badd, bdel, bupdate, bsele;// 定义按钮
    private SQLiteDatabase db = null;
    private TextView tedatashow;// 定义组件
    private ListView datashow;// 定义组件
    @Override
    protected void onCreate(Bundle savedInstanceState) {
        super.onCreate(savedInstanceState);
        setContentView(R.layout.activity_main);
        ecode = (EditText) findViewById(R.id.ecode);// 取得学号组件
        ename = (EditText) findViewById(R.id.ename);// 取得姓名组件
        ebirth = (EditText) findViewById(R.id.ebirth);// 取得出生日期组件
        badd = (Button) findViewById(R.id.badd);// 取得增加组件
        bdel = (Button) findViewById(R.id.bdel);// 取得删除组件
        bupdate = (Button) findViewById(R.id.bupdate);// 取得更新组件
        bsele = (Button) findViewById(R.id.bsele);// 取得查询组件
        //取得提示信息显示组件
        tedatashow = (TextView) findViewById(R.id.tedatashow);
        // 取得记录信息显示组件
        datashow = (ListView) findViewById(R.id.datashow);
        badd.setOnClickListener(this);// 设置监听
        bdel.setOnClickListener(this);// 设置监听
        bsele.setOnClickListener(this);// 设置监听
        bupdate.setOnClickListener(this);// 设置监听
    }
    @Override
    public void onClick(View v) {
        MyDBHelper helper = new MyDBHelper(this); // 定义数据库辅助类
        db = helper.getWritableDatabase(); // 以修改方式打开数据库
        //添加数据
        if (v == badd) {
            // 检查录入值是否为空
            if (ecode.getText().toString().trim().length() != 0
                    && ename.getText().toString().trim().length() != 0
                    && ebirth.getText().toString().trim().length() != 0) {
                try {
                    // 生成插入的 SQL 语句
                    String sql = "INSERT INTO user (code, name,birthday) "
                            + "VALUES ('"+ecode.getText() + "','"
                            + ename.getText()+ "','"
                            + ebirth.getText() + "')";
                    db.execSQL(sql);// 执行 SQL 语句
                    Toast.makeText(this, "成功添加！ ", Toast.LENGTH_LONG).show();
                    ecode.setText("");   // 设置为空
                    ename.setText("");
                    ebirth.setText("");
                } catch (Exception e) {
```

```
                Toast.makeText(this, "出错了！" + e.getMessage(),
                        Toast.LENGTH_LONG).show();
            }
        } else
            Toast.makeText(this, "学号姓名出生日期不能为空！", Toast.LENGTH_LONG).show();
    }
    //删除数据
    if (v == bdel) {
        // 检查录入值是否为空
        if (ecode.getText().toString().trim().length() != 0) {
            try {
                // 生成删除的 SQL 语句
                String sql = "delete from user where code='"
                        + ecode.getText() + "'";
                db.execSQL(sql);// 执行 SQL 语句
                Toast.makeText(this, "成功删除！", Toast.LENGTH_LONG).show();
                // 设置为空
                ecode.setText("");
            } catch (Exception e) {
                Toast.makeText(this, "出错了！" + e.getMessage(),
                        Toast.LENGTH_LONG).show();
            }
        } else
            Toast.makeText(this, "学号不能为空！", Toast.LENGTH_LONG).show();
    }
    // 更新数据
    if (v == bupdate) {
        // 检查录入值是否为空
        if (ecode.getText().toString().trim().length() != 0
                && ename.getText().toString().trim().length() != 0
                && ebirth.getText().toString().trim().length() != 0) {
            try {
                // 生成更新的 SQL 语句
                String sql = "update user set code='" + ecode.getText()
                        + "',name='" + ename.getText() + "',birthday='"
                        + ebirth.getText() + "' where code='"
                        + ecode.getText() + "'";
                db.execSQL(sql);// 执行 SQL 语句
                Toast.makeText(this, "成功更新！", Toast.LENGTH_LONG).show();
                // 设置为空
                ecode.setText("");
                ename.setText("");
                ebirth.setText("");
            } catch (Exception e) {
                Toast.makeText(this, "出错了！" + e.getMessage(),
                        Toast.LENGTH_LONG).show();
            }
        } else
            Toast.makeText(this, "学号姓名出生日期不能为空！", Toast.LENGTH_LONG).show();
    }
    // 查询显示
    if (v == bsele) {
        try {
            // * 构建 ListView 适配器
```

```
            List<String> all = new ArrayList<String>();// 定义 List 集合
            String sql = "SELECT code,name,birthday FROM user"; // SQL
            Cursor result = this.db.rawQuery(sql, null);//没有查询参数
            for (result.moveToFirst(); !result.isAfterLast(); result.moveToNext()) {
                all.add("【" + result.getString(0) + "】" + " "
                    + result.getString(1) + ",  " +
                    result.getString(2));//设置集合数据
            }
            // 将数据包装，每行显示一条数据
            datashow.setAdapter((ListAdapter) new
ArrayAdapter<String>(this, android.R.layout.simple_expandable_
list_item_1,all));
        } catch (Exception f) {
            Toast.makeText(this, "显示不了", Toast.
LENGTH_LONG).show();
        }
    }
            db.close();
    }
}
```

最后的运行效果如图 7-7 所示。

图 7-7 SQLite 操作

7.4 数据提供者

21 数据提供者

Android 程序的四大主要组件部分，分别是 Activity、BroadcastReceiver、Service 和 ContentProvider。本节将重点讨论数据提供者（ContentProvider）。ContentProvider 表示可共享的数据存储，用于管理和共享应用程序数据库，是跨应用程序边界数据共享的优先方式。开发人员可以配置自己的 ContentProvider 以允许其他应用程序的访问，用他人提供的 ContentProvider 来访问他人存储的数据。Android 设备包括几个本地 ContentProvider，提供了如媒体库和联系人明细信息等这样有用的数据库。

本节将实现一个与 7.3.5 节类似的实例，不过这里采用 ContentProvider（数据提供者）技术实现。

7.4.1 ContentProvider

在 Android 中应用程序之间是相互独立的，分别运行在自己的进程中，各应用程序之间的数据一般是不共享的，而 ContentProvider 可以帮助开发人员实现各应用程序之间的数据共享。

ContentProvider 是在应用程序间共享数据的一种接口机制。ContentProvider 提供了更为高级的数据共享方法，应用程序可以指定需要共享的数据，而其他应用程序则可以在不知数据来源、路径的情况下，对共享数据进行查询、添加、删除和更新等操作。许多 Android 的内置数据也通过 ContentProvider 提供给用户使用，例如通讯录、音视频文件和图像文件等。

ContentProvider 完全屏蔽了数据提供组件的数据存储方法。在使用者看来，数据提供者通过 ContentProvider 提供了一组标准的数据操作接口，却无法得知数据提供者的数据存储方式。数据提供者可以使用 SQLite 数据库存储数据，也可以通过文件系统或 Shared Preferences 存储数据，甚至是使用网络存储的方式，这些内容对数据使用者都是不可见的。

同时也正是屏蔽数据的存储方法，很大程度上简化了 ContentProvider 的使用难度，使用者只要调用 ContentProvider 提供的接口函数，就可完成所有的数据操作。

ContentProvider 使用基于数据库模型的简单表格来提供其中的数据，表的每行代表一条记录，每列代表特定类型和含义的数据，如表 7-4 所示。

表 7-4 数据示例

_ID	Name	Number	E-mail
001	李××	135××××××××	135××@126.com
002	张××	138××××××××	138××@tom.com
003	黄××	137××××××××	137××@163.com
004	容××	136××××××××	136××@qq.com

每条记录包含一个数值型的_ID 字段，它用于在表格中唯一表示该字段。ID 能用于匹配相关表格中的记录，例如在一个表格中查询联系人电话，在另一个表格中查询其照片。

查询返回一个 Cursor 对象，它能遍历各行各列来读取各个字段的值。对于各个类型的数据，Cursor 对象都提供了专用的方法。因此，为了读取字段的数据，开发人员必须知道当前字段包含的数据类型。

有两种方式让自己的数据和其他应用程序共享：创建自己的 ContentProvier（即继承自 ContentProvider 的子类），或者将自己的数据添加到已有的 ContentProvider 中去。后者需要保证现有的 ContentProvider 和自己的数据类型相同且具有该 ContentProvider 的写入权限。对于 Content Provider，最重要的就是数据模型（Data Model）和 URI。

7.4.2 ContentResolver

调用者不能直接调用 ContentProvider 的接口方法，需要使用 ContentResolver 对象，通过 URI 间接调用 ContentProvider。图 7-8 是 ContentResolver 的调用关系。

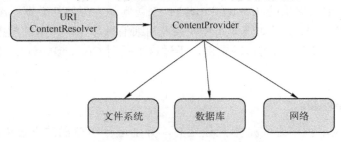

图 7-8 ContentResolver 的调用关系

外界的程序通过 ContentResolver 接口可以访问 ContentProvider 提供的数据，在 Activity 当中通过 getContentResolver()可以得到当前应用的 ContentResolver 实例。ContentResolver 提供的接口和 ContentProvider 中需要实现的接口对应，主要有以下几个。

- query（Uri uri, String[] projection, String selection, String[] selectionArgs,String sortOrder）：通过 URI 进行查询，返回一个 Cursor。
- insert（Uri url, ContentValues values）：将一组数据插入到 URI 指定的地方。
- update（Uri uri, ContentValues values, String where, String[] selectionArgs）：更新 URI 指定位置的数据。
- delete（Uri url, String where, String[] selectionArgs）：删除指定 URI 并且符合一定条件的数据。

当开始查询时，Android 确认查询的目标 ContentProvider 并确保它正在运行。系统初始化所有 ContentProvider 组件的对象，开发人员不必完成此类操作。实际上，开发人员根本不会直接使用 ContentProvider 组件的对象。通常，每个 ContentProvider 仅有一个实例，但是该实例能与位于不同应用程序和进程的多个 ContentResolver 组件对象通信。不同进程之间的通信由 ContentProvider 和 ContentResolver 组件处理。

7.4.3 ContentObserver

ContentObserver（内容观察者）用于观察指定 URI 的数据变化。当 ContentObserver 观察到数据发生变化时，就会触发 ContentObserver 的 onChange()方法，继而做相应的处理。它类似于数据库技术中的触发器（Trigger），当 ContentObserver 所观察的 URI 发生变化时，便会触发 onChange()方法。ContentObserver 的工作原理如图 7-9 所示。

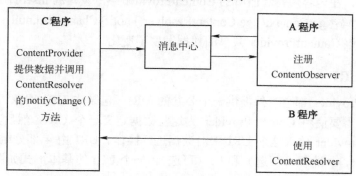

图 7-9　ContentObserver 的工作原理

在图 7-9 中，A 程序使用 ContentObserver 观察 C 程序的数据时，首先要在 C 程序的 ContentProvider 中调用 ContentResolver 的 notifyChange()方法。此后，当 B 程序操作 C 程序中的数据时，C 程序会向"消息中心"发送数据变化的消息，此时 A 程序会观察到"消息中心"的数据有变化，进而触发 ContentObserver 的 onChange()方法。

具体实现步骤如下。

1）创建内容观察者。创建一个继承自 ContentObserver 的类，在该类中重写父类的构造方法与 onChange()方法，示例代码如下。

```
public class MyObserver extends ContentObserver {
    public MyObserver(Handler handler){
        super(handler);
    }
    @Override
    public void onChange(Boolean selfChange){
        Super.onChange(selfChange);
    }
}
```

2）注册内容观察者。通过调用 getContentResolver()方法获取一个对象，然后通过该对象的 registerContentObserver()方法注册创建的内容观察者，示例代码如下。

```
ContentResolver resolver=getContentResolver();
Uri uri=Uri.parse("content://urilocation.xxx.com");
resolver.registerContentObserver(uri,true,new MyObserver(new Handler()));
```

上述代码中 registerContentObserver()的第一个参数表示内容提供者的 URI；第二个参数表示是否只匹配提供的 URI，值为 true 表示可以匹配 URI 派生的其他 URI，值为 false 表示只匹配当前提供的 URI；第三个参数表示创建的内容观察者，其中的 Handler 可以是主线程的 Handler 对象，也可以是其他线程的 Handler 对象。

3）取消注册内容观察者。当不需要内容观察者时，可以通过 unregisterContentObserver()方法取消注册，通常这个操作放在 Activity 的 onDestroy()方法中进行，示例代码如下：

```
@Override
Protected void onDestroy(){
    Super.onDestroy();
    getContentResolver().unregisterContentObserver(new MyObserver(new Handler()))
}
```

需要注意的是，在内容观察者监听的 ContentProvider 中，重写的 insert()、delete()、update()方法都需要调用代码：getContext().getContentResolver().notifyChange(uri,null)；以通知注册在该 URI 上的监听者，该 ContentProvider 共享的数据发生了变化。

7.4.4 Content URI

每个 ContentProvider 都会对外提供一个公共的 URI（包装成 URI 对象），如果应用程序有数据需要共享，就需要使用 ContentProvider 为这些数据定义一个 URI，然后其他的应用程序就可以通过 ContentProvider 传入这个 URI 来对数据进行操作。URI 由 4 部分组成："content://"、主机名（或 authority）、路径（可选）和 ID（可选）。一个 URI 的基本形式如图 7-10 所示。

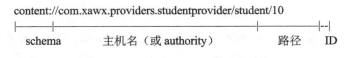

图 7-10 URI 的基本形式

① ContentProvider 的 schema 由 Android 规定。schema 为 "content://"，是通用前缀，表示该 URI 用于 ContentProvider 定位资源，无须修改。

② 主机名（或 Authority）用于唯一标识 ContentProvider，表示具体由哪一个 ContentProvider 提供资源，外部调用者可以根据这个标识来找到它。一般主机名都由类的小写全称组成，以保证唯一性。在配置文件的<provider>元素的 authorities 属性中声明 authority。

③ 路径（path）用于表示要操作的数据。如果 ContentProvider 仅提供一种数据类型，这部分可以没有。路径的构建应根据业务而定。

④ 被请求的特定记录的 ID 值，即被请求记录的_ID 字段值。如果请求的不仅限于单条记录，则应将 ID 值部分（包含其前面的斜线删除）。

例如要操作 student 表中 ID 为 10 的记录，可以构建这样的路径和 ID：/student/10；如果要操作 student 表中 ID 为 10 的记录的 name 字段，还可以构建这样的路径和 ID：/student/10/name；如果要操作 student 表中的所有记录，可以构建这样的路径：/student。

当然，要操作的数据不一定来自数据库，也可能来自本地文件（包括 XML 文件）或网络文件等，如要操作 XML 文件中 student 下的 name 节点，可以构建这样的路径 "/student/name"。

如果要把一个字符串转换成 URI，可以使用 Uri 类中的 parse()方法，代码如下。

```
Uri uri = Uri.parse("content://com.xawx.providers.studentprovider/student");
```

如果需要在一个 URI 结尾增加查询记录的 ID 值，还可以使用 ContentUris.withAppendedId() 或 Uri.withAppendedPath()方法。这两个方法都是静态方法，能轻松地将 ID 值增加到 URI 并返回一个增加了 ID 的 URI 对象。

7.4.5 UriMatcher

因为 URI 代表了要操作的数据，所以经常需要解析 URI，并从 URI 中获取数据。Android 系统提供了两个用于操作 URI 的工具类，分别为 UriMatcher 和 ContentUris。

1）UriMatcher 类用于匹配 URI，它的用法如下。

① 添加需要匹配的 URI 路径，如下代码所示。

```
//常量 UriMatcher.NO_MATCH 表示不匹配任何路径时的返回码
private static final UriMatcher URI_MATCHER = new UriMatcher(UriMatcher.NO_MATCH);
//如果 match()方法匹配 content://com.xawx.providers.studentprovider/student 路径，返回的匹配码为 1
URI_MATCHER.addURI("com.xawx.providers.studentprovider", "student", 1);
//添加需要匹配的 URI，如果匹配就会返回匹配码
//如 match()方法匹配 content://com.xawx.providers.studentprovider/student/20 路径，返回的匹配码为 2
//#号为通配符
URI_MATCHER.addURI("com.xawx.providers.studentprovider", "student/#", 2);
switch (URI_MATCHER.match(Uri.parse("content://com.xawx.providers.studentprovider/student/10"))) {
    case 1
      break;
    case 2
      break;
    default://不匹配
      break;
}
```

② 注册完需要匹配的 URI 后，就可以使用 URI_MATCHER.match(uri)方法对输入的 URI 进行匹配，如果匹配就返回匹配码。匹配码是调用 addURI()方法时传入的第三个参数，假设匹配 content://com.xawx.providers.studentprovider/student 路径，返回的匹配码为 1。

2）ContentUris 类用于获取 URI 路径后面的 ID 部分，它有两个比较实用的方法。

➤ withAppendedId(uri, id)用于为路径加上 ID 部分，代码如下。

```
Uri uri = Uri.parse("content://com.xawx.providers.studentprovider/student")
Uri resultUri = ContentUris.withAppendedId(uri, 10);
//生成的 Uri 为：content://com.xawx.providers.studentprovider/student/10
```

➤ parseId(uri)方法用于从路径中获取 ID 部分，代码如下。

```
Uri uri = Uri.parse("content://com.xawx.providers.studentprovider/student/10")
long studentid = ContentUris.parseId(uri);//获取的结果为:10
```

7.4.6 预定义的 ContentProvider

Android 为常用数据类型提供了很多预定义的 ContentProvider，它们大多位于 android.provider 包中。开发人员可以查询这些 ContentProvider 以获得其中包含的信息（某些需要特定的权限）。Android 提供的常用 ContentProvider 如表 7-5 所示。

表 7-5 Android 常用 ContentProvider

名称	说明
Browser	读取或修改书签、浏览历史或网络搜索
CallLog	查看或更新通话历史
RawContacts	获取、修改或保存联系人信息，一个 RawContacts 对应一个联系人
Contacts	获取、修改或保存联系人信息，一个 Contacts 可以包含多个 RawContacts
LiveFolders	由 ContentProvider 提供内容的特定文件夹
MediaStore	访问声音、视频和图片
Setting	查看和获取蓝牙设置、铃声和其他设备偏好
SearchRecentSuggestions	基于近期查询为应用程序创建简单的查询提供者
SyncStateContact	用于使用数据组账号关联数据的 ContentProvider 约束。意图使用标准方式保存数据的 ContentProvider 可以使用它
UserDictionary	用户词库

如前所述，要在 ContentProvider 中查询数据，开发人员需要知道以下信息。

1）标识该 ContentProvider 的 URI。
2）需要查询的数据字段名称。
3）字段中数据的类型。
4）如果需要查询特定记录，还需要知道该记录的 ID 值。

ContentResolver.query()可以完成查询功能，返回 Cursor 对象，在之后的使用中需要程序员管理 Cursor 的生命周期。query()方法的调用语法如下。

public final Cursor query（Uri uri, String[] projection, String selection, String[] selectionArgs,String sortOrder）

参数说明：

➢ uri：用于查询的 ContentProvider 的 URI 值。
➢ projection：由需要查询的列名组成的数组，如果为 null 则表示查询全部列。
➢ selection：类似 SQL 中的 Where 子句，用于增加条件完成数据过滤。
➢ selectionArgs：用于替换 selection 中可以使用？表示的变量值。
➢ sortOrder：类似 SQL 中的 Order By 子句，用于实现数据排序。
➢ 返回值：Cursor 对象，它位于第一条记录之前，如果没有记录返回，则为 null。

获得 Cursor 对象后，就可以使用其中提供的方法类遍历结果集以及获取某一列中某行元素的值。例如以下的代码实现了查询系统通讯录中联系人信息的处理过程（如果在模拟器中运行，须先在通讯录中添加联系人）。

```
//获取 ContentResolver 对象
ContentResolver contentResoler=getContentResolver();
// 查询记录
Cursor cursor = contentResoler.query(Contacts.CONTENT_URI, COLUMNS, null, null, null);
//获取 ID 所对应的索引值
int idIndex = cursor.getColumnIndex(COLUMNS[0]);
//获取 Name 所对应的索引值
int displayNameIndex = cursor.getColumnIndex(COLUMNS[1]);
List<String> items = new ArrayList<String>();
for (cursor.moveToFirst(); !cursor.isAfterLast(); cursor.moveToNext())
{                                                    // 迭代全部记录
    int id = cursor.getInt(idIndex);
    String displayName = cursor.getString(displayNameIndex);
```

```
//添加到 List<String>对象中
items.add("id: " + id + "\t 姓名: " + displayName);
}
```

如果向 ContentProvider 中增加数据，首先需要在 ContentValues 对象中建立键值对映射，这里每个键匹配 ContentProvider 中的列名，每个值是该列中希望增加的值。然后调用 ContentResolver.insert()方法并给它传递 ContentProvider 的 URI 参数和 ContentValues 映射。该方法返回新记录的完整 URI，即增加了新记录 ID 的 URI。开发人员可以使用该 URI 查询并获取该记录的 Cursor，以便修改该记录。

如果需要更新 ContentProvider 中的数据，调用 ContentResolver.update()方法并提供需要修改的列名和值；如果要删除单条记录，调用 ContentResolver.delete()方法并提供特定行的 URI；如果要删除多条记录，调用同样的方法并提供删除记录的 URI 和一个 SQL 的 Where 语句。

例如以下代码实现了向联系人列表增加成员的处理。

```
String name = nameET.getText().toString();// 获取输入的用户名
String phone = phoneET.getText().toString();// 获取输入的电话
ArrayList<ContentProviderOperation> ops = new ArrayList<ContentProviderOperation>(); // 定义操作集合
int index = ops.size();
ops.add(ContentProviderOperation.newInsert(RawContacts.CONTENT_URI).withValue(RawContacts.ACCOUNT_TYPE,null).withValue(RawContacts.ACCOUNT_NAME, null).build());   // 在联系人基本信息中插入一行
ops.add(ContentProviderOperation.newInsert(Data.CONTENT_URI).withValueBackReference(Data.RAW_CONTACT_ID,index).withValue(ContactsContract.Data.MIMETYPE,StructuredName.CONTENT_ITEM_TYPE).withValue(StructuredName.DISPLAY_NAME, name).build());   // 在详细信息表中插入用户名
ops.add(ContentProviderOperation.newInsert(ContactsContract.Data.CONTENT_URI).withValueBackReference(ContactsContract.Data.RAW_CONTACT_ID,index).withValue(ContactsContract.Data.MIMETYPE,Phone.CONTENT_ITEM_TYPE).withValue(Phone.NUMBER,phone).withValue(Phone.TYPE,Phone.TYPE_MOBILE).build());
// 在详细信息表中插入电话
try {
    //执行操作
    getContentResolver().applyBatch(ContactsContract.AUTHORITY, ops);
} catch (RemoteException e) {
    e.printStackTrace();
} catch (OperationApplicationException e) {
    e.printStackTrace();
}
```

对预定义 ContentProvider 的访问，往往需要特殊的权限，例如前面对联系人信息的访问，需要在配置文件 AndroidManifest.xml 中添加相应的访问权限语句，如下所示。

```
<uses-permission android:name="android.permission.READ_CONTACTS"/>
<uses-permission android:name="android.permission.WRITE_CONTACTS"/>
```

7.4.7 自定义 ContentProvider

如果开发人员希望共享自己的数据，有两种方法可以实现：一是创建自定义的 ContentProvider（继承 ContentProvider 的子类）；如果系统有预定义的 ContentProvider，并且与开发人员管理的数据类型相同，同时具备写入权限，则可以向其中增加数据。

自定义 ContentProvider 时，开发人员需要完成以下操作。

➢ 建立数据存储系统。大多数 ContentProvider 使用 Android 文件存储方法或者 SQLite 数

据库保存数据，开发人员可以使用任一种存储方式。Android 提供了 SQLiteOpenHelper 类以创建数据库以及 SQLiteDatabase 类以管理数据库。
- 继承 ContentProvider 类来提供数据访问方式。
- 在应用程序的 AndroidManifest.xml 文件中声明 ContentProvider。

1. 继承 ContentProvider，并重载 6 个方法

开发人员定义 ContentProvider 类的子类，以便使用 ContentResolver 和 Cursor 类来便捷地共享数据。继承 ContentProvider 的类，原则上有 6 个抽象方法需要重载，如表 7-6 所示。

表 7-6 ContentProvider 的抽象方法

方法	说明
delete()	删除数据集
insert()	添加数据集
qurey()	查询数据集，返回 Cursor 对象
update()	更新数据集
onCreate()	初始化，一般实现底层数据集和建立数据连接等工作
getType()	返回指定 URI 的 MIME 数据类型。如果 URI 是单条数据，则返回的 MIME 数据类型应以 vnd.android.cursor.item 开头；如果 URI 是多条数据，则返回的 MIME 数据类型应以 vnd.android.cursor.dir/开头

上述 ContentProvider 的方法能被位于不同进程和线程的不同 ContentResolver 对象调用，因此它们必须以线程安全的方式实现。

在 AS 中新建继承 ContentProvider 的类后，AS 会提示开发人员程序需要重载部分代码，并自动生成需要重载的代码框架。下面的代码是 AS 自动生成的代码框架。

```
public class StudentProvider extends ContentProvider   {
    public int delete(Uri uri, String selection, String[] selectionArgs) {
        return 0;
    }
    public String getType(Uri uri) {
        return null;
    }
    public Uri insert(Uri uri, ContentValues values) {
        return null;
    }
    public boolean onCreate() {
        return false;
    }
    public Cursor query(Uri uri, String[] projection, String selection,
            String[] selectionArgs, String sortOrder) {
        return null;
    }
    public int update(Uri uri, ContentValues values, String selection,
            String[] selectionArgs) {
        return 0;
    }
}
```

除了定义子类自身，还应采取一些其他措施简化该类的使用。

1) 定义 public static Uri CONTENT_URI 常量。该字符串表示自定义的 ContentProvider 处理的完整 content:URI。开发人员必须为该值定义唯一的字符串。最佳的解决方法是使用 ContentProvider 的完整类名。例如 StudentProvider 的 URI 可按如下形式定义。

```
Public static final Uri CONTENT_URI=Uri.parse("content://com.example.studentprovider");
```

如果 StudentProvider 包含子表，也应该为各个子表定义 URI。这些 URI 应该有相同的 authority，然后使用路径进行区分，例如：

```
content://com.example.studentprovider/grade
content://com.example.studentprovider/class
content://com.example.studentprovider/message
```

2）定义 ContentProvider 返回给调用者的列名。如果开发人员使用底层数据库，这些列名通常与 SQL 数据库列名相同。同样定义 public static String 常量，调用者使用它们来指定查询的列和其他指令。确保包含名为"_ID"的整数列作为记录的 ID 值。无论记录中的其他字段是否唯一，都应该包含该_ID 字段。如果使用 SQLite 数据库，_ID 字段应设为自增长主键字段。

3）仔细注释每列的数据类型，调用者需要使用这些信息来读取数据。

4）如果开发人员正在处理新数据类型，则必须定义新的 MIME 类型以便在 ContentProvider.getType()方法中实现返回。

5）如果开发人员提供的二进制数据太大而不能放到表格中，例如 bitmap 文件，提供给调用者的字段应该包含 content:URI 字符串。

2. 声明 CONTENT_URI，实现 UriMatcher

在新构造的 ContentProvider 类中，通过构造一个 UriMatcher，判断 URI 是单条数据还是多条数据。为了便于判断和使用 URI，一般将 URI 的授权者名称和数据路径等内容声明为静态常量，并声明 CONTENT_URI。声明 CONTENT_URI 和构造 UriMatcher 的代码如下。

```
//声明 URI 的主机名或授权者名称
public static final String AUTHORITY = "cn.cqdz.studentprovider";
//UriMatcher.NO_MATCH 表示 URI 无匹配时的返回代码
private static final UriMatcher MATCHER = new UriMatcher(UriMatcher.NO_MATCH);
//声明多条数据的返回代码
private static final int STUDENTS = 1;
//声明单条数据的返回代码
private static final int STUDENT = 2;
static {
//如果 match()方法匹配 content://cn.cqdz.studentprovider/student 路径，返回的匹配码为 1
    MATCHER.addURI(AUTHORITY, "student", STUDENTS);
//如果 match()方法匹配 content://cn.cqdz.studentprovider/student1#路径，返回的匹配码为 2，#可以代表任何数字
    MATCHER.addURI(AUTHORITY, "student/#", STUDENT);
}
//正式声明 CONTENT_URI
public static final Uri CONTENT_URI = Uri.parse("content://" + AUTHORITY + "/student");
```

其中的 MATCHER.addURI()方法用来添加新的匹配项，语法为：public void addURI(String authority, String path, int code)，其中 authority 参数表示匹配的授权者名称，path 参数表示数据路径，code 参数表示返回代码。

使用 UriMatcher 时，可以直接调用 match()函数，对指定的 URI 进行判断，示例代码如下。

```
switch(MATCHER.match(uri)){
case STUDENTS:
    //多条数据的处理过程
    break;
case STUDENT:
```

```
            //单条数据的处理过程
            break;
    default:
        throw new IllegalArgumentException("不支持的 URI:" + uri);
}
```

3. 注册 ContentProvider

在完成 ContentProvider 类的代码实现后，需要在项目配置文件 AndroidManifest.xml 中进行注册。注册 ContentProvider 使用<provider>标记，其中 name 属性的值是 ContentProvider 类的子类的完整名称。authorities 属性是 provider 定义的 content:URI 中的 authority 部分。例如注册一个授权者名称为 cn.cqdz.studentprovider 的 ContentProvider，其实现类是 StudentProvider，示例代码如下。

```
<application android:icon="@drawable/icon" android:label="@string/app_name">
    <provider android:name = ".StudentProvider"
              android:authorities = "cn.cqdz.studentprovider"/>
</application>
```

其他<provider>属性能设置读写数据的权限，提供显示给用户的图标和文本，启用或禁用 provider 等。如果数据不需要在多个运行着的 ContentProvider 间同步，则设置 mulitiprocess 属性为 true，这允许在各个调用进程间创建一个 provider 实例，从而避免执行 IPC。

7.4.8 实例 4：ContentProvider 操作

1. 新建项目，设置项目信息

创建 Android 工程，项目名称设为"ContentProvider 操作"，包名设为"com.example.sample07_04"，其他项保留默认值。

2. 设计布局

本节的布局文件与 7.3.5 节中的项目布局完全一样，请参见 7.3.5 节项目实施内容。

3. 设计数据操作辅助类

新建一个 MyDBHelper 类，此类的代码仍然采用 7.3.3 节中创建的 MyDBHelper 类代码。由于要求表中每条记录都包含一个整型的_ID 字段，用来唯一标识每条记录，因此需要对前面的 MyDBHelper 进行修改，只须把创建数据表的语句修改如下。

```
public void onCreate(SQLiteDatabase db) { // 创建数据表
    // SQL 语句
    String sql = "CREATE TABLE " + TABLENAME + " ("
            + "_id       integer primary key autoincrement ,"
            + "code          VARCHAR(14)         NOT nULL ,          "
            + "name          VARCHAR(14)         NOT NULL ,"
            + "birthday DATE                     NOT NULL)"; // SQL 语句
    db.execSQL(sql); // 执行 SQL 语句
}
```

4. 创建 ContentProvider 的子类

新建一个继承 ContentProvider 的 UserProvider 子类，实现各抽象方法，代码如下。

```
public class UserProvider extends ContentProvider {
    private MyDBHelper dbOpenHelper;
    // 声明 URI 的主机名或授权者名称
    public static final String AUTHORITY = "com.example.userprovider";
```

```java
// 常量 UriMatcher.NO_MATCH 表示不匹配任何路径的返回码
private static final UriMatcher MATCHER = new UriMatcher(UriMatcher.NO_MATCH);
// 声明多条数据的返回代码
private static final int USERS = 1;
// 声明单条数据的返回代码
private static final int USER = 2;
static {
    // 如果 match()方法匹配 content://com.example.userprovider/user 路径，返回的匹配码为 1
    MATCHER.addURI(AUTHORITY, "user", USERS);
    // 如果 match()方法匹配 content://com.example.userprovider/user/#路径，返回的匹配码为 2
    MATCHER.addURI(AUTHORITY, "user/#", USER);
}
// 声明了 CONTENT_URI
public static final Uri CONTENT_URI = Uri.parse("content://" + AUTHORITY + "/user");
// 删除 user 表中的所有记录 /user
// 删除 user 表中指定 ID 的记录 /user/1
@Override
public int delete(Uri uri, String selection, String[] selectionArgs) {
    SQLiteDatabase db = dbOpenHelper.getWritableDatabase();
    int count = 0;
    switch (MATCHER.match(uri)) {
    case USERS:
        count = db.delete("user", selection, selectionArgs);
        return count;
    case USER:
        long id = ContentUris.parseId(uri);
        String where = "_id=" + id;
        if (selection != null && !"".equals(selection)) {
            where = selection + " and " + where;
        }
        count = db.delete("user", where, selectionArgs);
        return count;
    default:
        throw new IllegalArgumentException("Unknown Uri:" + uri.toString());
    }
}
@Override
public String getType(Uri uri) {// 返回指定 URI 的 MIME 数据类型
    switch (MATCHER.match(uri)) {
    // 多条数据，如果 URI 是多条数据，则返回的 MIME 数据类型应以 vnd.android.cursor.dir/开头
    case USERS:
        return "vnd.android.cursor.dir/user";
    // 单条数据，如果 URI 是单条数据，则返回的 MIME 数据类型应以 vnd.android.cursor.item 开头
    case USER:
        return "vnd.android.cursor.item/user";
    default:
        throw new IllegalArgumentException("Unknown Uri:" + uri.toString());
    }
}
@Override
public Uri insert(Uri uri, ContentValues values) {//user
    SQLiteDatabase db = dbOpenHelper.getWritableDatabase();
```

```java
            switch (MATCHER.match(uri)) {
            case USERS:
                long rowid = db.insert("user", null, values);
                // 生成后的 URI 为：content://com.example.userprovider/user/10
                Uri insertUri = ContentUris.withAppendedId(uri, rowid);
                // 当 ContentProvider 中的数据发生变化时可以向其用户发出通知，第一个参数为 uri, 说明是 user 表的 uri, 不是单条记录的 uri
                this.getContext().getContentResolver().notifyChange(uri, null);
                return insertUri;
            default:// 不匹配
                throw new IllegalArgumentException("Unknown Uri:" + uri.toString());
            }
        }
        @Override
        public boolean onCreate() {
            this.dbOpenHelper = new MyDBHelper(this.getContext());
            return false;
        }
        // 查询 user 表中的所有记录  /user
        // 查询 user 表中指定 id 的记录  /user/10
        @Override
        public Cursor query(Uri uri, String[] projection, String selection,
                String[] selectionArgs, String sortOrder) {
            SQLiteDatabase db = dbOpenHelper.getReadableDatabase();
            switch (MATCHER.match(uri)) {
            case USERS:
                return db.query("user", projection, selection, selectionArgs, null, null, sortOrder);
            case USER:
                long id = ContentUris.parseId(uri);
                String where = "_id=" + id;
                if (selection != null && !"".equals(selection)) {
                    where = selection + " and " + where;
                }
                return db.query("user", projection, where, selectionArgs, null,
                        null, sortOrder);
            default:
                throw new IllegalArgumentException("Unknown Uri:" + uri.toString());
            }
        }
        // 更新 user 表中的所有记录  /user
        // 更新 user 表中指定 id 的记录  /user/10
        @Override
        public int update(Uri uri, ContentValues values, String selection,
                String[] selectionArgs) {
            SQLiteDatabase db = dbOpenHelper.getWritableDatabase();
            int count = 0;
            switch (MATCHER.match(uri)) {
            case USERS:
                count = db.update("user", values, selection, selectionArgs);
                return count;
            case USER:
                // parseId(uri)方法用于从路径中获取 ID 部分：获取的结果为 1
                long id = ContentUris.parseId(uri);
                String where = "_id=" + id;
```

```
                    // 如果外面传进来的条件不为空,而且不为空字符串
                    if (selection != null && !"".equals(selection)) {
                        // 外面的条件加自己的条件
                        where = selection + " and " + where;
                    }
                    count = db.update("user", values, where, selectionArgs);
                    return count;
                default:
                    throw new IllegalArgumentException("Unknown Uri:" + uri.toString());
            }
        }
    }
```

5. 注册 UserProvider

打开 AndroidManifest.xml 文件,在<Application></Application>标记中添加注册信息。

```
<provider android:name = ".UserProvider"
          android:authorities = "com.example.userprovider"/>
```

6. 修改 Activity,使用数据

本例就在同一应用的 Activity 中测试数据的访问。打开默认创建的 Activity 类,将类改为如下内容,进行数据操作,代码如下。

```
public class MainActivity extends AppCompatActivity implements OnClickListener {
    // 声明 URI 的主机名或授权者名称
    public static final String AUTHORITY = "com.example.userprovider";
    // 声明了 CONTENT_URI
    public static final Uri CONTENT_URI = Uri.parse("content://" + AUTHORITY+ "/user");
    private EditText ecode, ename, ebirth;// 编辑框
    private Button badd, bdel, bupdate, bsele;// 定义按钮
    private SQLiteDatabase db = null;
    private TextView tedatashow;// 定义组件
    private ListView datashow;// 定义组件
    @Override
    protected void onCreate(Bundle savedInstanceState) {
        super.onCreate(savedInstanceState);
        setContentView(R.layout.activity_main);
        ecode = (EditText) findViewById(R.id.ecode);// 取得学号组件
        ename = (EditText) findViewById(R.id.ename);// 取得姓名组件
        ebirth = (EditText) findViewById(R.id.ebirth);// 取得出生日期组件
        badd = (Button) findViewById(R.id.badd);// 取得增加组件
        bdel = (Button) findViewById(R.id.bdel);// 取得删除组件
        bupdate = (Button) findViewById(R.id.bupdate);// 取得更新组件
        bsele = (Button) findViewById(R.id.bsele);// 取得查询组件
        tedatashow = (TextView) findViewById(R.id.tedatashow);
        datashow = (ListView) findViewById(R.id.datashow);//信息显示组件
        badd.setOnClickListener(this);// 设置监听
        bdel.setOnClickListener(this);// 设置监听
        bsele.setOnClickListener(this);// 设置监听
        bupdate.setOnClickListener(this);// 设置监听
    }
    @Override
    public void onClick(View v) {
        MyDBHelper helper = new MyDBHelper(this); // 定义数据库辅助类
```

```java
db = helper.getWritableDatabase(); // 以修改方式打开数据库
// 添加数据
if (v == badd) {
    // 检查录入值是否为空
    if (ecode.getText().toString().trim().length() != 0
            && ename.getText().toString().trim().length() != 0
            && ebirth.getText().toString().trim().length() != 0) {
        try {
            //取得ContentResolver
            ContentResolver contentResolver = null;
            contentResolver = super.getContentResolver();
            ContentValues cv = new ContentValues(); // 设置内容
            cv.put("code", ecode.getText().toString());//设置 code
            cv.put("name", ename.getText().toString()); //设置 name
            cv.put("birthday", ebirth.getText().toString());
            Uri resultUri=contentResolver.insert(CONTENT_URI,cv);
            Toast.makeText(this,"成功添加！",Toast.LENGTH_LONG).show();
            ecode.setText("");// 设置为空
            ename.setText("");
            ebirth.setText("");
        } catch (Exception e) {
            Toast.makeText(this, "出错了！" + e.getMessage(),Toast.LENGTH_LONG).show();
        }
    } else
        Toast.makeText(this,"学号姓名出生日期不能为空！", Toast.LENGTH_LONG).show();
}
if (v == bdel) { // 删除数据
    try {
        // 生成删除的 SQL 语句
        ContentResolver contentResolver = null; // 定义 ContentResolver
        contentResolver = super.getContentResolver();
        long result = 0; // 更新记录数
        if (ecode.getText().toString() == null|| "".equals(ecode.getText().toString())) { // 删除全部数据
            result = contentResolver.delete(CONTENT_URI, null, null);
        } else {
            result = contentResolver.delete(Uri.withAppendedPath(CONTENT_URI,"1"), null,null);
        }
        Toast.makeText(this, "成功删除！", Toast.LENGTH_LONG).show();
        ecode.setText("");// 设置为空
    } catch (Exception e) {
        Toast.makeText(this, "出错了！" + e.getMessage(), Toast.LENGTH_LONG).show();
    }
}
// 更新数据
if (v == bupdate) {
    // 检查录入值是否为空
    if (ecode.getText().toString().trim().length() != 0
            && ename.getText().toString().trim().length() != 0
            && ebirth.getText().toString().trim().length() != 0) {
        try {
            ContentResolver contentResolver = null;
```

```
                contentResolver = super.getContentResolver();
                ContentValues cv = new ContentValues(); // 设置内容
                cv.put("code", ecode.getText().toString());//设置 code
                cv.put("name", ename.getText().toString()); //设置 name
                cv.put("birthday", ebirth.getText().toString());//
                contentResolver.update(Uri.withAppendedPath(CONTENT_URI, "1"), cv, null,null);
                Toast.makeText(this, "成功更新！", Toast.LENGTH_LONG).show();
                ecode.setText("");// 设置为空
                ename.setText("");
                ebirth.setText("");
            } catch (Exception e) {
                    Toast.makeText(this, "出错了！" + e.getMessage(),Toast.LENGTH_LONG).show();
            }
        } else
            Toast.makeText(this,"学号姓名出生日期不能为空！", Toast.LENGTH_LONG).show();
    }
    if (v == bsele) {// 查询显示
        try {
            ContentResolver contentResolver = null; //
            contentResolver = super.getContentResolver(); //
            // * 构建 Listview 适配器
            List<String> all = new ArrayList<String>();// 定义 List 集合
            Cursor result = this.getContentResolver().query(CONTENT_URI,null, null, null, null);
            for (result.moveToFirst(); !result.isAfterLast(); result.moveToNext()) {
                    all.add("【" + result.getString(0) + "】" + " "+result.getString(1) + "，" + result.getString(2) + "，" + result.getString(3));// 设置集合数据
            }
            // 将数据包装，每行显示一条数据
            datashow.setAdapter((ListAdapter) new ArrayAdapter<String>(this, android.R.layout.simple_expandable_list_item_1,all));
        } catch (Exception f) {
            Toast.makeText(this, "显示不了", Toast.LENGTH_LONG).show();
        }
    }
    db.close();
}
```

最后的运行效果如图 7-11 所示。

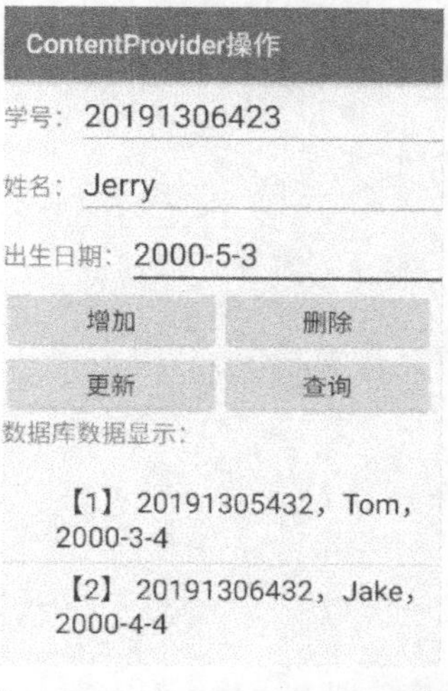

本章小结

本章主要介绍了 Android 中 4 种数据存储的方式，分别是 SharedPreferences、Files（Internal Storage、External Storage）、SQLite、ContentProvider，着重介绍了使用最多、应用最广的 SQLite 数据库的使用。由于 Android 中的数据基本是私有的，因此最后介绍了通过 ContentProvider 来实现各个不同应用程序之间数据的传递和共享。每种存储方式都通过一个示例来演示如何使用其功能及作用，让大家在开发的过程中能够合理地选择数据的存储方式，提高开发效率。

图 7-11 ContentProvider 运行效果

练习题

1. 应用程序一般允许用户自定义配置信息，如界面背景颜色、字体大小和字体颜色等，尝试使用 SharedPreferences 保存用户的自定义配置信息，并在程序启动时自动加载这些自定义的配置信息。
2. 尝试把第 1 题的用户自定义配置信息，以 INI 文件的形式保存在内部存储器上。
3. 简述在嵌入式系统中使用 SQLite 数据库的优势。
4. 分别使用手动建库和代码建库的方式，创建名为 test.db 的数据库，并建立 staff 数据表，其各个属性如表 7-7 所示。同时提供表数据的插入、修改和删除操作方法。

表 7-7　staff 数据表的各个属性

属性	数据类型	说明
_id	integer	主键
name	text	姓名
sex	text	性别
department	text	所在部门
salary	float	工资

5. 开发一个应用程序，使用列表显示联系人姓名，当单击列表项时显示联系人手机号码。
6. 开发一个应用程序，根据联系人应用程序中保存的数据，实现自动补全姓名的功能。
7. 开发一个应用程序，实现删除联系人应用程序中指定的联系人信息。
8. 开发程序，实现将个人应用数据提供给其他应用程序访问。

第8章 多媒体开发

知识提要：

Android 提供了常见媒体的编码、解码机制，因此可以非常容易地将音频、视频和图片等多媒体文件集成到应用程序中。通过 Android 提供的组件可以非常容易地实现播放器、录音、相册和摄像等程序，当然有些需要硬件的支持。通过前面学习的 Activity 可以非常方便地访问这些媒体文件。

播放音频和视频会用到 MediaPlayer 类，录制音频及视频会用到 MediaRecorder 类。文件的来源可以是本地系统文件、SD 存储卡中的文件，还可以是网络的文件流。Android 对常用媒体格式提供了支持，支持的图片格式有 GIF、PNG、JPEG 和 BMP 等，支持的音频格式有 3GP、MP3 和 WAVE 等，支持的视频格式有 3GP 和 MP4 等。

教学目标：

◆ 掌握音频播放的实现方法
◆ 掌握视频播放的实现方法

22　音频播放

8.1 音频播放

MediaPlayer 类可以用来播放音频、视频和流媒体，MediaPlayer 包含了 Audio 和 Video 的播放功能。Android 支持的音频格式有 MP3（.mp3）、3GP（.3gp）、Ogg（.ogg）、WAVE（.wav）等。

本节准备使用 MediaPlayer 实现一个具有控制界面的简易音乐播放器。

8.1.1 MediaPlayer 类介绍

MediaPlayer 类位于 android.media 包中。可以播放的文件来源很多，可以是手机内存中的文件、SD 卡中的文件，还可以是网络中的文件流等。该类常用的方法如表 8-1 所示。

表 8-1　MediaPlayer 类的常用方法

方法	说明
MediaPlayer()	构造方法
create()	创建一个要播放的多媒体
getCurrentPosition()	得到当前播放位置
getDuration()	得到文件的时间
getVideoHeight()	得到视频的高度
getVideoWidth()	得到视频的宽度
isLooping()	是否循环播放
isPlayer()	是否正在播放
pause()	暂停
prepare()	准备（同步）
prepareAsync()	准备（异步）

(续)

方法	说明
release()	释放 MediaPlayer 对象
reset()	重置 MediaPlayer 对象
seekTo()	指定播放的位置（以毫秒为单位的时间）
setAudioStreamType()	设置流媒体的类型
setDataSource()	设置多媒体数据来源
setDisplay()	设置用 SurfaceHolder 来显示多媒体
setLooping()	设置是否循环播放
setOnBufferingUpdateListener()	网络流媒体的缓冲监听
setOnErrorListener()	设置错误信息监听
setOnVideoSizeChangeListener()	设置视频尺寸监听
setScreenOnWhilePlaying()	设置是否使用 SurfaceHolder 来显示
setVolune()	设置音量
start()	开始播放
stop()	停止播放

使用 MediaPlayer 类播放音频时，一般使用其提供的静态方法 create()创建 MediaPlayer 对象，同时加载音频文件，如下代码所示。

```
//创建对象，同时加载资源文件 test
MeidaPlayer player=MediaPlayer.create(this,R.raw.test);
//创建对象，同时加载网络资源 tp.mp3
MeidaPlayer player=MediaPlayer.create(this,Uri.parse("http://www.cxcq.com /tp.mp3"));
```

由于在使用 create()创建对象时已经加载了播放资源，也可以使用无参的构造函数来创建 MediaPlayer 对象。此时需要使用 setDataSource()方法单独指定要装载的资源，但这时 MediaPlayer 并未真正装载该资源，因此还需要调用 prepare()方法实现真正装载该资源，如下代码所示。

```
MediaPlayer player=new MediaPalyer();
try {
    player.setDataSource("/sdcard/t.wav");   //
} catch (Exception e) {
    e.printStackTrace();
}
try {
   player.prepare();
} catch(Exception e) {
    e.printStackTrace();
}
```

对象创建及资源加载成功后，可以调用 MediaPlayer 对象的 start()方法开始播放，调用 stop() 方法停止播放，播放中途可以调用 pause()方法暂停播放。

8.1.2 播放资源文件中的文件

使用 MediaPlayer 类播放音频及视频，最简单的一种方式就是从资源文件中播放。要实现该功能需要按如下步骤操作。

1）在项目的 res\raw 文件夹下面放置一个系统支持的媒体文件。如果 res 目录下没有 raw 文件夹，则新建一个文件夹并命名为 raw 即可。

2）新建一个 MediaPlayer 类的实例，可以使用 MediaPlayer 类的静态方法 create()或无参构造函数并使用 setDatasource()方法指定资源来完成。

3）调用 start()方法开始播放，调用 pause()方法暂停播放，调用 stop()方法停止播放。如果希望重复播放，在调用 start()方法之前，必须调用 reset()和 prepare()方法。

程序代码如下所示。

```
//实例化 MediaPlayer 类并指定资源，播放的文件为 music.mp3
MediaPlayer play = MediaPlayer.create(this,R.raw.music);
//开始播放
play.start();
```

8.1.3 播放文件系统中的文件

如果要播放文件系统中的文件，例如，在 SD 卡中存储的音频及视频文件，可通过 setDataSource()方法设置文件的路径，就可以直接播放。

1）使用构造函数新建一个 MediaPlayer 类的对象。

2）调用 setDataSource()方法来设置想要播放文件的路径。

3）调用 prepare()加载资源，调用 start()方法开始播放，调用 pause()方法暂停播放，调用 stop()方法停止播放。

程序代码如下所示。

```
//实例化 MediaPlayer
MediaPlayer play = new MediaPlayer();
//指定播放文件的路径
play.setDataSource("/sdcard/music.mp3");
//准备
play.prepare();
//开始播放
play.start();
```

注：setDataSource()和 prepare()方法的调用须做异常处理，同时还须对访问 SD 卡上的文件做相应的权限处理。

8.1.4 播放网络上的文件

播放网络上的文件与播放文件系统中的文件类似，只需要把文件系统的路径换为网络的路径即可。

1）使用构造函数新建一个 MediaPlayer 类的对象。

2）调用 setDataSource()方法设置要播放文件的路径。

3）调用 prepare()方法真正加载资源，调用 start()方法进行播放，调用 pause()方法暂停播放，调用 stop()方法停止播放。

```
//实例化 MediaPlayer
MediaPlayer play = new MediaPlayer();
//指定播放文件的路径
play.setDataSource("http://nonie.1ting.com:9092/ongchuan/01.mp3");
//准备
play.prepare();
//开始播放
```

```
            play.start();
```

注：setDataSource()和 prepare()方法的调用须做异常处理，同时还须对访问网络做相应的权限处理。

8.1.5 实例1：音频播放

1．新建项目，并将所需的资源图片放入项目目录

1）打开 AS，并新建一个 Android 项目。程序命名为"音频播放"，包命名为"com.example.ch08_01"，其他参数取默认值。

2）将音频文件 music.mp3 复制到项目的 res/raw 目录下。

3）将所需的图片文件 play.png、pause.png、stop.png 加入到项目资源文件夹中。

2．创建布局方式，添加所需的各种界面元素

修改布局文件，删除默认添加的布局组件，添加水平线性布局，然后添加一个文本显示组件、三个图片按钮组件，布局文件内容如下所示。

```xml
<?xml version="1.0" encoding="utf-8"?>
<LinearLayout
    xmlns:android="http://schemas.android.com/apk/res/android"
    android:orientation="vertical"
    android:layout_width="fill_parent"
    android:layout_height="fill_parent">
    <TextView
        android:id="@+id/info"
        android:layout_width="fill_parent"
        android:layout_height="wrap_content"
        android:text="等待音频文件播放..." />
    <LinearLayout
        xmlns:android="http://schemas.android.com/apk/res/android"
        android:orientation="horizontal"
        android:layout_width="wrap_content"
        android:layout_height="wrap_content">
        <ImageButton
            android:id="@+id/play"
            android:layout_width="wrap_content"
            android:layout_height="wrap_content"
            android:src="@drawable/play" />
        <ImageButton
            android:id="@+id/pause"
            android:layout_width="wrap_content"
            android:layout_height="wrap_content"
            android:src="@drawable/pause" />
        <ImageButton
            android:id="@+id/stop"
            android:layout_width="wrap_content"
            android:layout_height="wrap_content"
            android:src="@drawable/stop" />
    </LinearLayout>
</LinearLayout>
```

3．修改主 Activity 代码，实现音频播放

1）在 MusicActivity.java 代码文件中首先定义三个图片按钮对象，一个文本显示组件，以

及相应的播放标记。

```java
private ImageButton play = null;                    // 图片按钮
private ImageButton pause = null;                   // 图片按钮
private ImageButton stop = null;                    // 图片按钮
private TextView info = null;                       // 文本显示组件
private MediaPlayer myMediaPlayer = null;           // 媒体播放
private boolean pauseFlag = false;                  // 暂停播放标记
private boolean playFlag = true ;                   // 是否播放标记
private SeekBar seekbar = null;                     // 拖动条
```

2）在覆盖的 onCreate()方法中，只需要设置上述图片按钮的事件监听来处理相应的动作即可播放音乐，其中播放按钮执行播放操作。

```java
private class PlayOnClickListenerImpl implements OnClickListener {
    @Override
    public void onClick(View view) {
        myMediaPlayer = MediaPlayer.create(MusicActivity.this,R.raw.music);
        myMediaPlayer.setOnCompletionListener(new OnCompletionListener() {
            @Override
            public void onCompletion(MediaPlayer media) {
                MusicActivity.this.playFlag = false ;    // 播放完毕
                media.release();                          // 释放所有状态
            }
        })                                                // 播放完毕监听
        if (MusicActivity.this.myMediaPlayer != null) {
            MusicActivity.this.myMediaPlayer.stop();     // 停止播放
        }
        try {
            MusicActivity.this.myMediaPlayer.prepare();  // 进入预备状态
            MusicActivity.this.myMediaPlayer.start();    // 播放文件
            MusicActivity.this.info.setText("正在播放音频文件...");  // 设置文字
        } catch (Exception e) {
            MusicActivity.this.info.setText("文件播放出现异常，" + e);// 设置文字
        }
    }
}
```

3）获取用于控制音频暂停播放和停止播放的按钮，并分别为其添加单击事件监听器，在重写的 onClick()中执行相应的操作。

```java
private class PauseOnClickListenerImpl implements OnClickListener {
    @Override
    public void onClick(View view) {
        if (MusicActivity.this.myMediaPlayer != null) {
            if (MusicActivity.this.pauseFlag) {          // 为 true 表示由暂停变为播放
                MusicActivity.this.myMediaPlayer.start();// 播放文件
                MusicActivity.this.pauseFlag = false;    // 修改标记位
            } else {                                      // false 表示由播放变为暂停
                MusicActivity.this.myMediaPlayer.pause();// 暂停播放
                MusicActivity.this.pauseFlag = true;     // 修改标记位
                MusicActivity.this.info.setText("暂停播放音频文件...");
            }
        }
    }
}
```

```
            }
            private class StopOnClickListenerImpl implements OnClickListener {
                @Override
                public void onClick(View view) {
                    if (MusicActivity.this.myMediaPlayer != null) {
                        MusicActivity.this.myMediaPlayer.stop();
// 停止播放
                        MusicActivity.this.info.setText("停止播放音频文
件...");
                    }
                }
            }
```
程序运行效果如图 8-1 所示。

图 8-1　音频播放

8.2　视频播放

23　多媒体开发

MediaPlayer 主要是用来播放音频的，因此它没有提供图像输出界面，此时就需要借助于 VideoView 或 SurfaceView 来显示 MediaPlayer 播放时的图像输出。播放视频可以通过两种方式来实现。一种是通过 VideoView 组件，该种方式实现起来比较简单，但是其可控性不强，可以完成简单的播放任务；另一种是通过 MediaPlayer 在 SurfaceView 中进行播放，这种方式实现起来比较麻烦，但是可控性极强。所以在实际的项目中可以根据不同的需求选择使用。Android 支持的视频格式有 3GP（.3gp）、MPEG4（.mp4）等。

本节准备使用 MediaPlayer 实现一个可控制的简易视频播放器。

8.2.1　使用 VideoView 组件播放视频

使用 VideoView 组件播放视频，首先需要在布局文件中创建该组件，然后在 Activity 中获取该组件，并应用这个对象的 setVideoPath()方法或 setVideoURI()方法加载要播放的视频，最后调用 VideoView 组件的 start()方法播放视频。在播放时还可以调用 stop()和 pause()来停止和暂停视频的播放。VideoView 组件可用的 XML 属性如表 8-2 所示。

表 8-2　VideoView 组件可用的 XML 属性

XML 属性	描述
android:id	设置组件的 ID
android:background	设置背景，可以设置图片或颜色
android:layout_gravity	设置对齐方式
android:layout_width	设置宽度
android:layout_height	设置高度

Android 还提供了一个可以与 VideoView 组件结合使用的 MediaController 组件。MediaController 组件用于通过图形控制界面控制视频的播放。示例代码如下。

```
            video=(VideoView) findViewById(R.id.video);//获取 VideoView 组件
            //获取 SD 卡上要播放的文件，注意 Android 6.0 之后版本的权限处理，这里省略
            File file=new File("/sdcard/tape.mp4");
            MediaController mc=new MediaController(MainActivity.this);
            if(file.exists()){   //判断要播放的视频文件是否存在
                video.setVideoPath(file.getAbsolutePath());//指定要播放的视频
```

```
            video.setMediaController(mc);   //设置 VideoView 与 MediaController 相关联
            video.requestFocus();       //让 VideoView 获得焦点
            try {
                    video.start();       //开始播放视频
                } catch (Exception e) {
                            e.printStackTrace();      //输出异常信息
                    }
            //为 VideoView 添加完成事件监听器
            video.setOnCompletionListener(new OnCompletionListener() {
                @Override
                public void onCompletion(MediaPlayer mp) {
                        Toast.makeText(MainActivity.this, "视频播放完毕！", Toast.LENGTH_SHORT).show();
//弹出消息提示框显示播放完毕
                }
            });
        }else{
            Toast.makeText(this, "要播放的视频文件不存在",Toast.LENGTH_SHORT).show();   //弹出消息提示框提示文件不存在
        }
```

注意：使用 VideoView 播放视频时，在模拟器上可能只能看到 VideoView 的背景，看不到视频信息，发布到手机上就可以看到播放的视频了。

8.2.2 使用 MediaPlayer 类播放视频

SurfaceView 类继承自 View 类，它通过一个新线程来更新画面。因此，SurfaceView 更适合需要快速加载 UI，或渲染代码阻塞 UI 线程的时间过长的情况。SurfaceView 封装了一个 Surface 对象，而不是 Canvas，这一点对于那些资源敏感的操作特别有用。SurfaceView 可以使用 getHolder()方法获得 SurfaceHolder 对象，通过这个对象控制界面尺寸、编辑界面组件，以及监控界面组件的改变。

使用 MediaPlayer 类和 SurfaceView 类来播放视频，大致可以分为以下四步。

1）定义 SurfaceView 组件。定义 SurfaceView 组件可以在布局资源中实现，也可以在 Java 代码中创建，推荐使用布局资源方式。布局资源定义代码如下。

```
<SurfaceView
    android:id="@+id/surfaceView1"
    android:keepScreenOn="true"
    android:layout_width="wrap_content"
    android:layout_height="wrap_content" />
```

其中 android:keepScreenOn 属性用于指定在播放视频时是否打开屏幕。

2）创建 MediaPlayer 对象，并为其加载播放资源。

3）将所播放的视频画面输出到 SurfaceView。

使用 MediaPlayer 对象的 setDisplay(SurfaceHolder sh)方法可以将所播放的视频画面输出到 SurfaceView。其中 sh 参数用于指定 SurfaceHolder 对象，这个对象可以通过 SurfaceView 对象的 getHolder()方法获得。例如，以下代码实现为 MediaPlayer 对象指定输出画面到 SurfaceView。

```
        mediaplayer.setDisplay(surfaceview.getHolder());   //设置输出画面到 SurfaceView
```

4）调用 MediaPlayer 对象的相应方法控制视频的播放。

注意，使用 MediaPlayer 和 SurfaceView 播放视频时，在模拟器上也只能看到 SurfaceView

的背景，看不到图像，但发布到手机上就可以正常播放了。

8.2.3 实例2：播放视频

1．新建项目，并将所需的资源图片放入项目目录

1）打开 AS，并新建一个 Android 项目。程序命名为"视频播放"，包命名为"com.example.ch08_02"，入口 Activity 的名称取默认的"MainActivity"。

2）将要播放的视频文件通过 DeviceFileExplorer 窗口复制到 SD 卡中。

3）将所需的图片文件 play.png、stop.png 加入项目资源文件夹。

2．创建布局方式，添加所需的各种界面元素

修改布局文件，删除默认添加的布局及文本显示组件，然后添加三个 View 组件，其中 SurfaceView 组件用来显示视频，两个图片按钮组件用来控制开始播放和停止。布局文件内容如下所示。

```xml
<?xml version="1.0" encoding="utf-8"?>
<android.support.constraint.ConstraintLayout xmlns:android="http://schemas.android.com/apk/res/android"
    xmlns:app="http://schemas.android.com/apk/res-auto"
    xmlns:tools="http://schemas.android.com/tools"
    android:id="@+id/linearLayout"
    android:layout_width="fill_parent"
    android:layout_height="fill_parent"
    android:orientation="vertical">
    <ImageButton
        android:id="@+id/play"
        android:layout_width="80dp"
        android:layout_height="80dp"
        android:layout_marginStart="8dp"
        android:layout_marginTop="8dp"
        android:src="@drawable/play"
        app:layout_constraintStart_toStartOf="parent"
        app:layout_constraintTop_toTopOf="parent" />
    <ImageButton
        android:id="@+id/pause"
        android:layout_width="80dp"
        android:layout_height="80dp"
        android:layout_marginStart="8dp"
        android:layout_marginTop="8dp"
        android:src="@drawable/pause"
        app:layout_constraintStart_toEndOf="@+id/play"
        app:layout_constraintTop_toTopOf="parent" />
    <ImageButton
        android:id="@+id/stop"
        android:layout_width="80dp"
        android:layout_height="80dp"
        android:layout_marginStart="8dp"
        android:layout_marginTop="8dp"
        android:src="@drawable/stop"
        app:layout_constraintStart_toEndOf="@+id/pause"
        app:layout_constraintTop_toTopOf="parent" />
    <SurfaceView
        android:id="@+id/surfaceView"
```

```xml
            android:layout_width="0dp"
            android:layout_height="0dp"
            android:layout_marginTop="8dp"
            app:layout_constraintBottom_toBottomOf="parent"
            app:layout_constraintEnd_toEndOf="parent"
            app:layout_constraintStart_toStartOf="parent"
            app:layout_constraintTop_toBottomOf="@+id/pause" />
</android.support.constraint.ConstraintLayout>
```

3．修改主 Activity 代码，实现视频播放

1）在 MainActivity 中首先定义两个图片按钮对象和一个 SurfaceView 实例。

```java
private ImageButton play = null;
private ImageButton stop = null;
private MediaPlayer media = null;
private SurfaceView surfaceView = null;
private SurfaceHolder surfaceHolder = null;
```

2）在覆盖的 onCreate()方法中，首先获取布局文件中添加的播放和停止按钮，并获得 SurfaceHolder，创建 MediaPlayer 对象，设置播放和停止按钮的监听。

```java
super.onCreate(savedInstanceState);
setContentView(R.layout.activity_main);
this.play = (ImageButton) super.findViewById(R.id.play);
this.stop = (ImageButton) super.findViewById(R.id.stop);
this.surfaceView = (SurfaceView) super.findViewById(R.id.surfaceView);
this.surfaceHolder = this.surfaceView.getHolder(); // 获得 SurfaceHolder
this.media =new MediaPlayer(); // 创建 MediaPlayer 对象
//对 Android 6.0 后的系统动态检测权限
if(Build.VERSION.SDK_INT>=Build.VERSION_CODES.M)
    ActivityCompat.requestPermissions(MainActivity.this,newString[]{"android.permission.WRITE_EXTERNAL_STORAGE","android.permission.READ_EXTERNAL_STORAGE"},1);
else{
    try {
        this.media.setDataSource("sdcard/demo.3gp"); // 设置播放文件的路径
    } catch (Exception e) {
        e.printStackTrace();
    }
}
play.setOnClickListener(this);// 设置监听
stop.setOnClickListener(this);// 设置监听
```

3）为播放和停止按钮添加单击事件响应方法。

```java
@Override
public void onClick(View v) {
    // TODO Auto-generated method stub
    if (v == play) {
        media.setAudioStreamType(AudioManager.STREAM_MUSIC);// 设置音频类型
        media.setDisplay(this.surfaceHolder); // 设置显示的区域
        try {
            media.prepare(); // 预备状态
            media.start(); // 播放视频
        } catch (Exception e) {
            e.printStackTrace();
        }
```

```
            }
            if (v == stop) {
                media.stop();
            }
        }
```

4）在权限回调方法中，设置视频文件加载

```
/*申请权限的回调方法*/
@Override
public void onRequestPermissionsResult(int requestCode,String[] permissions,int[] grantResults){
    super.onRequestPermissionsResult(requestCode,permissions,grantResults);
    if(requestCode==1){
        for(int i=0;i<permissions.length;i++){
            if((permissions[i].equals("android.permission.WRITE_EXTERNAL_STORAGE") ||
permissions[i].equals("android.permission.READ_EXTERNAL_STORAGE"))&& grantResults[i]== PackageManager.PERMISSION_GRANTED){
                try {
                    this.media.setDataSource("sdcard/demo.3gp"); // 设置播放文件的路径
                } catch (Exception e) {
                    e.printStackTrace();
                }
            }
            else{
                Toast.makeText(this,""+"权限"+permissions[i]+"申请失败",Toast.LENGTH_LONG).show();
            }
        }
    }
}
```

程序运行效果如图 8-2 所示（注意本例需要设置对 SD 卡的访问权限）。

图 8-2　视频播放界面

本章小结

本章主要介绍了在 Android 中进行多媒体处理的相关技术，包括如何实现音频、视频的播放。详细介绍了 MediaPlayer 类、SurfaceView 类的使用。通过每个示例程序的处理，使读者对 Android 中多媒体开发有进一步的了解。

练习题

1．开发一个程序，实现播放 SD 卡中的 MP3 文件。
2．开发一个程序，实现播放 SD 卡中的 3GP 文件。

第9章 图形与动画

知识提要：

Android 没有使用 Java 中定义的类，而是定义了一套更适合移动设备的二维图形处理类。这些类分别位于 android.graphics、android.graphics.drawable.shapes 和 android.view.animation 包中。

本章内容分为两部分：一部分是静态图形处理，一般是将图形作为资源文件添加到工程中，然后通过各种 Drawable 类来处理；第二部分是动态图形处理，包括程序绘图和动画。

教学目标：

- ◆ 掌握逐帧动画、补间动画和属性动画的实现方法
- ◆ 掌握关于动态绘图的几个常用类及其使用方法
- ◆ 掌握图形特效的控制技术

9.1 绘图技术

24　绘图技术

Android 中提供了一些绘图工具类，如 Canvas 类提供绘图所用的画布，Paint 类提供绘图所用的画笔，结合 Color 类可实现不同的颜色绘制，还有各种形状类，如 OvalShap（椭圆）、RectShape（矩形）等，只要灵活使用这些类即可实现动态绘制图形的功能。

本节将实现一个动画效果程序，在运行界面上有一个蓝色的小球不断移动，当接触到边界时自动弹回并重新移动。

9.1.1 常用的绘图工具类介绍

1. Canvas 类

Canvas 类代表画布，位于 android.graphics 包中，可以绘制各种图形，如线条、矩形、圆、椭圆等。通常情况下，绘图时先创建一个继承自 View 类的视图，并且重写 onDraw()方法，然后在显示绘图的 Activity 中添加该视图。该类常用方法如表 9-1 所示。

表 9-1 Canvas 类常用方法

方法	描述
drawRect(RectF rect, Paint paint)	绘制矩形区域，参数 rect 为一个矩形区域
drawPath(Path path, Paint paint)	绘制一个路径，参数 path 为路径对象
drawBitmap(Bitmap bitmap, Rect src, Rect dst, Paint paint)	贴图，参数 bitmap 为一个 Bitmap 对象，参数 src 是源区域，参数 dst 是目标区域，参数 paint 是画笔对象。因为绘图时有缩放和拉伸的可能，当源区域不等于目标区域时，性能将会有大幅损失
drawLine(float startX, float startY, float stopX, float stopY, Paint paint)	画线，前两个参数为起始点的 x、y 坐标位置，后两个参数为终点的 x、y 坐标位置，最后一个参数为 Paint 画笔对象
drawPoint(float x, float y, Paint paint)	画点，前两个参数为点的 x、y 坐标，第三个参数为 Paint 对象
drawText(String text, float x, floaty, Paint paint)	渲染文本，参数 text 是 String 类型的文本，参数 x、y 为文本起始位置的 x、y 坐标，参数 paint 是 Paint 对象
drawOval(RectF oval, Paint paint)	画椭圆，参数 oval 是扫描区域，参数 paint 为 Paint 对象
drawCircle(float cx, float cy, float radius,Paint paint)	绘制圆，参数 cx、cy 是中心点的 x、y 坐标，参数 radius 是半径，参数 paint 是 Paint 对象
drawArc(RectF oval, float startAngle, float sweepAngle, boolean useCenter, Paint paint)	画弧，参数 oval 是 RectF 对象，参数 startAngle 是起始角（度），参数 sweepAngle 弧的角（度），参数 useCenter 表明是否封闭绘制弧并包括椭圆中心，参数 paint 是 Paint 对象

2. Paint 类

Paint 类代表画笔，用来描述图形的颜色和风格，如线宽、颜色、透明度和填充效果等信息。使用 Paint 类时，需要先创建该类的对象。通常情况下，使用无参数的构造方法创建一个使用默认设置的 Paint 对象，然后即可使用 Paint 对象的属性更改各种绘图信息。Paint 类位于 android.graphics 包中。该类的常用方法如表 9-2 所示。

表 9-2　Paint 类常用方法

方法	描述
setARGB(int a, int r, int g, int b)	设置 Paint 对象的颜色，参数 a 为 Alpha 透明值
setAlpha(int a)	设置 Alpha 不透明度，范围为 0～255
setAntiAlias(boolean aa)	是否抗锯齿
setColor(int color)	设置颜色，这里 Android 内部定义的有 Color 类包含了一些常见颜色定义
setTextScaleX(float scaleX)	设置文本缩放倍数，1.0f 为原始大小
setTextSize(float textSize)	设置字体大小
setUnderlineText(boolean underlineText)	设置下画线

3. Color 类

Color 类定义了一些颜色常量和一些创建颜色的方法。Color 类位于 android.graphics 包中，其常用属性如表 9-3 所示。

表 9-3　Color 常用属性

名称	说明	名称	说明
BLACK	黑色	LTGRAY	浅灰色
BLUE	蓝色	MAGENTA	紫色
CYAN	青色	RED	红色
DKGRAY	深灰色	TRANSPARENT	透明
GRAY	灰色	WHITE	白色
GREEN	绿色	YELLOW	黄色

可以直接使用 RGB 三原色来定义颜色，如：0xff00ff00。在 Android 中，使用 RGB 定义颜色必须以 0x 开头，使用 8 位数字表示，前两位表示透明度，后六位分别为 RGB 的值。

也可使用 Color.argb(int alpha,int red,int green,int blue) 定义颜色，其中参数 alpha 表示透明度，red、green、blue 分别代表 RGB 的值。

4. Path 类

Path 类一般用来实现从某个点到另一个点的连线。Path 类位于 android.graphics 包中，其常用方法如表 9-4 所示。

表 9-4　Path 类常用方法

方法	描述
move(float x,float y)	从最后点到指定点画线
lineTo(float x,float y)	移动到指定点
reset	复位

9.1.2　绘制几何图形

综合使用前面介绍的几个类即可绘制一些常见的几何图形，一般是创建一个继承 View 的自定义类。在重载的 onDraw()方法中创建各种绘图对象,并调用 Canvas 对象绘制各种图形。核心示例代码如下。

```
//自定义 View 类
private class DrawView extends View {
    public DrawView(Context context){
        super(context);
    }
    //重载 onDraw 方法
    @Override
    protected void onDraw(Canvas canvas){
        super.onDraw(canvas);
        canvas.drawColor(Color.WHITE);//设置画布颜色
        Paint paint=new Paint();//创建画笔对象
        paint.setAntiAlias(true);
        paint.setColor(Color.RED);//设置画笔颜色
        paint.setStyle(Paint.Style.STROKE);//设置画笔样式
        paint.setStrokeWidth(3);//设置画笔粗细
        canvas.drawCircle(40, 40, 30, paint);//画圆
        canvas.drawRect(10, 90,70,150,paint);//画矩形
        RectF re=new RectF(10,220,70,250);//设置矩形区域
        canvas.drawOval(re, paint);//绘制椭圆
        Path path=new Path();//设置 path 对象
        path.moveTo(10, 330);
        path.lineTo(70, 330);
        path.lineTo(40, 270);
        path.close();
        canvas.drawPath(path,paint);//绘制路径
        paint.setTextSize(24);//设置文字大小
        //绘制文字
        canvas.drawText(getResources().getString(R.string.hello_world), 240, 50, paint);
    }}
```

9.1.3 动态绘制图形

动态绘制图形的基本思路是创建一个类继承 View 类(或者继承 SurfaceView 类)。覆盖 onDraw()方法,使用 Canvas 对象在界面上绘制不同的图形,使用 invalidate()方法刷新界面。如果需要不断变换图形,则需要结合线程等技术实现图形的变化。核心示例代码如下。

```
//自定义 View
class DrawView extends View implements Runnable{
    public int x = 0;
    public int y = 0;
    public int mIndex = 0;
    //必须加入构造函数,也可以使用另外两个构造函数
    public DrawView(Context context) {
        super(context);
    }
    @Override
    public void run() {
        while (!Thread.currentThread().isInterrupted()) {
            try {
                Thread.sleep(1000);
            } catch (InterruptedException e) {
```

```
                    e.printStackTrace();
                }
                int w = getResources().getDisplayMetrics().widthPixels;
                this.x += 1;
                this.y += 1;
                if (this.x >= w) {
                    this.x = 0;
                }
            this.postInvalidate();
            }
        }

        @Override
        protected void onDraw(Canvas canvas){
            super.onDraw(canvas);
            if (mIndex < 100) {
                mIndex++;
            } else {
                mIndex = 0;
            }
            Paint _Paint = new Paint();
            switch (mIndex % 4) {
                case 0:
                    _Paint.setColor(Color.RED);
                    break;
                case 1:
                    _Paint.setColor(Color.BLUE);
                    break;
                case 2:
                    _Paint.setColor(Color.YELLOW);
                    break;
                case 3:
                    _Paint.setColor(Color.LTGRAY);
                    break;
            }
            canvas.drawRect(x, y, x + 100, y + 100, _Paint);
        }
    }
```

9.1.4 实例1：动态弹球

1．新建项目，设置基本信息

创建一个 Android 工程，程序名称设为"动态弹球"，入口 Activity 的名称为 MainActivity。

2．添加新类，实现绘图功能

在 MainActivity 类中创建一个 DrawView 内部类，该类实现 Runnable 接口支持多线程。在 onDraw()方法中，定义 Paint 画笔并设置画笔颜色，使用 Canvas 的 drawCircle()方法画圆；定义一个 update()方法，以实现 X、Y 坐标的更新；定义一个消息处理类 RefreshHandler，该类集成 Handler 并覆盖 handleMessage()方法，在该方法中处理消息；在线程的 run()方法中设置并发送消息；在构造方法中启动线程。代码如下。

```
class DrawView extends View implements Runnable{
    private int x=20,y=20;
```

```java
//构造方法
public DrawView(Context context,AttributeSet attrs){
    super(context,attrs);
    setFocusable(true);
    new Thread(this).start();
}
RefreshHandler mRedrawHandler=new RefreshHandler();
Message m=new Message();
public void run(){
    Looper.prepare();
    while(!Thread.currentThread().isInterrupted()){
        //获取消息
        m = mRedrawHandler.obtainMessage();
        m.what=0x101;
        mRedrawHandler.sendMessage(m);
        try{
            Thread.sleep(100);
        }catch(InterruptedException e){
            e.printStackTrace();
        }
    }
    Looper.loop();
}
@Override
protected void onDraw(Canvas canvas){
    super.onDraw(canvas);
    //画笔对象
    Paint p=new Paint();
    //颜色
    p.setColor(Color.GREEN);
    //画圆
    canvas.drawCircle(x, y, 50, p);
}
class RefreshHandler extends Handler{
    @Override
    public void handleMessage(Message msg){
        if(msg.what==0x101){
            DrawView.this.update();
            DrawView.this.invalidate();
        }
        super.handleMessage(msg);
    }
};
private void update(){
    int h=getHeight();
    int w=getWidth();
    y+=5;x+=5;
```

```
            if(y>=h)
                y=20;
            if(x>=w)
                x=20;
        }
    }
```

3. 修改 MainActivity 代码，调用绘图类

在 MainActivity 的 onCreate()方法中实例化 MyView 类，并将其设置为 Activity 内容视图。代码如下。

```
@Override
public void onCreate(Bundle savedInstanceState) {
    super.onCreate(savedInstanceState);
    DrawView v=new DrawView(this,null);
    setContentView(v);
}
```

程序运行效果如图 9-1 所示。

图 9-1　弹性绿球

9.2　图形特效制作

本节准备实现一个图形处理界面，将取得的图形作一个伸缩展示，同时实现一个倒影展示的功能。

25　图形特效制作

9.2.1　图形特效基础

Android 图形 API 中有一个 Matrix 矩阵类，该类设置了一个 3×3 的矩阵坐标，由 9 个浮点数值构成。图 9-2 中的 sinX 和 cosX，表示旋转角度的正弦值和余弦值，旋转角度是按顺时针方向计算的。translateX 和 translateY 表示 X 和 Y 的平移量。scale 是缩放比例，1 表示不变，2 表示缩小 1/2，依此类推。

$$\begin{Bmatrix} cosX & -sinX & translateX \\ sinX & cosX & translateY \\ 0 & 0 & scale \end{Bmatrix}$$

图 9-2　Matrix 矩阵图

例如按如下代码定义一个 View 并调用。

```
public class MatrixView extends View {
    private Bitmap mBitmap;
    private Matrix mMatrix = new Matrix();
    public MatrixView(Context context) {
        super(context);
        matrixBMP();
    }
    //详细定义绘图信息
    private void matrixBMP() {
        mBitmap = BitmapFactory.decodeResource(getResources(),R.drawable.png_0361);
        float cosValue = (float) Math.cos(-Math.PI/4);
        float sinValue = (float) Math.sin(-Math.PI/4);
        mMatrix.setValues(
            new float[]{
                cosValue, -sinValue, 200,
```

```
                sinValue, cosValue, 200,
                0, 0, 2});}
        @Override protected void onDraw(Canvas canvas) {
            // super.onDraw(canvas);
            canvas.drawBitmap(mBitmap, mMatrix, null);
        }
    }
```

　　代码中设置以左上角为顶点，缩小一半，逆时针旋转 45°，然后沿 X 轴和 Y 轴分别平移 100 像素。代码里面写的是 200，为什么只平移 100 呢？因为缩小了一半。运行效果如图 9-3 所示。

　　通过该类可以实现图形的缩放、平移和旋转。Matrix 类使用 reset() 方法实现初始化，使用 setRotate()、setTranslate()和 setScale()方法来设置旋转、平移和缩放操作。

图 9-3　图形偏转缩放后

　　采用直接赋值的方式不好理解，使用也不方便，因此 Android 提供了更方便的矩阵调用方法。

　　Matrix 的操作共分为四种：Translate（平移）、Rotate（旋转）、Scale（缩放）、Skew（倾斜）。每一种变换在 Android 的 API 里都提供了 set、post 和 pre 三种操作方式。除了 Translate 以外，其他三种操作都可以指定中心点。

　　set 是直接设置 Matrix 的值，每使用 set 设置一次，整个 Matrix 的数组都会改变。post 是右乘，即当前的矩阵乘以参数矩阵。可以连续多次使用 post 来完成所需的整个变换。例如，要将一个图片旋转 30°，然后平移到（100，100）处，代码如下所示。

```
        Matrix m = new Matrix();
        m.postRotate(30);
        m.postTranslate(100, 100);
```

　　pre 是左乘，即参数矩阵乘以当前的矩阵。所以操作是在当前矩阵的最前面发生的。例如上面的例子，如果用 pre 的话，代码如下所示。

```
        Matrix m = new Matrix();
        m.setTranslate(100, 100);
        m.preRotate(30);
```

　　旋转、缩放和倾斜都可以围绕一个中心点来进行。如果不指定中心点，默认情况下是围绕（0，0）点来进行的，例如按如下方式定义 View 并调用。

```
        public class MatrixView extends View {
            private Bitmap mBitmap;
            private Matrix mMatrix = new Matrix();
            public MatrixView(Context context) {
                super(context);
                matrixBMP();
            }
            private void matrixBMP() {
                Bitmap bmp = BitmapFactory.decodeResource(getResources(), R.drawable.png_0361);
                mBitmap = bmp;
                /*首先将缩放为 100*100。这里 scale 参数是比例。有一点要注意，如果直接用 100/bmp.getWidth()，会得到 0，因为是整型相除，所以其中有一个必须是 float 型的，直接用 100f 就好*/
```

```
        mMatrix.setScale(100f/bmp.getWidth(), 100f/bmp.getHeight());
        //平移到（100，100）处
        mMatrix.postTranslate（100，100）；
        //倾斜 X 和 Y 轴，以（100，100）为中心
        mMatrix.postSkew(0.2f, 0.2f, 100, 100);
    }
    @Override protected void onDraw(Canvas canvas) {
        // super.onDraw(canvas);
        canvas.drawBitmap(mBitmap, mMatrix, null);
    }
}
```

运行效果如图 9-4 所示。

图 9-4　图形伸缩移动变换

9.2.2　使用 Shader 类渲染图形

Android 提供了 Shader 类专门用来渲染图像以及一些几何图形。Shader 是一个抽象类，其子类有 BitmapShader（位图渲染）、ComposeShader（混合渲染）、LinearGradient（线性渲染）、RadialGradient（光束渲染）、SweepGradient（梯度渲染）。Shader 类的使用，都需要先构建 Shader 对象，再通过 Paint 的 setShader 方法设置渲染对象，然后在绘制时使用这个 Paint 对象。当然，不同的渲染需要构建不同的对象。

Shader 以枚举的方式提供了用于平铺时使用的三种变换模式。

➢ static final Shader.TileMode CLAMP：边缘拉伸。
➢ static final Shader.TileMode MIRROR：在水平方向和垂直方向交替镜像。两个相邻图像间没有缝隙。
➢ Static final Shader.TillMode REPETA：在水平方向和垂直方向重复摆放。两个相邻图像间有缝隙。

Shader 还提供了两个抽象方法。

➢ boolean getLoaclMatrix(Matrix localM)：如果 Shader 有一个非本地的矩阵，将返回 true。参数 localM 如果不为 null，将被设置为 Shader 的本地矩阵。
➢ void setLocalMatrix(Matrix localM)：设置 Shader 的本地矩阵，如果 localM 为空，将重置 Shader 的本地矩阵。

Shader 的五个渲染子类及其构造函数如表 9-5 所示。

表 9-5　Shader 渲染子类及其构造函数

类名	功能	构造函数	参数说明
BitmapShader	用一幅位图渲染图形	BitmapShader(Bitmap bitmap, Shader.TileMode tileX,Shader.TileMode tileY);	bitmap：用于渲染的图像； tileX，tileY：指定 bitmap 在 X 轴、Y 轴上的平铺模式
SweepGradient	扫描式渐变。绘制时将指定的颜色围绕中心点实现扫描式的渐变	SweepGradient(float cx, float cy, int color0, int color1);	cx，cy：中心点坐标； color0，color1：起始颜色和结束颜色
		SweepGradient (float cx, float cy, int[] colors, float[] positions);	colors：围绕中心点分布的颜色。其元素至少要有两个； positions：与 colors 相对应，为每个颜色的分布的相对位置。起始位置为 0，结束位置为 1。如果为 null，所有颜色将平均分布

(续)

类名	功能	构造函数	参数说明
RadialGradient	放射式渐变。颜色将以指定的点为中心点向四周扩散渐变	RadialGradient(float x, float y, float radius, int color0,int color1, Shader.TileMode mode);	x,y：所指定的中心点；radius：为渐变的半径，该数值必须指定；colors0：为中心点颜色；color1：为边缘的颜色
		RadialGradient(float x, float y, float radius, int[] colors,float[] positions, Shader.TileMode mode);	colors：为中心点到边缘之间所分布的颜色，其元素至少要有两个。positions：为 colors 中每个颜色的相对坐标，取值为 0～1
LinearGradient	线性渐变。该类是将颜色沿一条直线形成渐变	LinearGradient(float x0, float y0, float x1, float y1,int color0, int color1, Shader.TileMode mode);	x0, y0：起始点坐标 x1, y1：终点坐标 color0, color1：分别为起点和终点的颜色
		LinearGradient(float x0, float y0, float x1, float y1,int[] colors, float[] positions, Shader.TileMode mode);	colors：为起点到终点之间所分布的颜色。其元素至少要有两个 positions：为 colors 中每个颜色在直线上的相对位置，取值为 0～1
ComposeShader	混合渲染。将两种 Shader 模式混合在一起进行渲染	ComposeShader(Shader shader1, Shader shader2, Xfermode xfermode);	shader1：为第一层（最下层）的渲染。相当于被盖住的颜色 shader2：为第二层（最上层）的渲染。盖在 shader1 上的颜色；xfermode：叠加模式
		ComposeShader(Shader shader1, Shader shader2, PorterDuff.Mode mode);	与上一个构造函数相同。只是在指定叠加模式的时候用的是 porter-duff 等式进行计算

例如自定义一个继承自 View 的类 ShaderView，在 ShaderView 类中定义各种渲染对象以及 Paint 绘图对象并在 ShaderView 的构造方法中进行实例化，在重载的 onDraw()方法中根据当前选择的渲染对象绘图，在重载的 onKeyDown()方法中通过键盘按键改变当前的渲染对象。主要代码如下。

```
class ShaderView extends View{
    private Bitmap bm;
    private Shader bitmapShader;
    private Shader linearGradient;
    private Shader radialGradient;
    private Shader sweepGradient;
    private Shader composeShader;
    private Paint paint;
    private int[] colors;
    private boolean isFirst=true;
    public ShaderView(Context context){
        super(context);
        bm=BitmapFactory.decodeResource(getResources(), R.drawable.ajer);
        paint=new Paint();
        colors=new int[]{Color.RED,Color.GREEN,Color.BLUE};
        bitmapShader=new BitmapShader(bm,TileMode.REPEAT,TileMode.MIRROR);
        linearGradient=new LinearGradient(0,0,100,100,colors,null,TileMode.REPEAT);
        radialGradient=new RadialGradient(100,100,80,colors,null,TileMode.REPEAT);
        sweepGradient=new SweepGradient(200,200,colors,null);
        composeShader=newComposeShader(linearGradient,radialGradient,PorterDuff.Mode.DARKEN);
        setFocusable(true);
    }
    @Override
    protected void onDraw(Canvas canvas){
        super.onDraw(canvas);
        if(isFirst){
```

211

```
                    String content="按上、下、左、右、中间键";
                    paint.setColor(Color.RED);
                    canvas.drawText(content, 0, content.length()-1, 20,20,paint);
            }else{
                    canvas.drawRect(0, 0,getWidth(),getHeight(),paint);
            }
        }
        @Override
        public boolean onKeyDown(int keyCode,KeyEvent event){
            isFirst=false;
            if(keyCode==KeyEvent.KEYCODE_DPAD_UP){
                paint.setShader(bitmapShader);
            }
            if(keyCode==KeyEvent.KEYCODE_DPAD_DOWN){
                paint.setShader(linearGradient);
            }
            if(keyCode==KeyEvent.KEYCODE_DPAD_LEFT){
                paint.setShader(radialGradient);
            }
            if(keyCode==KeyEvent.KEYCODE_DPAD_RIGHT){
                paint.setShader(sweepGradient);
            }
            if(keyCode==KeyEvent.KEYCODE_DPAD_CENTER){
                paint.setShader(composeShader);
            }
            postInvalidate();
            return super.onKeyDown(keyCode, event);
        }
    }
```

程序运行效果之一如图 9-5 所示。

图 9-5　渲染效果

9.2.3　实例 2：图形伸缩倒影

1．创建工程，设置基本信息

创建一个 Android 工程，入口 Activity 的名称为 MainActivity，其他参数取默认值。

2．设计界面布局

修改布局文件 Activity_Main.xml，修改布局方式为线性布局，添加两个 ImageView 组件。布局文件如下。

```xml
<LinearLayout xmlns:android="http://schemas.android.com/apk/res/android"
    android:layout_width="fill_parent"
    android:layout_height="fill_parent" >
    <ImageView
        android:id="@+id/imageView1"
        android:layout_width="wrap_content"
        android:layout_height="wrap_content"
        android:padding="10dp" />
    <ImageView
        android:id="@+id/imageView2"
        android:layout_width="wrap_content"
        android:layout_height="wrap_content"
        android:padding="10dp" />
```

        </LinearLayout>

3. 创建 ImageUtil 类

创建一个工具类 ImageUtil.java，其中实现图形的放大/缩小、图形转换、圆角图片绘制、倒影图片绘制等方法。代码如下。

```java
public class ImageUtil {
//放大缩小图片
    public static Bitmap zoomBitmap(Bitmap bitmap,int w,int h){
        int width = bitmap.getWidth();
        int height = bitmap.getHeight();
        Matrix matrix = new Matrix();
        float scaleWidht = ((float)w / width);
        float scaleHeight = ((float)h / height);
        matrix.postScale(scaleWidht, scaleHeight);
        Bitmap newbmp = Bitmap.createBitmap(bitmap, 0, 0, width, height, matrix, true);
        return newbmp;
    }
//将 Drawable 转化为 Bitmap
    public static Bitmap drawableToBitmap(Drawable drawable){
        int width = drawable.getIntrinsicWidth();
        int height = drawable.getIntrinsicHeight();
        Bitmap bitmap = Bitmap.createBitmap(width, height,
            drawable.getOpacity() != PixelFormat.OPAQUE ? Bitmap.Config.ARGB_8888 : Bitmap.Config.RGB_565);
        Canvas canvas = new Canvas(bitmap);
        drawable.setBounds(0,0,width,height);
        drawable.draw(canvas);
        return bitmap;
    }
//获得圆角图片的方法
    public static Bitmap getRoundedCornerBitmap(Bitmap bitmap,float roundPx){
        Bitmap output = Bitmap.createBitmap(bitmap.getWidth(), bitmap .getHeight(), Config.ARGB_8888);
        Canvas canvas = new Canvas(output);
        final int color = 0xff424242;
        final Paint paint = new Paint();
        final Rect rect = new Rect(0, 0, bitmap.getWidth(), bitmap.getHeight());
        final RectF rectF = new RectF(rect);
        paint.setAntiAlias(true);
        canvas.drawARGB(0, 0, 0, 0);
        paint.setColor(color);
        canvas.drawRoundRect(rectF, roundPx, roundPx, paint);
        paint.setXfermode(new PorterDuffXfermode(Mode.SRC_IN));
        canvas.drawBitmap(bitmap, rect, rect, paint);
        return output;
    }
//获得带倒影的图片方法
    public static Bitmap createReflectionImageWithOrigin(Bitmap bitmap){
        final int reflectionGap = 4;
        int width = bitmap.getWidth();
        int height = bitmap.getHeight();
        Matrix matrix = new Matrix();
        matrix.preScale(1, -1);
     Bitmap reflectionImage = Bitmap.createBitmap(bitmap,0, height/2, width, height/2, matrix, false);
```

```
            Bitmap bitmapWithReflection = Bitmap.createBitmap(width, (height + height/2), Config.ARGB_8888);
            Canvas canvas = new Canvas(bitmapWithReflection);
            canvas.drawBitmap(bitmap, 0, 0, null);
            Paint deafalutPaint = new Paint();
            canvas.drawRect(0, height,width,height + reflectionGap,deafalutPaint);
            canvas.drawBitmap(reflectionImage, 0, height + reflectionGap, null);
            Paint paint = new Paint();
            LinearGradient shader = new LinearGradient(0,bitmap.getHeight(), 0, bitmapWithReflection.
getHeight()+ reflectionGap, 0x70ffffff, 0x00ffffff, TileMode.CLAMP);
            paint.setShader(shader);
            //设置透明模式
            paint.setXfermode(new PorterDuffXfermode(Mode.DST_IN));
            //使用线性变换绘制矩形
            canvas.drawRect(0, height, width, bitmapWithReflection.getHeight()+ reflectionGap, paint);
            return bitmapWithReflection;
        }
    }
```

4. 修改 MainActivity 类

修改 MainActivity，调用 ImageUtil.java 中的方法，实现背景图片的读取、伸缩展示和倒影展示。主要代码如下。

```
        public class MainActivity extends Activity {
            private ImageView mImageView01,mImageView02;
            public void onCreate(Bundle savedInstanceState) {
                super.onCreate(savedInstanceState);
                setContentView(R.layout.activity_main);
                setupViews();
            }
            private void setupViews(){
                mImageView01 = (ImageView)findViewById(R.id.imageView1);
                mImageView02 = (ImageView)findViewById(R.id.imageView2);
                //获取壁纸返回值是 Drawable
                Drawable drawable = getResources().getDrawable(R.drawable.ic_launcher_background);
                //将 Drawable 转化为 Bitmap
                Bitmap bitmap = ImageUtil.drawableToBitmap(drawable);
                //缩放图片
                Bitmap zoomBitmap = ImageUtil.zoomBitmap(bitmap, 100, 100);
                //获取圆角图片
                Bitmap roundBitmap = ImageUtil.getRoundedCornerBitmap(zoomBitmap, 10.0f);
                //获取倒影图片
                Bitmap reflectBitmap = ImageUtil.createReflectionImageWithOrigin(zoomBitmap);
                //这里可以让 Bitmap 再转化为 Drawable
                // Drawable roundDrawable = new BitmapDrawable(roundBitmap);
                // Drawable reflectDrawable = new BitmapDrawable(reflectBitmap);
                // mImageView01.setBackgroundDrawable(roundDrawable);
                // mImageView02.setBackgroundDrawable(reflectDrawable);
                mImageView01.setImageBitmap(roundBitmap);
                mImageView02.setImageBitmap(reflectBitmap);
            }
        }
```

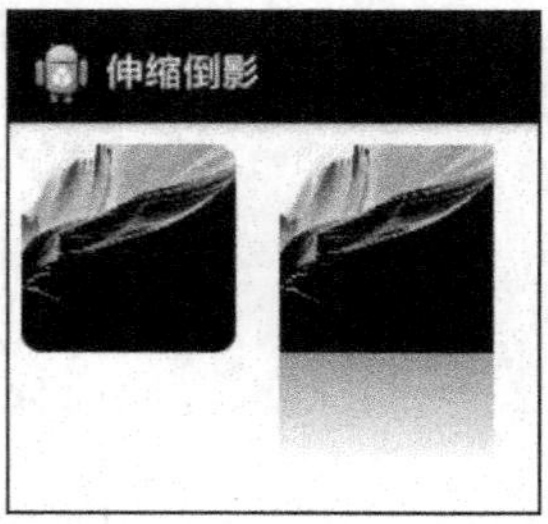

运行效果如图 9-6 所示。

图 9-6　图片伸缩倒影

9.3 动画技术

Android 提供了逐帧动画、补间动画、属性动画、矢量动画等实现技术。本节将实现一个动画程序,实现一只迷途的野猪来回奔跑的效果。

26　动画技术

9.3.1 逐帧动画

逐帧动画就是顺序播放事先准备好的静态图像,利用人眼的"视觉暂留"原理,给用户造成动画的错觉。实现逐帧动画比较简单,可通过以下三步实现。

1)首先在 Android 的 drawable 资源文件夹中存放动画所用的图片资源,然后创建一个 Android XML 资源文件,在其中定义用于生成动画的图片资源。

在 Android XML 资源文件中,定义生成动画的图片资源,可以使用包含一系列 <item></item>子标记的<animation-list></animation-list>标记来实现,示例代码如下。

```xml
<?xml version="1.0" encoding="utf-8"?>
<animation-list xmlns:android="http://schemas.android.com/apk/res/android" >
    <item android:drawable="@drawable/img001" android:duration="100" />
    <item android:drawable="@drawable/img002" android:duration="100" />
    <item android:drawable="@drawable/img003" android:duration="100" />
    <item android:drawable="@drawable/img004" android:duration="100" />
    <item android:drawable="@drawable/img005" android:duration="100" />
    <item android:drawable="@drawable/img006" android:duration="100" />
</animation-list>
```

各 item 常用属性如表 9-6 所示。

表 9-6　item 常用属性

XML 属性	说明
drawable	当前帧引用的 drawable 资源
duration	当前帧显示的时间(单位为毫秒)
oneshot	值为 true 表示动画只播放一次并停止在最后一帧上,值为 false 表示动画循环播放
variablePadding	是否支持使用可变边距,值为 true 表示使用当前帧的边距,值为 false 表示使用所有帧中最大的边距
visible	规定 drawable 的初始可见性,默认为 false;

2)使用步骤 1)中定义的动画资源。

通常情况下,可以将动画资源作为组件的背景使用,例如在布局文件中添加一个线性布局管理器,然后将该线性布局管理的 android:background 属性设置为定义的动画资源。布局文件的定义如下。

```xml
<?xml version="1.0" encoding="utf-8"?>
<LinearLayout xmlns:android="http://schemas.android.com/apk/res/android"
    android:id="@+id/LinearLayout1"
    android:layout_width="fill_parent"
    android:layout_height="fill_parent"
    android:background="@anim/fairy"
    android:orientation="vertical" >
</LinearLayout>
```

3)在代码中获取对象的 AnimationDrawable 对象,设置动画的启动或停止,示例代码如下。

```
//获取组件对象
LinearLayout ll=(LinearLayout)findViewById(R.id. LinearLayout1);
//获取 AnimationDrawable 对象
```

```
final AnimationDrawable anim=(AnimationDrawable)ll.getBackground();
//开始播放动画
anim.start();
//停止播放动画
//anim.stop();
```

提示：

在第2）步中也可以不设置组件的 android:background 属性，在代码处理中通过调用组件对象的 setBackgroundResource（int resid）方法设置动画对象。

对使用资源文件处理方式的动画也可以使用代码实现，这样就不用定义使用<animation-list></animation-list>标记的资源文件，创建一个 AnimationDrawable 对象来表示 Frame 动画，然后通过 addFrame 方法把每一帧要显示的内容添加进去，最后通过调用 AnimationDrawable 对象的 start 方法就可以播放这个动画了，同时还可以通过 setOneShot 方法设置是否重复播放。主要代码示例如下。

```
//实例化 AnimationDrawable 对象
frameAnimation = new AnimationDrawable();
/*装载资源，用一个循环装载所有名字类似的资源*/
for(int i = 1; i <= 15; i++){
    int id = getResources().getIdentifier("a" + i, "drawable", mContext.getPackageName());
    mBitAnimation = ContextCompat.getDrawable(context,id);
    /*为动画添加一帧，mBitAnimation 是该帧的图片，参数 500 是该帧显示的时间，按毫秒计算*/
    frameAnimation.addFrame(mBitAnimation, 500);
}
//设置播放模式是否循环播放，false 表示循环，true 表示不循环
frameAnimation.setOneShot(false);
//设置将要显示的动画
LinearLayout ll=(LinearLayout)findViewById(R.id. LinearLayout1);
ll.setBackgroundDrawable( frameAnimation );
//其他地方设置动画开始（不要在 view 的 oncreate 方法中使用）
frameAnimation.start();
```

AnimationDrawable 常用方法如表 9-7 所示。

表 9-7 AnimationDrawable 常用方法

方法	描述
int getDuration()	获取动画的时长
int getNumberOfFrames()	获取动画的帧数
boolean isOneShot()	获取 oneshot 属性
Void setOneShot(boolean oneshot)	设置 oneshot 属性
Drawable getFrame(int index)	获取某帧的 Drawable 资源
void addFrame(Drawable frame,int duration)	为当前动画增加帧（资源，持续时长）
void start()	开始动画
void run()	外界不能直接调用，使用 start()替代
boolean isRunning()	当前动画是否在运行
void stop()	停止当前动画

对于 GIF 动画，Android 以前并不支持直接播放，从 Android 9.0 起才增加了新的图像解码器 ImageDecoder。该解码器支持直接读取 GIF 文件的图形数据，通过搭配具备动画特征的图形工具 Animatable，可轻松实现在 APP 中播放 GIF 文件，示例代码如下。

```
if(Build.VERSION.SDK_INT>=Build.VERSION_CODES.P){
```

```
try{
    ImageDecoder.Source
    source=ImageDecoder.createSource(getResources(),R.drawable.gifimage);
    //从数据源中得到 GIF 图形数据
    Drawable gifDrawable=ImageDecoder.decodeDrawable(source);
    //设置 ImageView 组件的图形为 GIF 对象
    imageView.setImageDrawable(gifDrawable);
    //如果时动画,则开始播放
    if(gifDrawable instanceof Animatable){
        ((Animatable)imageView.getDrawable()).start();}
}catch(Exception e){e.printStackTrace();
}
```

9.3.2 补间动画

补间动画就是通过对场景里的对象不断进行图像变化来产生动画效果。在实现补间动画时,只需要定义动画开始和结束的"关键帧",其他过渡帧由系统自动计算并补齐。在 Android 中提供了 4 种补间动画(均继承自 Animation 类)。

- Alpha:渐变透明度动画效果。
- Scale:渐变尺寸伸缩动画效果。
- Translate:画面平移动画效果。
- Rotate:画面旋转动画效果。

这 4 种补间动画有一些相同的属性,如表 9-8 所示。

表 9-8 4 种补间动画的相同属性

属性[类型]	值及功能
Duration[long]	属性为动画持续时间,时间以毫秒为单位
fillAfter [boolean]	当设置为 true 时,该动画转化在动画结束后被应用
fillBefore[boolean]	当设置为 true 时,该动画转化在动画开始前被应用
interpolator	指定一个动画的插入器,一些常见的插入器如下。 accelerate_decelerate_interpolator:加速-减速动画插入器; accelerate_interpolator:加速-动画插入器; decelerate_interpolator:减速-动画插入器
repeatCount[int]	动画的重复次数
repeatMode[string]	定义重复的行为。 Restart:重新开始; Reverse:倒序
startOffset[long]	动画之间的时间间隔,上个动画停多长时间开始执行下个动画
zAdjustment[int]	定义动画的 Z Order 的改变 0:保持 Z Order 不变 1:保持在最上层 -1:保持在最下层

1)透明度渐变动画 Alpha 通过组件透明度的变化来实现渐隐渐显的动画效果。它主要通过为动画指定开始时的透明度、结束时的透明度,以及持续时间来创建动画。除相同属性外,Alpha 动画的专有属性如表 9-9 所示。

表 9-9 Alpha 动画的专有属性

属性	功能	参数说明
fromAlpha	动画开始时的透明度	0.0~1.0 之间的 float 数据类型的数字; 0:完全透明 1:完全不透明
toAlpha	动画结束时的透明度	

在 XML 中定义 Alpha 动画的示例代码如下。

```xml
<?xml version="1.0" encoding="utf-8"?>
<set xmlns:android="http://schemas.android.com/apk/android">
<alpha
android:fromAlpha="0.1"
android:toAlpha="1.0"
android:duration="3000" />
</set>
```

2）缩放动画 Scale 通过为动画指定开始时的缩放系数、结束时的缩放系数，以及持续时间来创建动画。在缩放时还可以通过指定轴心点坐标来改变缩放的中心。除相同属性外，Scale 动画的专有属性如表 9-10 所示。

表 9-10 Scale 动画的专有属性

属性	功能	参数说明
fromXScale[float] fromYScale[float]	动画开始时 X、Y 轴上的伸缩尺寸	0.0：收缩到没有； 1.0：正常无伸缩
toXScale [float] toYScale[float]	动画结束时 X、Y 轴上的伸缩尺寸	值小于 1.0：收缩； 值大于 1.0：放大
pivotX[float] pivotY[float]	对象基于对象左上角坐标的变化值作为起始位置	可以是整数值、百分数（或者小数）、百分数 p 三种样式

在 XML 中定义 Scale 动画的示例代码如下。

```xml
<?xml version="1.0" encoding="utf-8"?>
<set xmlns:android="http://schemas.android.com/apk/android">
<scale
android:interpolator= "@android:anim/accelerate_decelerate_interpolator"
android:fromXScale="0.0"
android:toXScale="1.4"
android:fromYScale="0.0"
android:toYScale="1.4"
android:pivotX="50%"
android:pivotY="50%"
android:fillAfter="false"
android:startOffset="700"
android:duration="700"
android:repeatCount="10" />
</set>
```

3）平移动画 Translate 通过为动画指定开始时的位置、结束时的位置，以及持续时间来创建动画。除共有属性外，Translate 动画的专有属性如表 9-11 所示。

表 9-11 Translate 动画的专有属性

属性	功能
fromXDelta toXDelta	动画开始、结束时的 X 坐标值
fromYDelta toYDelta	动画开始、结束时的 Y 坐标值

在 XML 中定义 Translate 动画的示例如下：

```xml
<?xml version="1.0" encoding="utf-8"?>
<set xmlns:android="http://schemas.android.com/apk/android">
<translate
```

```
    android:fromXDelta="30"
    android:toXDelta="-80"
    android:fromYDelta="30"
    android:toYDelta="300"
    android:duration="2000" />
</set>
```

4）旋转动画 Rotate 通过为动画指定开始时的旋转角度、结束时的旋转角度，以及持续时间来创建动画。在旋转时可以通过指定轴心点坐标来改变旋转的中心。除共有属性外，Rotate 动画的专有属性如表 9-12 所示。

表 9-12　Rotate 动画的专有属性

属性	功能	参数说明
fromDegrees	动画起始时对象的角度	角度值可取任意值。 负数；逆时针旋转； 正数；顺时针旋转；
toDegrees	动画结束时对象旋转的角度，该值可以大于360°	（负数 from——to 正数：顺时针旋转）； （负数 from——to 负数：逆时针旋转）； （正数 from——to 正数：顺时针旋转）； （正数 from——to 负数：逆时针旋转）；
pivotX pivotY	动画相对于对象的 X、Y 坐标的开始位置	从 0%～100%中取值，50%为对象的 X 或 Y 轴上的中点位置

在 XML 中定义 Rotate 动画的示例代码如下。

```
<?xml version="1.0" encoding="utf-8"?>
<set xmlns:android="http://schemas.android.com/apk/android">
    <rotate
    android:interpolator="@android:anim/accelerate_decelerate_interpolator"
    android:fromDegrees="0"
    android:toDegrees="+350"
    android:pivotX="50%"
    android:pivotY="50%"
    android:duration="3000" />
</set>
```

在 XML 资源文件中定义好动画后，可使用 AnimationUtils.loadAnimation()方法加载动画对象，然后即可在组件的 startAnimation()方法中调用动画。例如在项目的 res\anim 目录中定义一个 anim_translate.xml 文件，然后使用如下代码调用。

```
//加载动画设置
Final Animation translate=AnimationUtils.loadAnimation(this,R.anim.anim_translate);
Final ImageView iv=(ImageView)findViewById(R.id.imageView1);
//在其他位置调用开始动画
iv.startAnimation(translate);
```

Android 还提供了动画基类 Animation，其中包含大量的 set/get××××()函数来设置、读取 Animation 的属性，即表 9-7 中的各种公共属性。由 Animation 派生出 4 种子动画类型：AlphaAnimation、ScaleAnimation、TranslateAnimation、RotateAnimation，它们分别实现了透明动画、伸缩动画、平移动画、旋转动画。每个子类都在父类的基础上增加了各自独有的属性。

集合动画 AnimationSet 是 Animation 的子类，一个 AnimationSet 中包含一系列的 Animation，可以对这些 Animation 设置一些常见属性（如 startOffset、duration 等），AnimationSet 负责把这些 Animation 的效果集成在一起。例如以下代码展示了一个 AnimationSet

中有两个 Animation，两个 Animation 的效果叠加。

```
AnimationSet animationSet = new AnimationSet(true);
AlphaAnimation alphaAnimation = new AlphaAnimation(1, 0);
RotateAnimation rotateAnimation = new RotateAnimation(0, 360,
        Animation.RELATIVE_TO_SELF,0.5f,
        Animation.RELATIVE_TO_SELF,0.5f);
rotateAnimation.setDuration(1000);
animationSet.addAnimation(rotateAnimation);
animationSet.addAnimation(alphaAnimation);
image.startAnimation(animationSet);
```

9.3.3 属性动画

补间动画只对界面控件的 6 种属性（alpha、rotation、scaleX、scaleY、translationX、translationY）进行操作，但每个控件的属性远不止这 6 种，为此，Android 自 3.0 后引入了属性动画 ObjectAnimation，允许组件的所有属性都能实现渐变的动画效果，例如背景颜色、文字颜色、文字大小等。只要设定某属性的起始值、渐变持续时间即可实现此属性的渐变动画效果。

ObjectAnimator 的常用方法如下。

➢ ofInt：定义整型属性的属性动画。
➢ ofFloat：定义浮点型属性的属性动画。
➢ ofArgb：定义颜色属性的属性动画。
➢ ofObject：定义对象属性的属性动画，用于非整型、浮点型、颜色类型属性的属性动画。

以上四个方法的第一参数为宿主组件对象，第二个参数为需要变化的属性名称，第三个参数为属性变化的各个状态值。从第三个参数开始，后面可以跟多个状态值，每个状态值为所指定属性的各个变化状态。例如第三个参数为状态值 A，第四个参数为状态值 B，第五个参数为状态值 C，则属性动画先从状态 A 变为状态 B，然后变为状态 C。

属性动画 ObjectAnimator 还有一些常用方法，可对动画进行各种设置，如表 9-13 所示。

表 9-13 ObjectAnimator 的常用方法

方法	功能
setRepeatMode	重播模式。ValueAnimation.RESTART：从头开始；ValueAnimaiton.REVERSE：倒过来开始。默认为 ValueAnimation.RESTART
setRepeat Count	重播次数。默认为 0，只播放一次
setDuration	动画持续时间，单位为毫秒
start	开始播放
cancel	取消播放
end	结束播放
pause	暂停播放
resume	恢复播放
reverse	倒序播放
isRunning	判断动画是否在播放。暂停时，仍然返回 true
isPaused	判断是否被暂停
isStarted	判断是否已开始。曾经播放也算开始
addListener	添加动画监听器，须实现接口 AnimationListener 的 4 个方法：onAnimationStart()、onAnimationEnd()、onAnimationCancel()、onAnimationRepeat()
removeListener	移除指定的监听器
removeAllListener	移除所有的监听器

实现一个围绕中心点旋转的属性动画的示例代码如下。

```
ObjectAnimator rotateAnim=ObjectAnimator.ofFloat(imageview,"rotation",0f,360f,0f);
rotateAnim.setDuration(3000);
rotateAnim.start();
```

正如补间动画使用 AnimationSet 叠加多种动画效果一样，属性动画也可以使用 AnimationSet 叠加多种动画效果。如下代码叠加了多种属性动画。

```
//平移属性动画
ObjectAnimator anim1=ObjectAnimator.ofFloat(imageview,"translationX",0f,100f);
//透明度属性动画
ObjectAnimator anim2=ObjectAnimator.ofFloat(imageview,"alpha",1f,0.1f,1f,0.5f,1f);
//围绕中心点旋转属性动画
ObjectAnimator anim3=ObjectAnimator.ofFloat(imageview,"rotation",0f,360f);
//缩放属性动画
ObjectAnimator anim4=ObjectAnimator.ofFloat(imageview,"scaleY",1f,0.5f,1f);
//平移属性动画
ObjectAnimator anim5=ObjectAnimator.ofFloat(imageview,"translationX",100f,0f);
//创建属性动画集合
AnimatorSet animSet=new AnimatorSet();
//添加属性动画集合
AnimatorSet.Builder builder=animSet.play(anim2);
//动画播放顺序：anim1,anim2,anim3,anim4,anim5
builder.with(anim3).with(anim4).after(anim1).before(anim5);
animSet.setDuration(4500);//设置动画播放时长
animSet.start();//开始播放
```

9.3.4 实例 3：野猪奔跑

1. 新建项目，设置基本信息

新建项目，程序名称设为"野猪奔跑"，入口 Activity 取默认名称"MainActivity"。

2. 准备图片资源

将准备好的背景图片 background.jpg、野猪向右奔跑的两张图片 pig1.jpg 和 pig2.jpg、野猪向左奔跑的两张图片 pig3.jpg 和 pig4.jpg 放入项目的 res\drawable 目录下。

3. 创建逐帧动画资源

在新建项目的 drawable 目录下创建野猪向右奔跑动作和向左奔跑动作的逐帧动画资源文件。

创建名称为 motionright.xml 的 XML 资源文件，在该文件中定义一个野猪向右奔跑的动画，该动画由两帧组成，也就是由预先定义好的图片组成，代码如下所示。

```xml
<?xml version="1.0" encoding="utf-8"?>
<animation-list xmlns:android="http://schemas.android.com/apk/res/android" >
    <item android:drawable="@drawable/pig1" android:duration="40" />
    <item android:drawable="@drawable/pig2" android:duration="40" />
</animation-list>
```

创建名为 motionleft.xml 的 XML 资源文件，在该文件中定义一个野猪向左奔跑的动画，该动画同样由两帧组成，代码如下。

```xml
<?xml version="1.0" encoding="utf-8"?>
<animation-list xmlns:android="http://schemas.android.com/apk/res/android" >
    <item android:drawable="@drawable/pig3" android:duration="40" />
    <item android:drawable="@drawable/pig4" android:duration="40" />
</animation-list>
```

4. 创建补间动画资源

在 res 目录下新建 anim 目录，在此目录中创建实现野猪向右奔跑和向左奔跑的补间动画资源文件。

创建名称为 translateright.xml 的 XML 资源文件，在该文件中定义一个实现野猪向右奔跑的补间动画，该动画为在水平方向上向右平移 800 像素，持续时间为 3s，代码如下。

```xml
<?xml version="1.0" encoding="utf-8"?>
<set xmlns:android="http://schemas.android.com/apk/res/android">
    <translate
        android:fromXDelta="0"
        android:toXDelta="800"
        android:fromYDelta="0"
        android:toYDelta="0"
        android:duration="3000">
    </translate>
</set>
```

创建名称为 translateleft.xml 的 XML 资源文件，在该文件中定义一个实现野猪向左奔跑的补间动画，该动画为在水平方向上向左平移 200 像素，持续时间为 3s，代码如下。

```xml
<?xml version="1.0" encoding="utf-8"?>
<set xmlns:android="http://schemas.android.com/apk/res/android" >
    <translate
        android:fromXDelta="200"
        android:toXDelta="0"
        android:fromYDelta="0"
        android:toYDelta="0"
        android:duration="3000">
    </translate>
</set>
```

5. 创建主页界面

在项目的 res\layout 目录下打开默认的布局文件 activity_main.xml，删除其中的默认布局，添加一个线性布局，在线性布局中添加一个 ImageView 组件，并设置该组件的背景为逐帧动画资源 motionright，最后再设置 ImageView 组件的顶外边框和左外边框，代码如下。

```xml
<?xml version="1.0" encoding="utf-8"?>
<LinearLayout xmlns:android="http://schemas.android.com/apk/res/android"
    android:id="@+id/linearLayout1"
    android:background="@drawable/background"
    android:layout_width="fill_parent"
    android:layout_height="fill_parent"
    android:orientation="vertical" >
    <ImageView
        android:id="@+id/imageView1"
        android:layout_width="wrap_content"
        android:layout_height="wrap_content"
        android:background="@anim/motionright"
        android:layout_marginTop="130dp"
        android:layout_marginLeft="20dp"/>
</LinearLayout>
```

6. 编写程序代码，实现处理逻辑

打开默认创建的 MainActivity，在 OnCreate()方法中，首先获取要应用动画效果的

ImageView，并获取向右奔跑和向左奔跑的补间动画资源，然后获取 ImageView 应用的逐帧动画，以及线性布局管理器，并显示一个消息提示框，再为线性布局管理器添加触摸监听器，在重写的 onTouch()方法中，开始播放逐帧动画并播放向右奔跑的补间动画，最后为向右奔跑和向左奔跑动画添加动画监听器，并在重写的 onAnimationEnd()方法中改变要使用的逐帧动画和补间动画，并播放，从而实现野猪来回奔跑的动画效果。主要代码如下。

```java
final ImageView iv=(ImageView)findViewById(R.id.imageView1);         //获取要应用动画效果的ImageView
final Animation translateright= AnimationUtils.loadAnimation(this, R.anim.translateright); //获取向右奔跑动画资源
final Animation translateleft=AnimationUtils.loadAnimation(this, R.anim.translateleft);     //获取向左奔跑动画资源
anim=(AnimationDrawable)iv.getBackground();//获取应用的帧动画
LinearLayout ll=(LinearLayout)findViewById(R.id.linearLayout1);      //获取线性布局管理器
Toast.makeText(this,"触摸屏幕开始播放...", Toast.LENGTH_SHORT).show(); //显示一个消息提示框
ll.setOnTouchListener(new View.OnTouchListener() {
    @Override
    public boolean onTouch(View v, MotionEvent event) {
        anim.start();    //开始播放帧动画
        iv.startAnimation(translateright); //播放"向右奔跑"的动画
        return false;
    }
});
translateright.setAnimationListener(new Animation.AnimationListener() {
    @Override
    public void onAnimationStart(Animation animation) {}
    @Override
    public void onAnimationRepeat(Animation animation) {}
    @Override
    public void onAnimationEnd(Animation animation) {
        iv.setBackgroundResource(R.drawable.motionleft);    //重新设置ImageView应用的帧动画
        iv.startAnimation(translateleft);//播放向左奔跑动画
        anim=(AnimationDrawable)iv.getBackground();//获取帧动画
        anim.start();    //开始播放帧动画
    }
});
translateleft.setAnimationListener(new Animation.AnimationListener() {
    @Override
    public void onAnimationStart(Animation animation) {}
    @Override
    public void onAnimationRepeat(Animation animation) {}
    @Override
    public void onAnimationEnd(Animation animation) {
        iv.setBackgroundResource(R.drawable.motionright);    //重新设置ImageView应用的帧动画
        iv.startAnimation(translateright); //播放向右奔跑动画
        anim=(AnimationDrawable)iv.getBackground();//获取应用的帧动画
        anim.start();    //开始播放帧动画
    }
});
```

程序运行效果如图 9-7 所示，触摸屏幕后，屏幕中的野猪将从左侧奔跑到右侧，撞到右侧的栅栏上后，再转身向左侧奔跑，直到撞上左侧的栅栏，再转身向右侧奔跑，如此循环。

本章小结

本章主要介绍了在 Android 中进行图形及动画处理的相关技术，包括如何绘制图形、为图形添加特效，以及实现动画等内容。在介绍绘制图形时，主要介绍了常用的绘图工具类、如何绘制几何图形以及动态绘制图形等；介绍动画技术时，主要介绍了逐帧动画、补间动画和属性动画，其中逐帧动画主要通过图片的变化来形成动画效果，补间动画主要体现在位置、大小、旋转、透明等变化方面，并且只需要指定起始帧和结束帧，其他过渡帧由系统自动计算完成，属性动画是通过更改对象的某些属性的起始值及变化时间来实现的渐变动画。

图9-7 野猪奔跑

练习题

1. 开发一个程序，实现在屏幕上绘制一个空心的六边形和一个实心的六边形。
2. 开发一个程序，实现在屏幕上绘制一个由随机数字组成的验证码。
3. 开发一个程序，实现一个飞舞的蝴蝶。
4. 开发一个程序，实现在夜空中同时有多颗星星闪烁的效果。
5. 开发一个程序，实现一条小鱼来回捕食的效果。

第 10 章 网 络 编 程

知识提要：

Google 公司通过自身的核心业务——搜索引擎，在互联网领域独占鳌头，其发布的 Android 手机操作系统标志着 Google 公司全面进军移动互联网领域。作为网络公司的 Google，Android 的网络功能自然强大。Android 的应用层采用 Java 语言，从 Android API0 文档中不难发现，Java 中提供的网络编程方式在 Android 中都提供了支持。

本章对网络编程的主要技术 Socket 编程、WebView 编程、GPS 定位技术进行了详尽的介绍，读者应在掌握基本使用的基础上灵活应用，以适应移动互联网络通信的需要。

教学目标：

◆ 掌握 Socket 网络通信编程技术
◆ 掌握 WebView 展示网页编程技术
◆ 掌握 GPS 定位技术

27　Socket 编程

10.1 Socket 编程

Socket、ServerSocket 编程方式是比较底层的网络编程方式，其他的高级协议（如 FTP、HTTP 等）都是建立在此基础之上的。Socket 网络编程是其他网络编程技术的基础。

本节编制一个微型的通信程序，Android 客户端程序通过 Socket 通信方式连接远程服务器，连接成功后，发送消息给服务器，同时接收来自服务器的消息。运行界面如图 10-1 所示。

图 10-1　Socket 通信运行界面

10.1.1 Socket 介绍

Socket 通常也称作"套接字"，用于描述 IP 地址和端口，是一个通信连接的句柄，Android 中的 Socket 与 Java 中的 Socket 类似。应用程序通常通过"套接字"向网络发送请求或者应答网络请求。Socket 是一种抽象层，应用程序通过它来发送和接收数据，使用 Socket 可以将应用程序添加到网络中，与处于同一网络中的其他应用程序进行通信。简单来说，Socket 提供了程序内部与外界通信的端口并为通信双方提供了数据传输通道。Socket 通信在双方建立起连接后就可以直接进行数据的传输，在连接时可实现信息的主动推送，不需要每次都由客户端向服务器发送请求。

Socket 的主要特点是数据丢失率低，使用简单且易于移植。Android 中主要的 Socket 类型为流套接字（Stream Socket）和数据报套接字（Datagram Socket）。流套接字将 TCP 作为端对端协议，提供了一个可信赖的字节流服务。数据报套接字使用 UDP，提供数据打包发送服务。

10.1.2 Socket 通信模型

Socket 的基本通信模型如图 10-2 所示，客户端应用程序向服务器端发起通信请求，通过 TCP/IP 中的 IP 将请求发给服务端应用程序，等待服务端应用程序的应答。

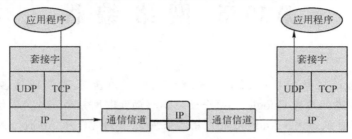

图 10-2 Socket 的基本通信模型

1. 基于 TCP 的 Socket 通信

Android 中的流套接字主要使用数据流进行通信，将 TCP 作为通信协议。基于 TCP 的 Socket 通信模型如图 10-3 所示，可见在服务器端和客户端分别有实现输入、输出的流对象。

一个客户端要发起一次通信，首先必须知道服务器的主机 IP 地址。然后由网络基础设施利用目标地址，将客户端发送的信息传递到正确的主机上。地址可以由一个字符串来定义，这个字符串可以使用标准型 IP 地址（如 192.168.1.1），也可以是主机名（example.com）。

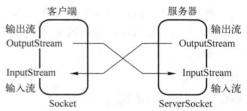

图 10-3 基于 TCP 的 Socket 通信模型

服务器端的 Socket 主要使用 ServerSocket 来创建，利用这个类可以监听来自网络的请求。创建 ServerSocket 的方法如下。

  ServerSocket(Int localPort)
  ServerSocket(int localport,int queueLimit)
  ServerSocket(int localport,int queueLimit,InetAddress localAddr)

创建一个 ServerSocket 必须指定一个端口，以便客户端能够向该端口号发送连接请求。有效的端口范围是 0～65535。

ServerSocket 的主要方法如下。

- Socket accept()：为下一个传入的连接请求创建 Socket 实例，并将已成功连接的 Socket 实例返回给服务器套接字。如果没有连接请求，accept()方法将阻塞等待。
- void close()：关闭套接字对象。

客户端使用 Socket 创建通信对象，创建客户端 Socket 的方法如下。

  Socket（InetAddress remoteAddress,int remotePort）

利用 Socket 的构造函数，可以创建一个 TCP 套接字，然后连接到指定的远程地址和端口号。

操作 Socket 的主要方法如下。

- InputStream getInputStream()：获取数据流对象。
- OutputStream getOutputStream()：获取输出流对象。
- void close()：关闭套接字对象。

基本的实现过程是服务端首先声明一个 ServerSocket 对象并且指定端口号，然后调用

ServerSocket 的 accept()方法接收客户端的数据。accept()方法在没有数据可接收时处于堵塞状态，一旦接收到数据即可以通过 InputStream 读取接收的数据。客户端创建一个 Socket 对象，指定服务器端的 IP 地址和端口号，建立连接后，通过 InputStream 读取数据，获取服务器发出的数据；也可将要发送的数据写入到 OutputStream 中传送给服务器。

TCP 客户端的主要代码如下。

```
//创建一个 Socket 对象，指定服务器端的 IP 地址和端口号
Socket socket = new Socket("192.168.1.104",4567);
//使用 InputStream 读取硬盘上的文件
InputStream inputStream = new FileInputStream("f://file/words.txt");
//从 Socket 中得到 OutputStream
OutputStream outputStream = socket.getOutputStream();
byte buffer [] = new byte[4*1024];
int temp = 0 ;
//将 InputStream 中的数据取出，并写入到 OutputStream 中
while((temp = inputStream.read(buffer)) != -1){
    outputStream.write(buffer, 0, temp);
}
outputStream.flush();
```

TCP 服务器端的主要代码如下。

```
//声明一个 ServerSocket 对象
ServerSocket serverSocket = null;
try {
    //创建一个 ServerSocket 对象，并让这个 Socket 在 4567 端口监听
    serverSocket = new ServerSocket(4567);
    //调用 ServerSocket 的 accept()方法，接收客户端所发送的请求
    //如果客户端没有发送数据，那么该线程就停滞不继续
    Socket socket = serverSocket.accept();
    //从 Socket 中得到 InputStream 对象
    InputStream inputStream = socket.getInputStream();
    byte buffer [] = new byte[1024*4];
    int temp = 0;
    //从 InputStream 中读取客户端所发送的数据
    while((temp = inputStream.read(buffer)) != -1){
        System.out.println(new String(buffer,0,temp));
    }
} catch (IOException e) {
    // TODO Auto-generated catch block
    e.printStackTrace();
}
serverSocket.close();
```

2. 基于 UDP 的 Socket 通信

基于 UDP 的 Socket 通信模型如图 10-4 所示。该模型主要使用两个对象：报文对象 DatagramPacket 和通信对象 DatagramSocket。

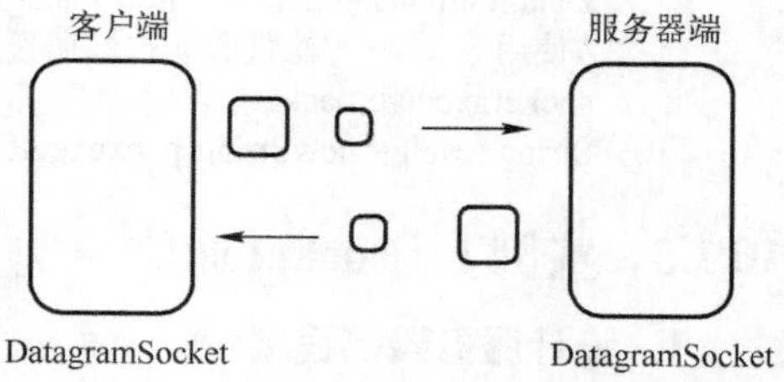

报文对象 DatagramPacket 的构造函数，数据包含在第一个参数中。

图 10-4 基于 UDP 的 Socket 通信模型

```
DatagramSocket(byte [] data,int offset,int length,InetAddress remoteAddr,int remotePort)
```

UDP 通信对象 DatagramSocket 的构造函数如下。

　　DatagramSocket(int localPort)

UDP 通信对象 DatagramSocket 的主要方法如下。
- ➢ void send(DatagramPacket packet)：发送 DatagramPacket 实例。
- ➢ void receive(DatagramPacket packet)：阻塞等待，直到接收到数据报文，并将报文中的数据复制到指定的 DatagramPacket 实例中。

数据报通信方式的主要实现过程是服务器端首先创建一个 DatagramSocket 对象，并且指定监听的端口，接下来创建一个空的 DatagramPacket 对象用于接收数据，使用刚才创建的 DatagramSocket 对象的 receive()方法接收客户端发送的数据。receive()方法在没有接收到数据时同 ServerSocket 对象一样也会处于阻塞状态，接收的数据将存放于 DatagramPacket 对象中。客户端也创建一个 DatagramSocket 对象，并且也指定监听的端口，接下来创建一个 InetAddress 网络地址对象，定义接收消息的服务器端地址，创建一个 DatagramPacket 报文对象，定义发送的数据内容，并指定要将这个数据发送到网络的 InetAddress 地址对象以及端口号，最后使用 DatagramSocket 对象的 send()发送数据。

基于 UDP 的数据包的客户端主要代码实现如下。

```
try {
    //首先创建一个 DatagramSocket 对象
    DatagramSocket socket = new DatagramSocket(4567);
    //创建一个 InetAddrss
    InetAddress serverAddress = InetAddress.getByName("192.168.1.104");
    String str = "hello";  //这是要传输的数据
    byte data [] = str.getBytes();  //把传输的内容分解成字节
    //创建一个 DatagramPacket 对象，并指定要将这个数据包发送到网络当中的哪个地址以及端口号
    DatagramPacket packet = new   DatagramPacket(data,data.length,serverAddress,4567);
    //调用 socket 对象的 send 方法，发送数据
    socket.send(packet);
} catch (Exception e) {
    e.printStackTrace();
}
```

基于 UDP 的数据报的服务端主要代码实现如下。

```
//创建一个 DatagramSocket 对象，并指定监听的端口号
DatagramSocket socket = new DatagramSocket(4567);
byte data [] = new byte[1024];
//创建一个空的 DatagramPacket 对象
DatagramPacket packet = new DatagramPacket(data,data.length);
//使用 receive 方法接收客户端所发送的数据，如果客户端没有发送数据，该进程就停滞在这里
socket.receive(packet);
String result = newString(packet.getData(),packet.getOffset(),packet.getLength());
```

10.1.3 实例 1：Socket 通信

1．设计服务器端程序

新建一个普通的 Java 项目，添加一个 class 类文件，这个类实现 Runnable 接口，在其中的 run()方法中创建一个循环以接收客户端的连接，当有客户端连接成功后，接收客户端消息，将消息显示在控制台上；接着向客户端发送一个消息。在这个类文件中包含 main 入口函数，在

main 函数中启动这个线程。代码如下。

```java
public class Server implements Runnable {
    public void run() {
        try {
            // 创建 ServerSocket
            ServerSocket serverSocket = new ServerSocket(5554);
            while (true) {
                // 接收客户端请求
                Socket client = serverSocket.accept();
                System.out.println("accept");
                try {
                    // 接收客户端消息
                    BufferedReader in = new BufferedReader(new InputStreamReader(client.getInputStream()));
                    String str = in.readLine();
                    System.out.println("read:" + str);
                    // 向客户端发送消息
                    PrintWriter out = new PrintWriter(new BufferedWriter(new OutputStreamWriter(client.getOutputStream())),true);
                    out.println("Server's Message!");
                    // 关闭流
                    out.close();
                    in.close();
                } catch (Exception e) {
                    System.out.println(e.getMessage());
                    e.printStackTrace();
                } finally {
                    // 关闭
                    client.close();
                    System.out.println("close");
                }
                serverSocket.close();
            }
        } catch (Exception e) {
            System.out.println(e.getMessage());
        }
    }
    // main 函数，开启服务器
    public static void main(String a[]) {
        Thread desktopServerThread = new Thread(new Server());
        desktopServerThread.start();
    }
}
```

2. 新建 Android 项目，设置基本信息

打开 AS，新建一个 Android 项目，项目名称设为"Socket 通信"，入口 Activity 取默认名称"MainActivity"。

3. 设置各种资源信息

打开项目 res 目录的字符串资源文件 string.xml，增加以下几个字符串资源。
- btnCaption：用于按钮的标题。
- MessageCaption：显示消息的初始提示信息。
- initMessage：消息录入框的初始信息。

设置完成后的字符串资源文件内容如下：

```xml
<?xml version="1.0" encoding="utf-8"?>
<resources>
    <string name="app_name">Socket 通信</string>
    <string name="btnCaption">通信连接</string>
    <string name="MessageCaption">message came from server!</string>
    <string name="initMessage">input new message!</string>
</resources>
```

4．设计界面元素

打开默认的布局文件 activity_main.xml，删除默认的布局方式，添加线性布局方式，在线性布局中依次添加 Button、TextView、EditText 组件，并对这三个组件分别设置初始显示信息，得到布局文件如下。

```xml
<?xml version="1.0" encoding="utf-8"?>
<LinearLayout xmlns:android="http://schemas.android.com/apk/res/android"
    android:orientation="vertical" android:layout_width="fill_parent"
    android:layout_height="fill_parent">
<Button
    android:id="@+id/Button01"
    android:layout_width="wrap_content"
    android:layout_height="wrap_content"
    android:text="@string/btnCaption" >
</Button>
<TextView
    android:id="@+id/TextView01"
    android:layout_width="wrap_content"
    android:layout_height="wrap_content"
    android:text="@string/MessageCaption" >
</TextView>
<EditText
    android:id="@+id/EditText01"
    android:layout_width="wrap_content"
    android:layout_height="wrap_content"
    android:inputType="text"
    android:text="@string/initMessage" >
</EditText>
</LinearLayout>
```

5．编写客户端处理代码

因为 Android 4.0 及以后版本不再允许在主 Activity 中访问网络，需要在其他线程中访问处理，这里为了简便，直接添加一段代码，以减少线程的处理。

打开 MainActivity.java 文件，在覆盖的 OnCreate()方法中，首先添加如下代码以允许网络访问。因为要添加下面的代码，所以要求最低运行版本为 Level 11。

```
//对 Android 4.0 及以后版本，这里做特别处理。本应该使用新线程和 Handler 处理网络访问
StrictMode.setThreadPolicy(new StrictMode.ThreadPolicy.Builder().detectDiskReads().detectDiskWrites().detectNetwork().penaltyLog().build());
StrictMode.setVmPolicy(new StrictMode.VmPolicy.Builder().detectLeakedSqlLiteObjects().detectLeakedClosableObjects().penaltyLog().penaltyDeath().build());
```

然后获取页面上添加的各个组件。

```
mButton = (Button) findViewById(R.id.Button01);
mTextView = (TextView) findViewById(R.id.TextView01);
mEditText = (EditText) findViewById(R.id.EditText01);
```

在按钮上添加事件监听器，实现网络连接处理，同时实现消息接收和发送处理。注意服务器端的地址需要准确获取。网络连接成功后，通过数据流实现消息的接收和发送。

```
mButton.setOnClickListener(new OnClickListener() {
    public void onClick(View v) {
        Socket socket = null;
        String message = mEditText.getText().toString() + "\r\n";
        try {
            // 创建 Socket，查看服务器 IP 地址，若为本机，可能每次开机 IP 地址都不同
            socket = new Socket("192.168.1.9", 5554);
            // 向服务器发送消息
            PrintWriter out = new PrintWriter(new BufferedWriter(newOutputStreamWriter(socket.getOutputStream())),true);
            out.println(message);
            // 接收来自服务器的消息
            BufferedReader br = new BufferedReader(newInputStreamReader(socket.getInputStream()));
            String msg = br.readLine();
            if (msg != null) {
                mTextView.setText(msg);
            } else {
                mTextView.setText("数据错误!");
            }
            // 关闭流
            out.close();
            br.close();
            // 关闭 Socket
            socket.close();
        } catch (Exception e) {
            // 异常处理（这里省略）
            Log.e("", e.toString());
        }
    }
});
```

6. 添加网络访问权限

要实现网络访问，需要在清单配置文件 AndroidManifest.xml 文件中添加权限如下。

```
<uses-permission android:name="android.permission.INTERNET" />
```

图 10-5 Socket 通信运行效果

最后程序的运行效果如图 10-5 所示。需要特别说明的是，对网络编程，无论服务端还是客户端，都应当使用多线程技术解决网络访问耗时的问题。在使用多线程时，常规的 Thread+Handler 虽然能够实现多线程间的通信处理，但代码实现起来比较烦琐。所以 Android 专门提供了 AsyncTask 异步任务工具简化多线程处理及通信问题，在网络访问操作编程时建议使用此工具。另外，如果在服务组件中需要实现网络操作，Android 提供了封装好的异步服务 IntentService 组件以供使用。这两个为简化网络编程中多线程处理而提供的便利编程模型，读者可查阅参考资料学习，限于篇幅，这里不再赘述。

10.2 WebView 编程

本节实现一个简单的网页浏览器,在地址输入框中输入有效的网页地址,单击"GO"按钮,程序可以加载并显示网页内容,且能实现页面的前进及后退处理。网页浏览运行界面如图 10-6 所示。

28 WebView 编程

浏览器组件是现在每个开发环境都具备的,Windows 环境有 webbrowser 组件,Android 和 iOS 有 WebView 组件,两者只是引擎不同,相对于微软的 webbrowser 组件,Android 及 iOS 的 WebView 的引擎都是 WebKit,此引擎对 HTML5 提供支持。WebView 直接提供了一些浏览器方法,例如使用 loadUrl()方法可以直接打开一个 Web 网页;使用 loadData()方法可以直接显示 HTML 格式的页面内容。

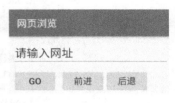

图 10-6 网页浏览运行界面

10.2.1 WebView 组件

Android 内置的 WebKit 引擎,不仅能搜索网址、查看电子邮件,而且可以播放视频。在 Android 应用程序中,如果想要使用该内置浏览器,则需要通过 WebView 组件来实现。该组件不仅可以指定 URL,还可以加载并执行 HTML 代码,同时还支持 JavaScript。关于 WebView 组件的使用详述如下。

1)添加权限。使用 WebView 组件访问网络时,必须在 AndroidManifest.xml 中添加网络访问权限"android.permission.INTERNET",否则系统会抛出"Web page not available"网络访问异常错误。

2)创建 WebView 组件。在 Activity 中创建 WebView 对象,如下所示。

    WebView webView = new WebView(this);

或者在 Activity 的 layout 文件里添加 WebView 组件,如下所示。

```
<WebView
android:id="@+id/WebViewName"
android:layout_width="fill_parent"
android:layout_height="fill_parent"
android:text="@string/hello"/>
```

3)WebView 组件的常用方法如表 10-1 所示。

表 10-1 WebView 组件的常用方法

方法	描述
requestFocus()	设置触摸焦点功能起作用
setScrollBarStyle(int style)	设置滚动条信息
capturePicture()	创建当前屏幕的快照
loadUrl(String URL)	加载指定 URL 对应的网页
loadData(String data,String mimeType,String encoding)	将指定的字符串数据加载到浏览器中
loadDataWithBaseURL(String baseUrl,String data, String mimeType,String encoding,String historyUrl)	基于 URL 加载指定的数据。 baseUrl:指定当前页使用的基本 URL,默认为 about:blank; data:要显示字符串数据; mimeType:要显示内容的 MIME 类型,默认为 text/html; encoding:数据的编码方式; historyUrl:当前页的历史 URL,即进入该页前的 URL,默认为 about:blank

(续)

方法	描述
goBack()	执行后退操作
goForward()	执行前进操作
stopLoading()	停止加载当前页面
reload	刷新当前页面

使用 loadUrl()可以加载互联网页面，如 webView.loadUrl("http://www.google.com")；也可加载本地文件，如加载项目 assets 目录中的文件，如 webView.loadUrl("file:///android_asset/XX.html")，或者加载 SD 卡中的文件，如 webView.loadUrl("file:///sdcard/XX.html") 等。

Android 提供了两种直接加载 HTML 代码页面的方法，其中 loadData()方法加载中文页面时容易出现乱码，而使用 loadDataWithBaseURL()方法时就不会出现中文乱码的情况，示例代码如下。

```
String html="<html><body><a href=http://www.google.com>Google Home</a><body></html>";
webView.loadData(html,"text/html","utf-8");//网页中的若有中文，易出现乱码
webView.loadDataWithBaseURL(html,"text/html","utf-8",null,null);//可避免中文乱码
```

4）如果希望网页事件由自己处理，而不是由 Android 打开系统的浏览器来响应处理，则需要给 WebView 添加一个事件监听对象并重写以下方法。

- shouldOverrideUrlLoading()：对网页中单击超链接事件的响应。当单击某个链接时，WebView 会调用这个方法并将单击的链接地址作为参数。此事件处理表示当前 WebView 中的一个新 URL 需要加载时，给当前应用程序一个处理机会。比如当 WebView 内嵌网页的某个数字被单击时，它会自动认为这是一个电话请求，例如单击数字"123"，系统会传递形如 tel:123 的地址。如果不希望系统如此处理，可通过重写 shouldOverrideUrlLoading 事件方法解决，方法处理代码如下。

```
webView.setWebViewClient(new WebViewClient(){
@Override
public boolean shouldOverrideUrlLoading(WebView view,String url){
    if(url.indexOf("tel:")<0){//页面上有数字会导致连接电话
    view.loadUrl(url); //重新在原来的进程上加载 URL
    return true;   //让当前应用程序处理
    }
    return false;   //让 WebView 处理
}}
```

- onReceivedHttpAuthRequest(WebView view, HttpAuthHandler handler, String host, String realm)：接收到 HTTP 请求的处理方法。
- onProgressChanged(WebView view,int progress)：通知应用程序当前页面加载的进度。
- shouldOverrideUrlLoading(WebView view, String url)：打开链接前的事件。在这个方法中可以做很多处理，比如读取到某些特殊的 URL，就可以不打开相应的网页，取消这个网页加载操作，转而进行预定义的其他操作。
- onPageFinished(WebView view, String url)：载入页面完成的事件。
- onPageStarted(WebView view, String url, Bitmap favicon)：载入页面开始的事件。这个事件就是开始载入页面时调用的，通常可以在其中设定一个加载页面以通知用户在等待网络响应。

➤ onReceivedSslError(WebView view, SslErrorHandler handler, SslError error)：处理 HTTPS 页面。WebView 默认是不处理 HTTPS 请求的，若不对此做处理的话，页面将显示空白。示例代码如下。

```
webView.setWebViewClient(new WebViewClient() {
    @Override
    public void onReceivedSslError(WebView view, SslErrorHandler handler, SslError error) {
        handler.proceed(); //等待证书响应
        // handler.cancel(); //挂起连接，是系统默认的处理方式
        // handler.handleMessage(null); //其他处理方式
    }
});
```

通过这几个事件，程序员可以很轻松地控制程序的操作，一边使用浏览器显示内容，一边监控用户的操作进而实现所需的各种显示方式，同时可以防止用户误操作。

5）如果用 WebView 浏览了多个网页，当用户按返回键时，由于 Activity 默认的按返回键处理为结束当前 Activity，因此如果不做任何处理，整个浏览器会调用 finish()方法结束进程。如果希望回退网页而不是退出浏览器，需要在当前 Activity 中处理该事件。比如以下代码通过覆盖 Activity 类的 onKeyDown(int keyCoder,KeyEvent event)方法实现了此功能。

```
public boolean onKeyDown(int keyCoder,KeyEvent event){
    if(webView.canGoBack() && keyCoder == KeyEvent.KEYCODE_BACK &&
event.getRepeatCount() == 0){
        webview.goBack(); //goBack()表示返回 WebView 的上一个页面
        return true;
    }
    return false;
}
```

10.2.2 WebView 与 JavaScript

WebView 对 JavaScript 的支持以及与 JavaScript 的双向交互是 Android 中 WebView 组件的强大之处，也是做个性化网页浏览工具的基础。

1）设置 WebView 支持 JavaScript。

如果需要 WebView 支持 JavaScript 处理功能，则调用 WebView 的子类应进行以下设置。

```
webview.getSettings().setJavaScriptEnabled(true);
```

设置后，网页中的大部分 JavaScript 代码可以使用，但是对于通过 window.alert()方法弹出的对话框并不可用。要想显示弹出的对话框，需要使用 WebView 组件的 setWebChromeClient()方法来处理 JavaScript 对话框，具体代码如下。

```
webview.setWebChromeClient(new WebChromeClient());
```

有此设置后，在使用 WebView 加载带弹出 JavaScript 对话框的网页时，网页中弹出的对话框将不会被屏蔽。

2）在 JavaScript 中调用 Java 对象及方法。

WebView 可以通过调用 addJavascriptInterface()方法将 Java 对象绑定到 WebView 中，以方便从页面 JavaScript 中调用 Java 对象，实现用本地 Java 代码和 HTML 页面的交互，甚至可以进行页面自动化。但这样操作存在安全隐患，所以若设置了此方法，应确保 WebView 的代码都是

受自己控制的。addJavascriptInterface()方法有两个参数，第一个参数为被绑定到 JavaScript 中的类实例，第二个参数为在 JavaScript 中暴露的类别名，在 JavaScript 中引用 Java 对象就是使用的这个名字。示例代码如下。

```
//将 Java 对象 classBeBindedToJS 绑定到 JavaScript 对象上
ClassBeBindedToJS classBeBindedToJS = new ClassBeBindedToJS();
webView.addJavascriptInterface(classBeBindedToJS, "classNameInJs");
```

当然需要详细定义绑定的 Java 类的处理，如下所示。

```
private class ClassBeBindedToJS{
    public void showHtml(String html){
        new AlertDialog.Builder(UpdateStatusActivity.this)
            .setTitle("HTML").setMessage(html)
            .setPositiveButton(android.R.string.ok, null)
            .setCancelable(false).create().show();
    }
    public String javaMethod() {
        return "use java method";
    }
};
```

通过以上代码，就可以在网页前端调用 Java 代码。如以下的网页页面：

```
<html>
    <body>
    <div id="displayDiv">Test page.</div>
    <input type="button" value="use java object"onclick="document.getElementById('displayDiv').innerHTML= classNameInJs.javaMethod()" />
    </body>
</html>
```

在这个脚本文件，当单击 button 按钮时可改变 id 为"displayDiv"的 div 显示内容为 Java 对象方法中的内容，其中"classNameInJs"为 Java 对象在 JavaScript 中的别名，javaMethod 为 Java 对象的方法。

3）在 Java 中调用 JavaScript 的方法。

可以使用 WebView 的 loadUrl 方法实现，比如想在页面加载完成后调用 JavaScript 中的 hello 函数，实现代码如下。

```
webView.setWebViewClient(new WebViewClient() {
@Override
public void onPageFinished(WebView webView, String url){
webView.loadUrl("javascript:hello()");
}
});
```

4）Java 和 JavaScript 混用。

在以下的代码示例中实现了使用 WebView 的 AlertDialog 显示页面的 HTML 代码效果。这里调用了前文中定义的 showHtml()方法。

```
webView.setWebViewClient(new WebViewClient() {
  @Override
  public void onPageFinished(WebView webView, String url){
      webView.loadUrl("javascript:window.classNameInJs.showHtml(document.
      getElementsByTagName('html')[0].innerHTML);");
  }
```

});

其中 webView.loadUrl 表示调用页面中的 JavaScript，而页面中的 JavaScript 代码 window.classNameInJs.showHtml 调用了此前程序中定义的 Java 方法 showHtml()，参数为一段 JavaScript 代码。

首先 WebView 会执行这一段 document.getElementsByTagName('html')[0].innerHTML。取得页面中 HTML 标记的 innerHTML，即网页主要内容；然后将得到的网页内容当作字符串参数传给 showHtml 方法；最后程序会调用 showHtml 函数实现，即用 AlertDialog 显示字符串，如此得到了整个网页的大部分 HTML 代码。

10.2.3 实例2：网页浏览

1. 新建项目，设置项目基本信息

打开 AS，在工作空间中新建一个项目，项目名称设为"网页浏览"，入口 Activity 命名为"MainActivity"。

2. 设计 UI 界面

打开资源文件夹下的 strings.xml 文件，添加几个字符串资源："前进""后退""GO""请输入网址"，文件内容修改如下。

```xml
<?xml version="1.0" encoding="utf-8"?>
<resources>
    <string name="app_name">网页浏览</string>
    <string name="hello_world">Hello world!</string>
    <string name="menu_settings">Settings</string>
    <string name="et">请输入网址</string>
    <string name="btn">GO</string>
    <string name="forward">前进</string>
    <string name="back">后退</string>
</resources>
```

打开布局文件，删掉默认的布局方式，添加一个线性布局方式，在线性布局中再添加一个线性布局组件；在这个线性布局管理器中添加三个 Button 组件和一个 TextView 组件，分别用来实现网页浏览的"前进""后退"和"GO"操作；在中间的线性布局管理器后面添加一个 WebView 组件，用来显示网页内容。最后的布局文件内容如下。

```xml
<LinearLayout xmlns:android="http://schemas.android.com/apk/res/android"
    android:orientation="vertical"
    android:layout_width="fill_parent"
    android:layout_height="fill_parent">
  <LinearLayout
      android:orientation="horizontal"
      android:layout_width="fill_parent"
      android:layout_height="wrap_content">
    <Button
        android:id="@+id/forward"
        android:layout_width="wrap_content"
        android:layout_height="wrap_content"
        android:text="@string/forward" />
    <Button
        android:id="@+id/back"
        android:layout_width="wrap_content"
```

```xml
                    android:layout_height="wrap_content"
                    android:text="@string/back" />
                <EditText
                    android:layout_weight="1"
                    android:id="@+id/editText_url"
                    android:layout_height="wrap_content"
                    android:layout_width="wrap_content"
                    android:text="@string/et"
                    android:lines="1" />
                <Button
                    android:id="@+id/button_go"
                    android:layout_width="wrap_content"
                    android:layout_height="wrap_content"
                    android:text="@string/btn" />
        </LinearLayout>
        <WebView android:id="@+id/webView1"
            android:layout_width="fill_parent"
            android:layout_height="0dip"
             android:focusable="false"
            android:layout_weight="1.0"/>
</LinearLayout>
```

3．编写程序处理代码

打开 MainActivity.java 文件，在重载的 OnCreate()方法中获取界面上的各个组件对象。

```java
EditText urlText=(EditText)findViewById(R.id.editText_url); //地址栏
Button goButton=(Button)findViewById(R.id.button_go); // "GO"按钮
Button forward=(Button)findViewById(R.id.forward); // "前进"按钮
Button back=(Button)findViewById(R.id.back);        // "后退"按钮
webView=(WebView)findViewById(R.id.webView1);       //获取 WebView 组件
```

对 WebView 组件对象，调用方法做网页处理的一些基本设置，比如使其支持 JavaScript 及其对话框等，如下所示。

```java
webView=(WebView)findViewById(R.id.webView1);       //获取 WebView 组件
webView.getSettings().setJavaScriptEnabled(true);   //设置 JavaScript 可用
webView.setWebChromeClient(new WebChromeClient());//处理 JavaScript 对话框
webView.setWebViewClient(new  WebViewClient());//处理各种通知和请求事件，如果不使用该句代码，将使用内置浏览器访问网页
```

对界面上的"前进"按钮对象添加事件监听处理，实现网页浏览的前进操作，主要代码如下。

```java
forward.setOnClickListener(new OnClickListener() {
    @Override
    public void onClick(View v) {
        webView.goForward();        //前进
    }
});
```

对界面上的"后退"按钮对象添加事件监听器，实现网页浏览的后退操作，主要代码如下。

```java
back.setOnClickListener(new OnClickListener() {
    @Override
    public void onClick(View v) {
        webView.goBack();                       //后退
    }
```

    });

对地址输入框也添加事件监听器，实现当用户直接按〈Enter〉键的响应处理，此时须判断地址是否为空。若为空，应弹出错误提示，否则调用 WebView 组件处理。对"GO"按钮，也需要做类似的判断处理后，才调用 WebView 组件处理。所以为实现代码重用，先定义显示网页和错误提示的两个函数，主要代码如下。

```java
//用于打开网页的方法
private void openBrowser(){
    webView.loadUrl(urlText.getText().toString());
    Toast.makeText(this, "正在加载："+urlText.getText().toString(), Toast.LENGTH_SHORT).show();
}
//用于显示对话框的方法
private void showDialog(){
    new AlertDialog.Builder(MainActivity.this)
        .setTitle("网页浏览器")
        .setMessage("请输入要访问的网址")
        .setPositiveButton("确定",new DialogInterface.OnClickListener(){
            public void onClick(DialogInterface dialog,int which){
                Log.d("WebWiew","单击确定按钮");
            }
        }).show();
}
```

然后分别在地址输入框和"GO"按钮上添加的事件监听器中调用这两个方法。

```java
//为地址输入框添加键盘键被按下的事件监听器
urlText.setOnKeyListener(new OnKeyListener() {
    @Override
    public boolean onKey(View v, int keyCode, KeyEvent event) {
        if(keyCode==KeyEvent.KEYCODE_ENTER){//如果为〈Enter〉键
            if(!"".equals(urlText.getText().toString())){
                openBrowser();   //打开浏览器
                return true;
            }else{
                showDialog();    //弹出提示对话框
            }
        }
        return false;
    }
});
//为"GO"按钮添加单击事件监听器
goButton.setOnClickListener(new OnClickListener() {
    @Override
    public void onClick(View v) {
        if(!"".equals(urlText.getText().toString())){
            openBrowser();
        }else{
            showDialog();    //弹出提示对话框
        }
    }
});
```

最后运行效果如图 10-7 所示。

图 10-7　网页浏览程序运行效果

10.3 GPS 定位

移动互联网终端定位主要应用在智能手机上，这里假定以智能手机为主要应用设备，其他终端设备的应用与此类似。

本节准备编制一个应用程序，这个应用程序可以检测手机的定位参数设置信息，同时可以获取位置数据。

29　GPS 定位

10.3.1 手机定位的方式

1. GPS 定位

GPS 即美国政府提供的全球定位系统。GPS 定位是几种定位方式中最简单的，其基本原理就是通过终端设备的 GPS 模块接收定位信息。GPS 系统中有 24 颗卫星分布在 6 个轨道平面上，距离地面 1.2 万千米，以 12 小时的周期环绕地球运行，使得任意时刻地面上任意点都可以观测到 4 颗以上的卫星。一般终端设备的 GPS 模块只有接收功能，没有发射功能，所以 24 颗 GPS 卫星不断向地球发射包含时间、卫星点位等重要参数的信息。当收到信息后，终端设备会利用多个卫星同一时间发出的信号到达的先后顺序及时差计算出手机到各个卫星的距离，然后利用三维坐标中的距离公式，利用 3 颗卫星组成 3 个方程式，计算出终端设备的位置 (X,Y,Z)。考虑到卫星时钟与终端设备时钟之间的误差，实际上有 4 个未知数，X、Y、Z 和钟差，因而需要引入第 4 颗卫星，形成 4 个方程式进行求解，从而得到终端设备的经纬度和海拔高度。事实上，终端设备往往可以锁住 4 颗以上的卫星，这时，终端设备可按卫星的星座分布分成若干组，每组 4 颗，然后通过算法挑选出误差最小的一组用作定位。

GPS 定位准确度高，但同时也有显著的缺点：比较耗电；绝大部分用户默认不开启 GPS 模块；从 GPS 模块启动到获取第一次定位数据，可能需要比较长的时间；室内几乎无法使用等。这些因素给任意设备的定位使用带来了障碍。需要指出的是，GPS 走的是卫星通信的通道，在没有网络连接的情况下也能用。

2. 基站定位

基站定位的基本原理是获取终端设备上的基站 ID 号（cellid）以及其他的一些信息（MNC、MCC、LAC 等），再将这些信息作为参数通过网络访问一些在线定位服务，获取终端设备位置对应的经纬度坐标。基站定位的精确度不如 GPS 定位，但好处是能够在室内用，只要网络畅通就行。

3. 小区定位

小区定位又称小区识别定位。GSM 移动通信网络是由许多像蜂窝一样的小区构成的，每个小区都有自己的编号。由于手机通信遵循蜂窝技术规范，因此只要手机不是离线模式，手机位于哪个小区就很容易知道。这种定位精度取决于移动终端所处蜂窝小区半径的大小，从几百米到几十千米不等。与其他技术相比，该技术精度最低，而且还会收取一定的月功能使用费。

4. AGPS 定位

AGPS（Assist GPS，辅助全球定位系统）的本质仍然是 GPS，不可将 AGPS 定位与基站定位混为一谈。AGPS 定位会使用基站信息对获取 GPS 进行辅助，然后还能对获取到的 GPS 结果进行修正，所以 AGPS 定位要比传统的 GPS 定位更快，准确度略高。

AGPS 定位实际就是"小区定位+集成 GPS 定位+远端数据计算+ GPRS 信息传输"。AGPS 定位需要移动运营商提供其移动通信信号塔的 GPS 位置，并在移动网络上加建位置服务器，还需要在地面建设 GPS 基准站（用于实时观测卫星并向定位服务器提供全球实时星历数据）。

5. WiFi 定位

和基站定位类似，WiFi 是通过获取设备接入的某个公共热点网络信息，比如首都机场的 WiFi 进行定位的。提供 WiFi 热点的路由器有自身的 MAC 地址与电信运营商的网络 IP 地址，通过查询 WiFi 路由器的位置便可得知接入该 WiFi 的设备的大致位置。因为 WiFi 定位和基站定位都需要使用网络，所以在 Android 中将它们统称为 Network 定位方式。

10.3.2 GPS 开发常用工具类

在 Android 中进行 GPS 应用开发，常涉及 LocationManager、LocationProvider、Location、Criteria 四个类。

1. LocationManager 类

与 Android 中的其他服务类似，所有与 GPS 相关的定位、跟踪和趋近服务都由 LocationManager 对象产生。可通过 Context 的 getSystemService()方法获得此对象。LocationManager 类常用属性及方法如表 10-2 所示。

表 10-2 LocationManager 类常用属性及方法

属性	描述
GPS_PROVIDER	静态字符串常量，表明 LocationProvider 是 GPS
NETWORK_PROVIDER	静态字符串常量，表明 LocationProvider 是网络（无线基站或 WiFi）
boolean addGpsStatusListener(GpsStatus.Listener listener)	添加一个 GPS 状态监听器
void addProximityAlert(double latitude, double longitude, float radius, long expiration, PendingIntent intent)	添加一个趋近警告
List<String> getAllProviders()	获得所有的 LocationProvider 列表
LocationProvider getBestProvider(Criteria criteria, boolean enabledOnly)	根据 Criteria 返回最适合的 LocationProvider
Location getLastKnownLocation(String provider)	根据 Provider 获得位置信息
LocationProvider getProvider(String name)	获得指定名称的 LocationProvider
LocationProvider getProvider(boolean enableOnly)	获得可利用的 LocationProvider 列表
boolean removeProximityAlert(PendingIntent intent)	删除趋近警告
void requestLocationUpdates(String provider, long minTime, float minDistance, PendingIntent intent)	通过给定的 Provider 名称，周期性地通知当前 Activity
void requestLocationUpdates(String provider, long minTime, float minDistance, LocationListener listener)	通过给定的 Provider 名称，并将其绑定指定的 LocationListener 监听器

2. LocationProvider 类

LocationProvider（定位提供者）类用来描述位置定位方式的信息，同时可以设置位置方式的一些属性。可以通过 Criteria 类为 LocationProvider 设置条件，获得合适的 LocationProvider。LocationProvider 类常用属性及方法如表 10-3 所示。

表 10-3 LocationProvider 类常用属性及方法

名称	描述
AVAILABLE	静态整型常量，标示是否可用
OUT_OF_SERVICE	静态整型常量，不在服务区
TEMPORAILY_UNAVAILABLE	静态整型常量，临时不可用
getAccuarcy()	获得精度
getName()	获得名称
getPowerRequirement()	获得电源需求

(续)

名称	描述
hasMonetaryCost()	花钱的还是免费的
requiresCell()	是否需要访问基站网络
requiresNetWork()	是否需要网络数据
requiresSatelite()	是否需要访问卫星
supportsAltitude()	是否能够提供高度信息
supportsBearing()	是否能够提供方向信息
supportsSpeed()	是否能够提供速度信息

例如获取设备上所有的 LocationProvider，代码如下。

```
locationManager=(LocationManager)getSystemService(Context.LOCATION_SERVICE);
//获取所有的 LocationProvider
List<String> allproviders=locationManager.getAllProviders();
for (String string : allproviders) {
System.out.println(string);
}
```

3．Location 类

Location 类主要用来描述当前设备的位置信息，封装了获得定位信息的相关方法和属性，包括经纬度、方向、高度和速度等。可以通过 LocationManager.getLastKnownLocation(String provider)方法获得 Location 实例。Location 类常用属性及方法如表 10-4 所示。

表 10-4　Location 类常用属性及方法

方法	描述
Public float getAccuracy()	获得精确度
Public double getAltitude()	获得高度
Public float getBearing()	获得方向
Public double getLatitude()	获取经度
Public double getLongitude()	获得纬度
Public float getSpeed()	获得速度

例如获取设备的位置，代码如下。

```
locationManager = (LocationManager) getSystemService(Context.LOCATION_SERVICE);
Location location = locationManager.getLastKnownLocation(LocationManager.GPS_PROVIDER);
String strLatitude=location.getLatitude(); //获取经度
String strLongitude=location.getLongitude(); //获取纬度
```

4．Criteria 类

Criteria 类封装了用于获得 LocationProvider 的条件，可以根据指定的 Criteria 条件来过滤获得的 LocationProvider。Criteria 类常用属性及方法如表 10-5 所示。

表 10-5　Criteria 类常用属性及方法

属性	描述
ACCERACY_COARSE	较低精确度
ACCURACY_FINE	较高精确度
POWER_HING	用电高
POWER_LOW	用电低

(续)

属性	描述
isAlititudeRequried()	返回 Provider 是否需要高度信息
isBearingRequired()	返回 Provider 是否需要方位信息
isSpeedRequried()	返回 Provider 是否需要速度信息
isCostAllowed()	是否允许产生费用
setAccuracy(int accuracy)	设置 Provider 的精确度
setAltitudeRequired(boolean altitudeRequired)	设置 Provider 是否需要高度信息
setBearingRequired(boolean bearingRequired)	设置 Provider 是否需要方位信息
setCostAllowed(boolean costAllowed)	设置 Provider 是否产生费用
setSpeedAccuracy(int accuracy)	设置 Provider 是否需要速度信息
getAccuracy()	获得精度

例如获取设备最佳的 Provider，代码如下。

```
locationManager = (LocationManager) getSystemService(Context.LOCATION_SERVICE);
// 新建一个 Criteria
Criteria criteria = new Criteria();
// 设置精确度
criteria.setAccuracy(Criteria.ACCURACY_COARSE);
criteria.setPowerRequirement(Criteria.POWER_LOW);
criteria.setAltitudeRequired(false);
criteria.setBearingRequired(false);
criteria.setSpeedRequired(false);
criteria.setCostAllowed(false);
// 获得符合条件的 Provider
LocationProvider bestProviders = locationManager.getBestProvider(criteria, false);
```

10.3.3　GPS 事件监听

Android 提供了 LocationListener 监听器接口，可以监听设备位置信息的变化。通过 LocationManager 的 requestLocationUpdates()方法注册监听器，这样当设备位置发生变化时监听器被触发，进而执行接口中定义的方法。LocationListener 接口中定义的几个抽象方法如表 10-6 所示。

表 10-6　LocationListener 接口中的抽象方法

方法	描述
public abstract void onLocationChanged (Location location)	当位置发生改变后被调用。可以没有限制地使用 Location 对象。 location：位置变化后的新位置
public abstract void onProviderDisabled(String provider)	在 Provider 被用户关闭后被调用，如果基于一个已经关闭了的 Provider 调用 requestLocationUpdates 方法，那么这个方法也被调用。 provider：与之关联的 LocationProvider 名称
public abstract void onPorviderEnabled (Location location)	在 Provider 被用户开启后调用。 location：与之关联的 LocationProvider 的名称
public abstract void onStatusChanged (String provider, int status, Bundle extras)	此方法在 Provider 处于可用、暂时不可用和无服务三个状态直接切换时被调用。 provider：与变化相关的 LocationProvider 名称； status：如果服务已停止，并且在短时间内不会改变，状态码为 OUT_OF_SERVICE。如果服务暂时停止，并且在短时间内会恢复，状态码为 TEMPORARILY_UNAVAILABLE。如果服务正常有效，状态码为 AVAILABLE。 extras：一组可选参数，其包含 Provider 的特定状态

例如，如下的代码实现了位置跟踪的处理效果。

```java
public void onCreate(Bundle savedInstanceState)
{
    super.onCreate(savedInstanceState);
    setContentView(R.layout.main);
    LocationManager locationManager;
    String context = Context.LOCATION_SERVICE;
    locationManager = (LocationManager)getSystemService(context);
    //设置过滤条件
    Criteria criteria = new Criteria();
    criteria.setAccuracy(Criteria.ACCURACY_FINE);
    criteria.setAltitudeRequired(false);
    criteria.setBearingRequired(false);
    criteria.setCostAllowed(true);
    criteria.setPowerRequirement(Criteria.POWER_LOW);
    String provider = locationManager.getBestProvider(criteria, true);
    Location location = locationManager.getLastKnownLocation(provider);
    updateWithNewLocation(location);
    //注册事件监听器
    locationManager.requestLocationUpdates(provider, 2000, 10,
        locationListener);
}
//定义监听器
private final LocationListener locationListener = new LocationListener()
{
    public void onLocationChanged(Location location)
    {updateWithNewLocation(location);}
    public void onProviderDisabled(String provider)
    {updateWithNewLocation(null);}
    public void onProviderEnabled(String provider){}
    public void onStatusChanged(String provider, int status,Bundle
        extras){}
};
//更新地址信息
private void updateWithNewLocation(Location location){
    String latLongString;
    TextView myLocationText;
    myLocationText = (TextView)findViewById(R.id.myLocationText);
if (location != null){
    double lat = location.getLatitude();
    double lng = location.getLongitude();
    latLongString = "Lat:" + lat + " Long:" + lng;
}
else{
    latLongString = "No location found";
}
    myLocationText.setText("Your Current Position is: " +latLongString);
}
```

10.3.4 区域临近警告

借助 LocationManager 提供的 addProximityAlert()方法可以实现在设备进入或退出某个设定的区域时进行提示。addProximityAlert(double latitude,double longitude,float radius,long expiration, PendingIntent intent)方法需要 5 个参数：前两个是经纬度，第三个是区域半径，第四个是是否过

期,第五个一般是一个广播 PendingIntent。

要实现区域临近提示需要两步:一是获得 LocationManager 实例,调用其方法 addProximityAlert 并添加临近提示;二是定义一个广播接收器,当设备进入设定区域时提醒用户。区域临近警告的示例代码如下。

```
manager=(LocationManager)getSystemService(Context.LOCATION_SERVICE);
//目标定位的经纬度
double targetLongitude = 113.66632841527462;
double targetLatitude = 34.752014421190424;
float radius = 2500; //定义半径,单位为米
Intent intent = new Intent("myreceiver");
PendingIntent pd = PendingIntent.getBroadcast(this, 0, intent,0);
//加入临近警告
manager.addProximityAlert(targetLatitude, targetLongitude, radius, -1, pd);
registerReceiver(receiver, new IntentFilter("myreceiver"));//注册服务
//定义广播接收者处理广播
class MyReceiver extends BroadcastReceiver{
    @Override
    public void onReceive(Context context, Intent intent) {
        //根据 Intent 的 boolean 值判断是否进入和离开该区域
        boolean isEnter =  intent.getBooleanExtra(LocationManager.KEY_PROXIMITY_ENTERING,false);
         if(isEnter){
            tv.setText("您已经进入到该区域");
        }else{
            tv.setText("您已经离开了该区域");
        }
    }
}
```

10.3.5 Android 中的 GPS 开发过程

需要做 GPS 处理时,首先在项目的 mainfest.xml 中加上特殊的处理权限,如下所示。

```
<uses-permission android:name="android.permission.ACCESS_COARSE_LOCATION" />
<uses-permission android:name="android.permission.INTERNET" />
<uses-permission android:name="android.permission.ACCESS_FINE_LOCATION" />
```

接着使用 Context 对象获取系统的 LocationManager 对象;然后由 LocationManager 通过指定的 LocationProvider 来获取定位信息,定位信息由 Location 对象表示;最后从 Location 对象中获取定位信息。

真实的设备当中,获取位置服务需要 GPS 硬件的支持,但在开发和测试中主要使用模拟器操作,而模拟器没有 GPS 硬件,所以 Android 模拟器本身不能作为 GPS 的接收器。但是为了方便程序员测试 GPS 的应用,Android 的 SDK/tools 目录下保留有以前的 monitor 工具,可借助此工具给模拟器发送 GPS 模拟坐标。

在模拟器启动的情况下,关闭 AS(防止端口冲突),双击执行 SDK/tools 目录下 monitor.bat 文件启动 DDMS 工具。在启动的 DDMS 窗口中的"Emulator Control"视图中的"Location Controls"面板上进行操作,如图 10-8 所示。

单击"Send"按钮后即可向连接的模拟器发送 GPS 位置信息。此后可以关闭 DDMS 窗口,重新打开 AS,此时运行或调试程序,模拟器中的程序都能收到 GPS 之前设置的坐标信息,并能触发相应的事件,这样就可以实现很多有意义的测试效果。

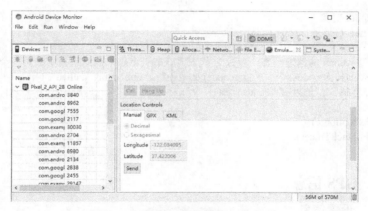

图 10-8　在 DDMS 中模拟 GPS 发送

10.3.6　Geocoder 解码

Geocoder 可以实现前向地理编码和反向地理编码。前向地理编码是将街道、地址或者其他位置（经度、纬度）转化为坐标的过程。反向地理编码是将坐标转换为地址（经度、纬度）的过程。一组反向地理编码结果间可能会有所差异。例如：一个结果可能包含最临近建筑的完整街道地址，而另一个可能只包含城市名称和邮政编码。Geocoder 要求的后端服务并没有在基本的 Android 框架中。如果没有此后端服务，执行 Geocoder 的查询方法将返回一个空列表。使用 isPresent()方法，以确定 Geocoder 是否能够正常执行。

Geocoder 的常用方法如表 10-7 所示。

表 10-7　Geocoder 的常用方法

方法名称	说明	异常信息
public List\<Address\> getFromLocation(double latitude, double longitude, int maxResults)	根据给定的经纬度返回一个描述此区域的地址数组。返回的地址将根据构造器提供的语言环境进行本地化。 返回值有可能是通过网络获取。返回结果是一个最好的估计值，但不能保证其完全正确。 latitude：纬度； longitude：经度； maxResults：要返回的最大结果数，推荐 1~5	IllegalArgumentException：纬度小于-90 或者大于 90 IllegalArgumentException：经度小于-180 或者大于 180 IOException：没有网络或者 IO 错误
public List\<Address\> getFromLocationName(String locationName, int maxResults, double lowerLeftLatitude, double lowerLeftLongitude, double upperRightLatitude, double upperRightLongitude)	返回一个由给定的位置名称参数所描述的地址数组。 locationName：用户提供的位置描述； maxResults：要返回的最大结果数，推荐 1~5； lowerLeftLatitude：左下角纬度，用来设置矩形范围； lowerLeftLongitude：左下角经度，用来设置矩形范围； upperRightLatitude：右上角纬度，用来设置矩形范围； upperRightLongitude：右上角经度，用来设置矩形范围	IllegalArgumentException：如果位置描述为空； IllegalArgumentException：如果纬度小于-90 或者大于 90； IllegalArgumentException：如果经度小于-180 或者大于 180； IOException：如果没有网络或者 IO 错误
public List\<Address\> getFromLocationName(String locationName, int maxResults)	返回一个由给定的位置名称参数所描述的地址数组。 locationName：用户提供的位置描述； maxResults：要返回的最大结果数，推荐 1~5	IllegalArgumentException：如果位置描述为空； IOException：如果没有网络或者 IO 错误
public static boolean isPresent ()	如果 Geocoder 的 getFromLocation 和 getFromLocationName 都实现了，则返回 true，在没有网络连接时，这些方法仍然可能返回空或者空序列	

使用 Geocoder 获取地址信息的示例代码如下。

```
//创建 gecoder 对象
gecoder = new Geocoder(this);
try {
    //查询 wuhan 的地址列表。参数 1 代表只获取查询出来的结果集中的第一个
    List<Address> adds =    gecoder.getFromLocationName("wuhan", 1);
    Log.i("TAG", "地址有:"+adds.size()+"个");
}
catch (IOException e) {
    e.printStackTrace();
}
```

10.3.7 实例3：GPS 信息

1．新建项目，设置信息

在 AS 中新建项目，项目名称为"GPS"，打开 Layout 下的布局文件 activity_Main.xml，修改默认添加的 TextView 的 ID 为"output"。

2．配置网络访问权限

因为要做网络访问，所以需要配置访问权限，打开 AndroidManifest.xml 文件，添加网络访问权限，如下所示。

```xml
<uses-permission android:name="android.permission.ACCESS_COARSE_LOCATION" />
<uses-permission android:name="android.permission.INTERNET" />
<uses-permission android:name="android.permission.ACCESS_FINE_LOCATION" />
```

3．设计处理逻辑

本程序是将 GPS 定位信息显示在界面上，所以需要解析地址信息和显示信息。这里首先打开 MainActivity.java 文件，在主入口类中定义几个全局变量，并定义后面定位时要用到的地址名称。

```java
private LocationManager mLocationManager;
private TextView textView_Msg;
private String mLocation="";
private Criteria mCriteria=new Criteria();
private Handler mHandler=new Handler();
private boolean isLocationEnable=false;
```

接着定义几个辅助处理函数，分别实现信息展示、定位信息解析等处理功能，代码如下。

```java
//开始定位
private void beginLocation(String method){
    if (ContextCompat.checkSelfPermission(this,android.Manifest.permission.ACCESS_FINE_LOCATION)==
PackageManager.PERMISSION_GRANTED) {
        //通过 method 启动（例如设置成 LocationManager.GPS_PROVIDER 就是通过 GPS 启动），
设置定位管理器的位置变更监听器，Location 更新的设置是每隔 300ms 更新一次
        mLocationManager.requestLocationUpdates(method, 300, 0, mLocationListener);
        //获取最后一次成功定位的位置信息
        Location location = mLocationManager.getLastKnownLocation(method);
        setLocationText(location);
    }
    else {
        ActivityCompat.requestPermissions(this, newString[]{Manifest.permission.ACCESS_FINE_
LOCATION}, 1);
    }
}
@Override
```

```java
public void onRequestPermissionsResult(int requestCode, @NonNull String[]permission,@NonNull int[] grantResult){
    super.onRequestPermissionsResult( requestCode, permission, grantResult);
    switch (requestCode){
        case 1:
            if(grantResult[0]==PackageManager.PERMISSION_GRANTED){
                Toast.makeText(this,"权限申请成功！ ",Toast.LENGTH_LONG).show();
            }else{
                Toast.makeText(this,"权限拒绝",Toast.LENGTH_LONG).show();
                finish();//退出
            }
    }
}
// 将消息反馈到界面上
private void setLocationText(Location location) {
    if(location!=null){
        String desc=String.format("%s\n 定位对象信息如下： "+
                "\n\t 其中时间：%s"+"\n\t 其中经度：%f,维度：%f"+
                "\n\t 其中高度：%d 米，精度：%d 米",mLocation, new Date().toString(),
                location.getLongitude(),location.getLatitude(),Math.round(location.getAltitude()),
                Math.round(location.getAccuracy()));
        textView_Msg.setText(desc);
    }else{
        textView_Msg.setText(mLocation+"\n 暂未获得定位对象");
    }
}
```

在 OnCreate()方法中调用之前定义的功能函数。

```java
protected void onCreate(Bundle savedInstanceState) {
    super.onCreate(savedInstanceState);
    setContentView(R.layout.activity_main);
    textView_Msg=(TextView) findViewById(R.id.output);
    if(checkGpsIsOpen()) {
        initLocation();
    }else{
        Toast.makeText(this,"需要打开定位功能才能查看定位结果信息",Toast.LENGTH_LONG).show();
        finish();
    }
}
```

为实现 GPS 定位信息变化提示处理效果，前面给 LocationManager 的 requestLocationUpdates 方法注册了一个监听器，所以这里定义一个 LocationListener 监听器类，需要在类中实现四个接口函数：onLocationChanged、onStatusChanged、onProviderEnabled、onProviderDisabled，代码如下。

```java
// 定义一个位置变更监听器
private LocationListener mLocationListener=new LocationListener() {
    @Override
    public void onLocationChanged(Location location) {
        setLocationText(location);
    }
    @Override
    public void onStatusChanged(String provider, int status, Bundle extras) { }
    @Override
    public void onProviderEnabled(String provider) { }
```

```java
        @Override
        public void onProviderDisabled(String provider) {    }
    };
    //定义一个刷新任务,若无法定位则每隔一秒尝试定位一次
    private Runnable mRefresh=new Runnable() {
        @Override
        public void run() {
            if(!isLocationEnable){
                initLocation();
                mHandler.postDelayed(this,1000);
            }
        }
    };
```

最后在主入口类 MainActivity 的覆盖方法 onResume()、onPause()中实现定位更新的注册处理,代码如下。

```java
    @Override
    protected void onResume() {
        super.onResume();
        mHandler.removeCallbacks(mRefresh);//移除定位刷新任务
        initLocation();
        mHandler.postDelayed(mRefresh,100);//延迟100毫秒启动定位刷新任务
    }
    @Override
    protected void onPause() {
        super.onPause();
        // 停止 GPS 运行
        if (mLocationManager != null) {
            mLocationManager.removeUpdates(mLocationListener);
        }
    }
    @Override
    protected void onDestroy()
    {
        mLocationManager.removeUpdates(mLocationListener);
        //mLocationManager.setTestProviderEnabled(provider, false);
        super.onDestroy();
    }
```

程序的运行效果如图 10-9 所示。

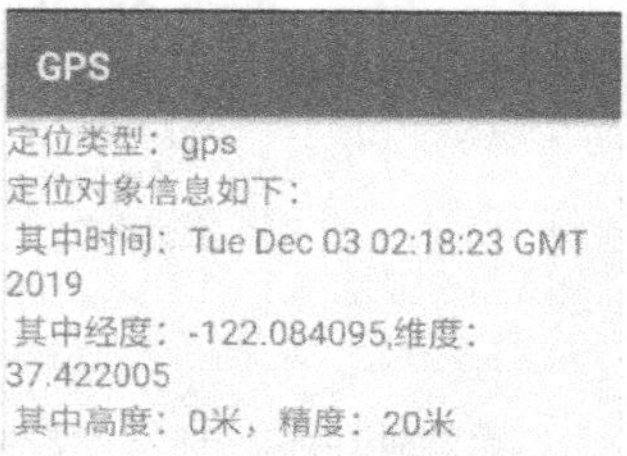

图 10-9 GPS 运行效果

本章小结

Android 产生于移动互联时代,是移动互联网络的产物,所以 Android 对网络的支持非常丰富。本章主要介绍了在 Android 中进行网络应用必备基础的 Socket 编程、WebView 编程、GPS 定位等方面的内容。需要进行大文件传输时多采用 Socket 通信模式,同时对如何使用 WebView 组件进行个性化浏览器开发也进行了详尽的阐述。GPS 定位技术是时下热点应用技术,需要重点关注。

练习题

1. 使用 Socket 编制一个文件下载程序，要求能浏览服务器上的下载资源并支持点选下载功能。
2. 使用 Socket 编写一个简单的点对点聊天程序。
3. 使用 ImageView 显示从网络上获取的图片。
4. 编写一个程序，使用 WebView 组件加载显示本地、网络、项目目录中的图片。
5. 利用 GPS 结合第三方地图接口，实现导航定位功能。
6. 实现一个有前进、后退、刷新和缩放网页功能的浏览器。

参 考 文 献

[1] Reto Meier. Android 4 高级编程[M]. 佘建伟，赵凯，译. 3 版. 北京：清华大学出版社，2014.
[2] 黑马程序员. Android 移动应用基础教程：Android Studio[M]. 2 版. 北京：中国铁道出版社，2019.
[3] 欧阳燊. Android Studio 开发实战从零基础到 App 上线[M]. 北京：清华大学出版社，2018.
[4] 肖琨，吴志祥，史兴燕，等. Android Studio 移动开发教程[M]. 北京：电子工业出版社，2019.
[5] 李宁. Android 应用开发实战[M]. 北京：机械工业出版社，2012.